海洋公益性行业科研专项（201005009）系列丛书

集约用海对渤海海洋环境影响评估技术研究及应用

张继民　宋文鹏　高　松　于定勇　罗先香　赵　冬　等　编著

海洋出版社

2014年·北京

图书在版编目（CIP）数据

集约用海对渤海海洋环境影响评估技术研究及应用/张继民等编著. —北京：海洋出版社，2014.12

ISBN 978 - 7 - 5027 - 8976 - 3

Ⅰ.①集… Ⅱ.①张… Ⅲ.①渤海 - 海洋环境 - 环境生态评价 - 研究 Ⅳ.①X145

中国版本图书馆 CIP 数据核字（2014）第 240179 号

责任编辑：张 荣
责任印制：赵麟苏
海洋出版社 出版发行
http：//www.oceanpress.com.cn
北京市海淀区大慧寺路 8 号 邮编：100081
北京旺都印务有限公司印刷 新华书店发行所经销
2014 年 12 月第 1 版 2014 年 12 月北京第 1 次印刷
开本：787mm×1092mm 1/16 印张：13.75
字数：290 千字 定价：68.00 元
发行部：62132549 邮购部：68038093 总编室：62114335

《集约用海对渤海海洋环境影响评估技术研究及应用》
编辑委员会

前　言

环渤海地区是中国北部沿海的黄金海岸，在中国对外开放的沿海发展战略中占有重要地位。环渤海三省一市以占全国5.9%的陆域面积和2.6%的海域面积，承载着占全国近1/5的人口和超过1/5的国内生产总值，创造了全国近1/3的海洋经济产值。作为我国唯一的半封闭型内海，渤海生态系统是环渤海经济圈的重要支撑，其服务功能对该地区经济社会的发展起着决定性的保障作用。当前，环渤海区域性、行业性重大发展战略是我国环渤海沿岸经济发展的重要形式，“十一五”期间，天津滨海新区基本已建成为石化、化工类项目集中区域；河北省依托曹妃甸打造世界级临港重化工业基地，将大港口、大钢铁、大化工、大电能四大产业作为其发展重点；辽宁省制定了沿海经济带发展战略，将大力发展以石化、钢铁、大型装备和造船为重点的临海、临港工业。山东半岛蓝色经济区将采取“一区三带”的发展格局，通过集中集约用海，打造出九大新的海洋优势产业聚集区（九大海洋经济高地）。随着环渤海新一轮沿岸开发的快速发展，能源重化工等一系列“两高一资”的“大项目”的启动，不但加剧了环渤海地区重化工业发展趋同、布局分散的态势，也将进一步加大该地区的海洋环境压力，并可能引发海洋资源竞争加剧、环境风险失控，降低环渤海地区产业发展与海洋资源环境的协调性，最终导致该区域发展的不可持续性。因此，迫切需要从渤海的整体出发，从更长的时间尺度和更大的空间尺度，开展集约用海对海洋环境影响评估的技术方法，实现对环渤海重点开发活动区集约用海的有效监测监控、评估和优化调整，同时提出减缓不良海洋环境影响的对策与建议，指导区域集约用海合理布局，为环渤海经济社会又好又快发展提供环境保障和科学依据。

近些年来人们对于围填海工程带来的海洋生态环境问题已有所认识，国内外不少学者对填海工程所产生的负面效应也进行了分析和探讨，但基本上还停留在定性或局部的层面上，对环境的影响分析内容也大部分集中在海岸和海底地貌、水文动力条件改变、水环境质量、沉积物环境质量及海洋生物种类和群落结构等几个方面。目前国际上普遍采用环境影响评价（EIA）方法，集中在对沿岸水动力条件、沿岸侵蚀和淤积、沿岸水环境、沿岸生态条件以及沿岸经济水平等方面的变化进行评价。围填海工程对海洋环境的影响评价技术方法方面，我国颁布实施的《海洋工程环境影响评价技术导则》（GB/T19485—2004），也局限于单个项目对海岸和海底地貌、水文动力条件改变、水环境质量、沉积物环境质量及海洋生物种类和群落结构等几个方面，而对于集约用海对海洋环境影响的评价技术体系和相关技术规范在国内外相关文献中尚未见系统研究。

基于2010年度海洋公益性行业科研专项项目“基于生态系统的环渤海区域开发集约用海研究”（项目编号：201005009）研究成果，本书阐述了集约用海对渤海海洋水动力影响、滨海湿地景观影响、海洋资源影响和海洋生态影响等评估技术构建及应用情况。本书中的“集约用海”是指集中节约用海，重点围绕集中节约用海活动对海洋环境影响评估技术方法研究，科学客观评估集约用海对渤海海洋环境造成的影响。

本书各章节的协作分工如下：

第1章，概述，由国家海洋局北海环境监测中心负责，中国海洋大学参与完成。

第2章，集约用海对渤海海洋水动力环境影响评估技术构建及应用，由国家海洋局北海预报中心负责，国家海洋局北海环境监测中心参与。

第3章，集约用海对渤海滨海湿地景观影响评估技术研究及应用，由中国科学院遥感与数字地球研究所负责，国家海洋局北海环境监测中心参与。

第4章，集约用海对渤海海洋资源影响评估技术研究及应用，由中国海洋大学负责技术研究部分，河北农业大学和国家海洋局天津海洋环境监测中心站负责应用部分，国家海洋局北海环境监测中心参与。

第5章，集约用海对渤海海洋生态影响评估技术研究及应用，由中国海洋大学负责，国家海洋局北海环境监测中心参与。

第6章，山东环渤海区域集约用海对渔业资源影响评估技术研究及应用，由山东省海洋生物研究院负责，国家海洋局北海环境监测中心参与。

各家单位编写人员排序如下。

国家海洋局北海环境监测中心：张继民、宋文鹏、赵蓓、刘娜娜、李保磊、刘星、姜旭、杨琨

国家海洋局北海预报中心：高松、张薇、李杰、刘清容、黄蕊、郭敬天、白涛

中国科学院遥感与数字地球研究所：赵冬、李紫薇、马胜

中国海洋大学（海洋资源影响评估章节）：于定勇、胡聪、田艳

中国海洋大学（海洋生态影响评估章节）：罗先香、张龙军、孙凯静、朱永贵

山东省海洋生物研究院：张天文、邹琰、李翘楚、新美丽、吕方、宋爱环、邱兆星

河北农业大学：曾昭春、李志伟

国家海洋局天津海洋环境监测中心站：张秋丰、屠建波、巩瑶、王鲁宁

本书在写作过程中特别感谢国家海洋局北海环境监测中心崔文林主任、孙培艳书记和同事们对此项工作的大力支持，同时也特别感谢项目协作单位提供的帮助，感谢所有参与、关心此项工作的同仁们！

由于时间关系以及笔者对本前言领域研究认识水平有限，书中可能存在一些不足和错误之处，敬请各界人士批评指正！书中涉及的评估技术研究仅仅是众多围填海项目问题研究中的一个侧面，可能存在不足之处，希望能够抛砖引玉，进一步推动相关研究工作的进度。

作者

2014 年 4 月

目录

1 概 述[①]

1.1 围填海活动开发态势分析

随着沿海区域经济的快速发展和人口急剧增长，围填海造地成为解决人地矛盾、空间不足、扩大社会生存和发展空间的有效途径。围填海造地是在沿海筑堤围割滩涂和海湾，并填成陆地的用海工程，完全改变了海域自然属性的用海方式。围填海造地往往损失掉大量的滨海湿地和自然岸线，而滨海湿地和自然岸线是不可再生的稀缺资源，保护湿地和岸线资源必须转变用海方式。在统一规划和部署下，一个区域内多个围填海项目集中成片开发的用海方式叫做集中集约用海。集中集约用海不是“大填海”，而是要科学适度用海。集中集约用海是寻求海洋开发与保护的结合点和平衡点，是促进海岸带资源可持续利用的新理念。集中，就是在布局上改变传统的分散用海方式，在适宜海域实行集中连片适度规模开发；集约，就是在结构上改变传统的粗放用海方式，提高单位岸线和用海面积的投资强度。二者的本质特征都是占有最小的岸线和海域，实现最大的经济效益。相对于单个围填海项目或工程，集中集约用海是一种更为高效、生态和科学的用海方式。通过改变填海工程设计理念，改进填海方式，实施集中集约用海，有利于保护滨海湿地和自然岸线资源，有利于集中有限的人力、物力、财力培植经济社会发展的新增长极。

世界上许多沿海国家，尤其是沿海土地资源贫乏的国家，如荷兰、日本、韩国、新加坡等都把围填海作为解决土地资源短缺的重要手段。日本、荷兰是世界上围海造地最多的国家，日本战后新造陆地1 500 km^2 以上，新地主要用于工业、交通、住宅三大方面；荷兰有1/5的国土是从海洋中围起来的。20世纪40年代，日本就通过集中填海造地，形成了支撑日本经济的“四大工业地带”。第二次世界大战之后，为了拉动其他地区发展，日本政府又通过统一规划布局，在沿海填海造地形成了24处重化工业开发基地，在太平洋沿岸形成了一条长达1 000余千米的沿海工业地带，实现了工业组团发展。此外有些国家，如迪拜为解决发展的空间制约，从20世纪90年代开始人工建岛，形成了规模空前的棕榈岛群和世界地图状岛群工程，曾经成为一些国家效仿的“样板工程”。

我国从20世纪50年代起至今已先后经历了4次围填海高潮：新中国成立初期的围海晒盐；60年代中期至70年代的农业围垦；80年代中后期到90年代的围海养殖以及

① 本章由国家海洋局北海环境监测中心和中国海洋大学负责完成。

最近20多年来以满足城建、港口、工业建设需要的围海造地高潮。至20世纪末，围填海造地面积平均每年约为240 km^2。据不完全统计，“十一五”期间已实施和计划围填海的面积平均每年约1 000 km^2。国家海洋局统计数据表明，2002年《中华人民共和国海域使用管理法》实施后，截至2007年，全国（港、澳、台地区除外）共填海造地540 km^2，其中，福建填海造地面积最多，为112.13 km^2（潘建纲，2008）。近10年来沿海省市纷纷实施重大海洋开发战略。天津滨海新区规划面积2 270 km^2，其中2008年3月国务院批准填海造地规划200 km^2，涉及港口物流、临海工业、滨海旅游、海洋新兴产业等优势产业。河北曹妃甸工业区规划用海面积310 km^2，其中填海造地面积240 km^2，用于发展港口物流、钢铁、石化和装备制造等产业。江苏省自2005年以来也已选划了400 km^2的围填海区，集中发展旅游、新能源和国际航运等特色海洋产业。此外，山东省实施的“蓝色经济区建设”战略规划，也将实施大规模的围填海行动。

2012年北海区海洋环境公报表明，2009年至2012年，渤海区域获得批复的区域建设用海规划共20个（辽宁省10个、河北省4个、天津市2个、山东省4个），规划批复总面积818.34 km^2（含规划批复填海面积631.31 km^2）。其中，2012年获得批复的区域建设用海规划7个（辽宁省3个、河北省1个、天津市1个、山东省2个），规划批复总面积166.12 km^2（含规划批复填海面积130.83 km^2）。2009年以来，天津滨海新区的围填海面积居首，为207.19 km^2；其次为河北曹妃甸循环经济示范区，为140.72 km^2；山东半岛蓝色经济区（渤海区域）围填海面积相对较小，为42.15 km^2。2012年，长兴岛临港工业区、天津滨海新区和沧州渤海新区的大规模围填海活动呈高速开发态势，曹妃甸循环经济示范区、营口沿海产业基地和锦州湾沿海经济区的大规模围填海活动开发态势放缓，山东半岛蓝色经济区（渤海区域）的大规模围填海活动正稳步推进（见图1.1）。

1.2　围填海工程对海洋环境影响研究现状

围填海造地对区域最明显的影响就是使该区域的海洋水动力条件发生改变，滨海湿地面积减少、红树林和珊瑚礁等特殊生境被毁，海洋资源受损，生物多样性下降。围填海工程对近海环境造成的负面影响已引起国内外学者的关注，国外有学者通过化学监测、沉积物粒径分析、沉积速率分析以及其他科技手段，如遥感和GIS、数值模型、生态模型等探讨了围填海工程对水质、沉积环境、地形、水体净化能力、海岸侵蚀和海洋生态的影响。国内众多学者也分别从水动力影响、海洋资源影响、生态环境效应及评价方法和模型等方面开展了大量的研究工作。

在国外研究方面，Kondo（1995）研究发现填海开发活动导致了近海海岛、沙坝等自然地貌形态消失，新建的人工岛造成海岸地貌维持系统的调整和海岸景观的剧变。HeuvelHillen R H（1995）研究发现填海开发活动改变了海岸线形态，使海岸线由自然演化形态变化为人工修筑堤坝形态，同时为了节省围填成本，对天然港湾进行截弯取

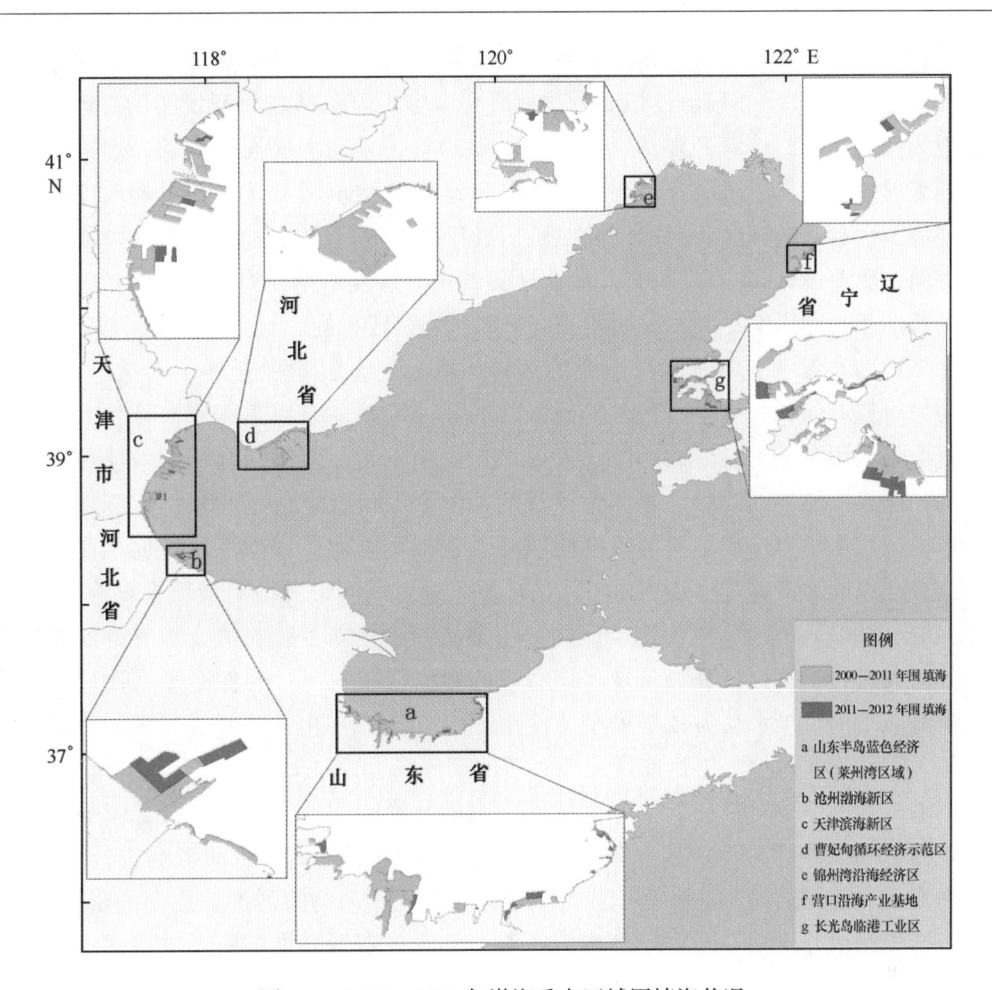

图 1.1 2000—2012 年渤海重点区域围填海状况

直，导致海岸线缩短，形态平直。Lee 等（1999）分析了韩国西海岸的瑞山湾填海工程的基本概况，结果显示填海开发活动极大地改变了低潮滩的沉积过程。Kang（1999）研究了韩国灵山河口木浦沿海填海工程，研究结果发现潮汐壅水减小、潮差扩大。Healymg 等（2002）研究了填海开发活动对浮游生物生态系统的影响，结果表明，填海工程减弱了河口、海湾的潮流动力，降低了附近海区浮游植物、浮游动物生物多样性，引起了优势物种和群落结构的变化，底栖生物在很大程度上也受到了填海工程的影响。Shinichi Sato 和 Mikio Azuma（2002）研究发现大规模的填海开发活动导致了日本西南部海域 Mishou 湾、河口三角洲生态系统功能降低，日本九州岛西部 Isahaya 湾填海工程使得堤内水域中原有的底栖双壳类动物大量死亡。Wu Jihua 等（2005）对新加坡 Sungei Punggol 河口海岸填海开发活动对大型底栖生物群落影响系统影响进行了分析，结果表明在填海工程邻近区域，底栖动物种类和丰度都显著降低，而在远离填海工程区域则均显著增加，说明了填海开发活动对底栖生物群落结构产生了很大的破坏。Guo H P 等（2007）研究表明填海开发活动加大了新增土地的盐渍化风险，加重了海岸侵蚀，削弱海岸防灾减灾能力。国外学者对填海开发活动对地形地貌和湿地景观的影响研究大多运用3S技术和数值模拟的方法，研究内容主要包括填海开发活动对地形地貌和景观影像的影响，填海开发活动改变了海底地形。采用海底泥沙吹填，严重改变了海底地貌形态，破坏了海底环境平衡状态，不适当的吹填区域选择还可能改变海域水动力环境，引起新的海底、海岸侵蚀或淤积（Peng B R，2005）。在集约用海累积效应研究方面，H. Dalkmann等（2004）分析了集约用海开发活动在海湾的叠加效益及其对海湾的长期累积性影响，结果表明累积起来的影响是较大的。

许多国内学者对围填海工程造成的海洋环境及生态影响也开展了大量研究工作。在水动力研究方面，张珞平（1997）及张珞平等（2008）在对集约用海评价的探讨中指出每个集约用海工程对港湾纳潮量和流场的影响不大，但累积起来的效应还是比较明显的，而累积的长期效应更是非常可观的；倪晋仁和秦华鹏（2003）以深圳湾为研究区域，应用水动力学数学模型对不同填海工程方案可能造成的潮间带面积变化进行了预测，并以此为依据进一步提出了评估填海工程对潮间带湿地生境损失影响的方法；王学昌等（2003）以胶州湾为例，应用分步杂交方法建立了胶州湾变边界潮流数值模型，并对其进行了模拟计算，重现了该海域的潮流分布规律；刘仲军等（2012）建立了天津海域平面二维水动力数学模型，使用有限差分的ADI方法对模型进行离散，分别模拟了南港工业区填海工程前后天津海域的潮流场，通过对比工程前后的潮流特征，分析南港工业区建设对整个天津海域的影响范围及影响程度。在海洋资源影响研究方面，戴桂林和兰舌（2009）基于海洋产业角度对集约用海开发活动影响进行了分析，从海洋渔业、海洋运输业等海洋产业角度分析了集约用海与海洋产业之间的密切联系，结果表明集约用海活动不同程度地影响了渔业和水产资源、港航资源、海洋空间资源以及旅游资源等，使原本就存在的海湾资源利用矛盾白热化，加剧了资源的利用冲突和产业之间的矛盾；Yamauchi M等（2006）等分析了日本集约用海对渔业资源的影响，结果表明由于集约用海改变了水动力条件以及生物栖息条件等，对渔业资源造成了较大影响。在环境效应研究方面，陈彬等（2004）采用现场调查资料与历史资料对比的方法，从海岸和海底地貌、水环境质量、海洋生物种类和群落结构等几个方面分析了近几十年来福建泉州湾围海工程的环境效应。结果表明，围海工程促进了海滩的淤浅，减小了内湾的纳潮量和环境容量，使得泉州湾内湾水质恶化；其最终后果为围海工程附近海区生物种类多样性普遍降低，优势种和群落结构发生改变。张珞平等（2008）在《福建省海湾数模与环境研究——福清湾》一书中从各个角度评价了集约用海项目的环境影响。谢挺等（2009）根据舟山海域近几年海洋自然环境质量及发展趋势，阐述了填海工程快速发展对舟山海域海洋自然环境所带来的影响。李杨帆等（2009）选择具有重要典型意义的沿海高度城市化及快速城市扩张地区港湾湿地为例，采取多学科交叉集成的研究途径，探索填海造地对港湾湿地景观格局及沉积环境的影响。王伟伟等（2010）通过从填海活动和临海工业两个方面对海岸带开发活动产生的环境效应影响做了趋势性分析，并根据搜集的2005—2008年的水质监测数据对大连湾海域进行了海洋自然环境质量评价，评价海岸带开发活动对大连湾海域产生的影响。朱高儒和许学工（2011）结合近年来研究进展，详细分析了填海造陆对于土地、水文、生态及气候、原材料源地等多方面的环境效应及其关联，结果发现：①填海造陆对环境的负效应在种类上多于正效应；②填海造陆的影响范围遍及从海到陆的整个海岸带区域；③填海造陆效应具有从短期扰动事件到长期生态和物理过程的宽域时间尺度；④填海造陆各个效应之间存在着很强的关联和促进机制。在评估方法及模型研究方面，彭本荣等（2005）建立了一系列生态—经济模型，用于评估填海造地生态损害的价值以及被填海域作为生产要素的价值，并用所建立的模型对厦门填海造地所建立的生态—经济模型进行经验估算，为制定填海造地规划和控制填海造地的经济手段提供强有力的科技支撑。孟海涛等（2007）采用生态足迹方法，对厦门西海域生态足迹和生态承载力进行计算，对厦门西海域自20世纪80年代以来的填海工程造成的生态承载力的累积性变化做了量化分析，为综合评估海湾填海工程的生态效应提供一种全新的视角。刘述锡等（2010）分析了填海对海洋生态系统的影响，构建了包括生物效应、生态系统功能效应和环境效应三方面的填海生态环境效应评价指标体系，初步提出了各指标评价标准的确定方法；建立了层次分析法与赋值综合评价法相结合的填海生态环境效应综合评价模型，为客观评价填海生态环境效应提供科学依据。朱凌和刘百桥（2009）探讨了围海造地综合效益的评价方法，提出评价围海造地的综合效益时宜采用模糊综合评价的方法，综合考虑围填开发的社会效益、经济效益和资源效益。王静等（2010）以江苏省辐射沙脊海域如东近岸浅滩填海为例，运用多目标决策理论与方法，综合考虑填海对动力泥沙环境、海洋生态环境、资源综合开发和社会经济影响，建立填海适宜规模评价指标体系，构建适宜围填规模评价决策模型。李京梅和刘铁鹰（2010）针对填海造地的生态环境损失，以福建某填海造地工程为例，对补偿标准的计算进行实证分析，得出该项填海造地工程的外部生态成本。在集约用海的累积效益影响研究方面，张珞平（1997，2008）在对集约用海评价的探讨中指出每个集约用海工程的累积效应比较明显。吴瑞贞等（2007）在评价集约用海开发产生的环境影响问题时，认为对单个集约用海工程项目的评价，由于具有相似的海洋环境的面积比围填开发面积大很多，开发占用的面积对比之下较小，因而产生的影响也比较小，但是多个开发项目引起的累积效应很大。

填海造地意味着海洋与海岸带生态系统自然属性的永久性改变，使为人类提供生态服务功能的海岸海洋生态系统完全破坏，填海造地导致港湾景观生态安全破坏、海洋泥沙淤积、海洋环境质量下降、生境退化和海岸带生物多样性的减少等（李扬帆等，2009）。同时，使滨海湿地面积减少、红树林和珊瑚礁等特殊生境被毁、海湾自净能力减弱、港口航道淤积、沙滩退化、海岸侵蚀、沿海景观受损、海洋渔业资源减少、生物多样性下降等一系列生态环境的负面效应（王萱等，2010）。在评估围填海对海洋生态造成影响的过程中，将区域海洋生态功能划分成不同的功能单元和功能类别，使其成为可估测或可模拟计算的量，进而得知区域海洋生态系统被影响的程度。在对功能的划分上，不同学者虽然划分的结果不一样，但总体上都是遵循着一定的规律和原则，通过总结不同学者的研究成果（彭本荣等，2005；苗丽娟，2007；陈伟琪等，2009；王静等，2010），将海岸带生态系统的功能分四大类：调节功能、生境功能、生产功能和信息功能，然后将四大类功能细分为 20 个子服务功能，见表 1.1。

表 1.1 海岸带生态系统服务功能

海岸带生态系统服务功能类别	子服务功能类别
供给服务	食物、原材料、基因资源、医药资源、水供给、空间资源
调节服务	气候调节、水调节、干扰调节、废物处理、生物控制等
文化服务	审美信息、旅游娱乐、精神宗教、科学教育、文化艺术等
支持服务	初级生产、土壤形成、养分循环、生物多样性维持等

该分类体系为识别填海造地的生态损害提供了线索，填海造地活动发生在海岸带和近海地带，填海造地所破坏的生态系统主要包括红树林生态系统、滩涂生态系统（泥滩）、沙滩生态系统、海草生态系统、珊瑚礁生态系统及近海生态系统，通过考察这些生态系统提供的服务来确定填海造地的生态损害，并且这四大生态系统服务具有相互关联性，围填海一旦损害其中的某一种服务，将会对其他服务产生连锁反应，如填海工程占据海岸带空间，在损害空间资源供给服务的同时，还可能破坏海岸带植被，损害气体调节服务，并由于侵占动植物栖息地而损害生物多样性维持等支持服务。在具体评估时，多采用市场价值法、影子工程法、替代花费法、条件价值法等，估算或者模拟损坏程度，最后得出评价结果。如，刘述锡等（2010）在围填海生态环境效应评价方法研究中通过对指标权重的确定，用赋值综合评价法对围填海生态环境效应进行评价，给出了围填海生态环境效应综合评价指数，据此表征围填海对生态环境效应的影响程度。

本研究将在已有工作的基础上，针对渤海特点，分析集约用海对渤海海洋水动力、滨海湿地景观、海洋资源和海洋生态的影响，建立相应的评价技术并在局部区域进行应用，以期为更好地开发利用渤海海洋和保护海洋提供理论指导和行为约束。

2 集约用海对渤海海洋水动力环境影响评估技术构建及应用[①]

本章通过收集和整理20世纪90年代以来渤海海洋数据集和多源实测数据，建立水动力模式所需的合理水深，采用数值模式建立渤海水动力、泥沙和波浪模型，研究分析渤海潮汐性质、海流特征、纳潮量波浪和冲淤环境等现状，通过对潮汐、潮流、冲淤、波浪四个要素表征量的筛选，构建了以理论高潮面变化值、大潮期最大流速变化值、冲淤厚度变化值、有效波高等参量作为表征量的综合评价指标体系，建立了特征点法和面积统计法两种评价方法，并以辽东湾、渤海湾和莱州湾为研究区域开展了应用研究。

2.1 渤海潮汐特征变化分析

2.1.1 模型选择与设置

水动力模拟采用MIKE31三维水动力软件包，它适用于湖泊、河口、海岸和海湾的平面三维流体的水动力模拟。

2.1.1.1 模式基本控制方程

（1）连续性方程

$$\frac{\partial \eta}{\partial} + \frac{\partial UD}{\partial x} + \frac{\partial VD}{\partial y} + \frac{\partial \omega}{\partial \sigma} = 0$$

（2）运动方程

$$\frac{\partial UD}{\partial} + \frac{\partial U^2 D}{\partial x} + \frac{\partial UVD}{\partial y} + \frac{\partial U\omega}{\partial \sigma} - fVD + gD\frac{\partial \eta}{\partial x}$$
$$= \frac{\partial}{\partial \sigma}\left(\frac{K_M}{D}\frac{\partial U}{\partial \sigma}\right) - \frac{gD^2}{\rho_0}\frac{\partial}{\partial x}\int_{\sigma}^{0}\rho \mathrm{d}\sigma + \frac{gD\sigma}{\rho_0}\frac{\partial D}{\partial x}\int_{\sigma}^{0}\frac{\partial \rho}{\partial \sigma}\mathrm{d}\sigma + Fx$$

$$\frac{\partial VD}{\partial} + \frac{\partial UVD}{\partial x} + \frac{\partial V^2 D}{\partial y} + \frac{\partial V\omega}{\partial \sigma} + fUD + gD\frac{\partial \eta}{\partial y}$$
$$= \frac{\partial}{\partial \sigma}\left(\frac{K_M}{D}\frac{\partial V}{\partial \sigma}\right) - \frac{gD^2}{\rho_0}\frac{\partial}{\partial y}\int_{\sigma}^{0}\rho \mathrm{d}\sigma + \frac{gD\sigma}{\rho_0}\frac{\partial D}{\partial y}\int_{\sigma}^{0}\frac{\partial \rho}{\partial \sigma}\mathrm{d}\sigma + Fy$$

其中，$\sigma\left(=\frac{Z-\eta}{H+\eta}\right)$在$Z=\eta$时，$\sigma=0$；$Z=-H$时，$\sigma=-1$。$D=H+\eta$，$H$（$x$，$y$）为

① 本章内容由国家海洋局北海预报中心负责技术研究及应用，国家海洋局北海环境监测中心协助完成。

水深，η（x，y）为自由面起伏。

2.1.1.2 边界条件与初始条件

（1）边界条件

在闭边界处法向流速为零。

开边界处输入潮波

$$\zeta = \sum_{i=1} \{ f_i H_i \cos[\sigma_i t + (V_{0i} + V_i) - G_I] \}$$

式中，σ_i 是第 i 个分潮的角速度（共取 4 个分潮：M_2、S_2、O_1、K_1），f_i、θ_i 是第 i 个分潮的交点因子和迟角订正，H_i 和 G_i 是调和常数，分别为分潮的振幅和迟角，V_i 是分潮的时角（东八区）。

（2）初始条件

计算开始时“冷态”启动，即：

$$\zeta(x,y,t)_{t-0} = 0$$
$$h(x,y,t)_{t-0} = h_0(x,y)$$
$$u(x,y,t)_{t-0} = 0$$
$$v(x,y,t)_{t-0} = 0$$

2.1.1.3 模拟计算范围

渤海潮汐数值模拟计算范围为整个渤海（117.6°—122.75°E，36.931°—40.874°N），网格距为 1 200 m，网格数为 370×365，开边界设在 122.75°E。模式进行 45 d 的潮汐计算，采用后 30 d，每小时的水位结果，进行调和分析。

渤海潮汐模式进行了 2000 年、2008 年和 2010 年三种工况的模拟试验，分析由岸线变化引起的渤海潮汐系统的变化。

2.1.2 渤海潮汐特征变化分析

图 2.1 为 2000 年模拟工况，渤海 M_2、S_2、K_1 和 O_1 分潮同潮图。从图中可以看出半日潮的两个无潮点分别位于黄河海港和秦皇岛附近海域，日潮一个无潮点位于蓬莱站附近海域，各分潮的振幅和迟角都与海图图集的结果一致。

图 2.2 为 2000 年、2008 年和 2010 年三种工况下，渤海 M_2 分潮振幅和迟角对比图，从图中可以看出岸线变化对 M_2 分潮的影响主要表现在渤海湾和莱州湾，秦皇岛外的无潮点位置和辽东湾的潮波分布基本没有变化。位于黄河海港附近海域的 M_2 无潮点向东南方向略有偏移数千米，致使渤海湾内 M_2 分潮振幅有所增大，2008 年增大约 3.5 cm，2010 年增大约 6 cm；渤海湾内迟角也发生逆时针偏转，2008 年增大约 3°，2010 年约为 5°。莱州湾内 M_2 分潮振幅有所减小，2008 年增大约 1 cm，2010 年增大约 3 cm；莱州湾内迟角也发生顺时针偏转，2008 年增大约 3°，2010 年约为 5°。

图 2.3 为 2000 年、2008 年和 2010 年三种工况下，渤海 K_1 分潮振幅和迟角对比

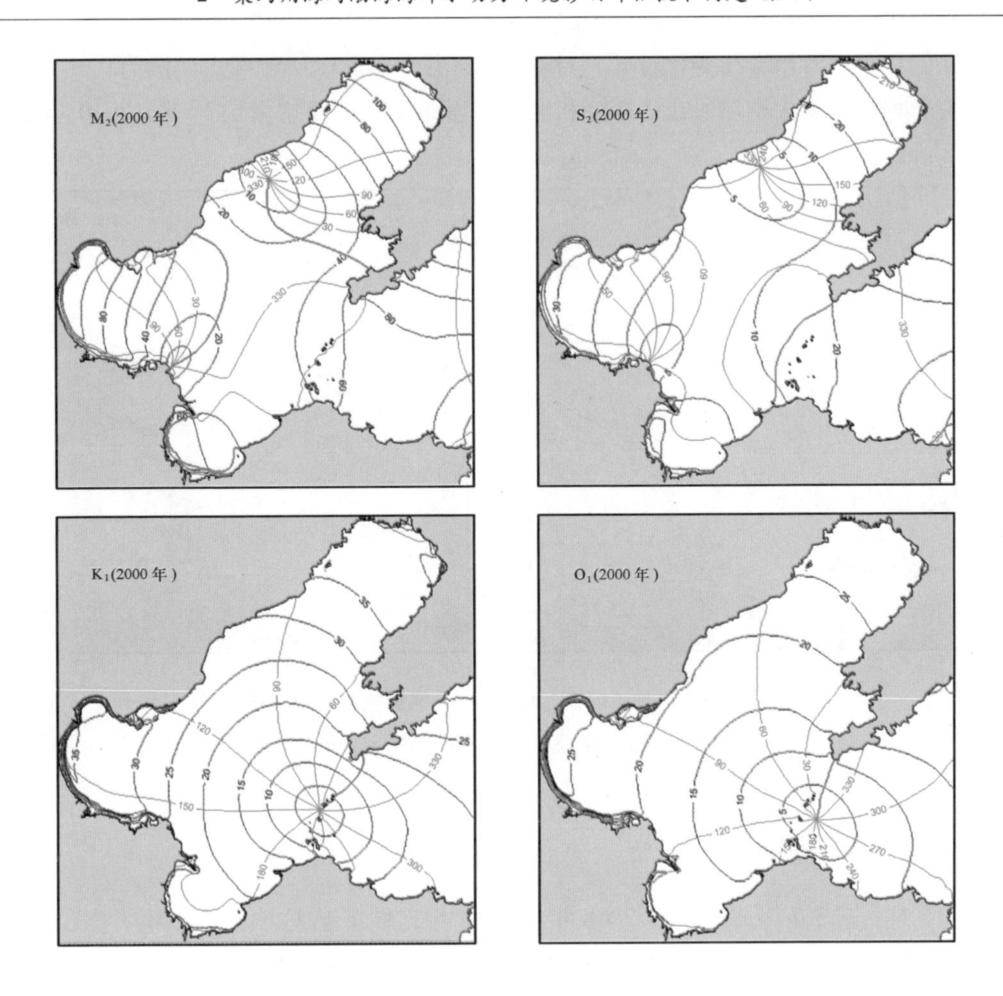

图 2.1 2000 年模拟工况，渤海 M_2、S_2、K_1 和 O_1 分潮同潮图

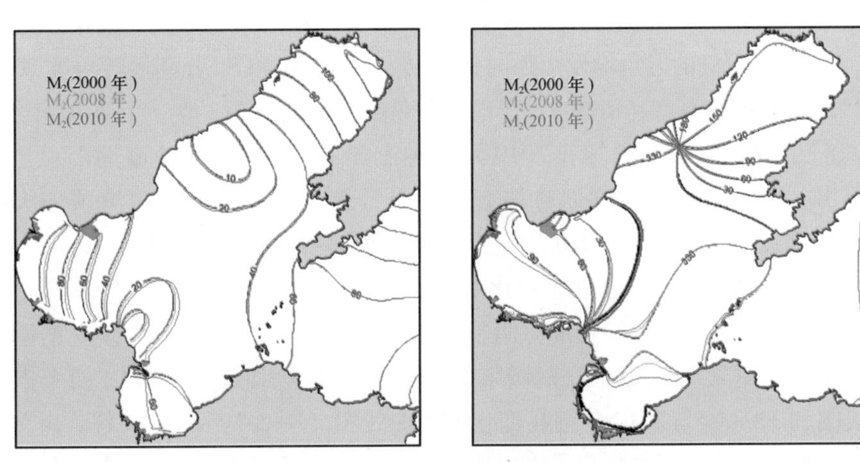

图 2.2 三种工况下，渤海 M_2 分潮振幅和迟角对比

（左图为振幅，单位：cm；右图为迟角，单位:°）

图，从图中可以看出岸线变化对 K_1 分潮的影响主要表现在从无潮点向渤海内 K_1 分潮振幅有所增大，最大增加值在辽东湾和渤海湾顶部，2008 年增大约 1 cm，2010 年增大约 1.2 cm。

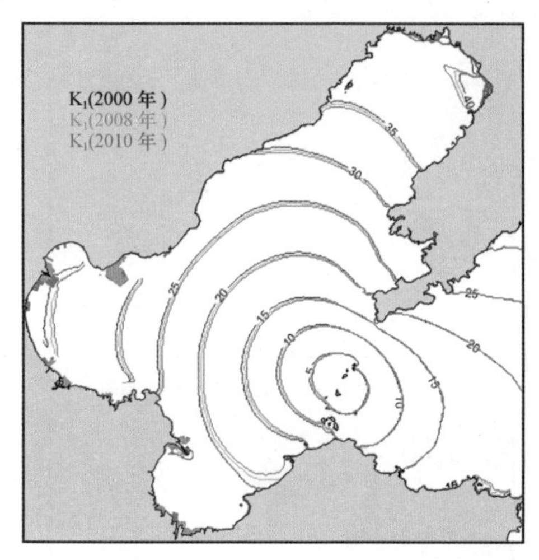

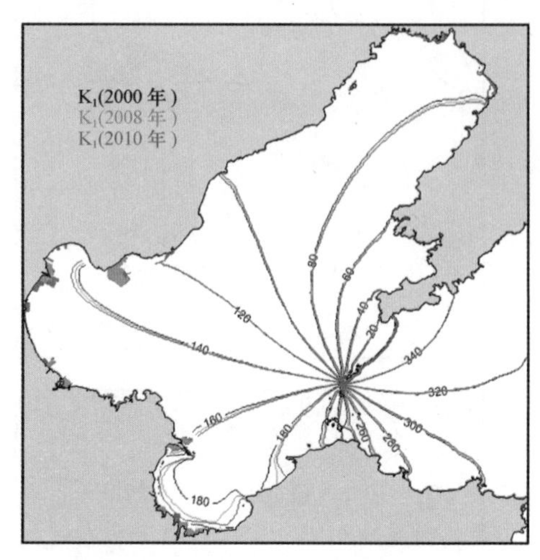

图 2.3　三种工况下，渤海 K_1 分潮振幅和迟角对比

（左图为振幅，单位：cm；右图为迟角，单位：°）

2.1.3　渤海湾潮汐特征变化分析

图 2.4 ~ 图 2.7 为 2000 年、2008 年和 2010 年三种工况下，渤海湾 M_2、S_2、K_1 和 O_1 分潮振幅和迟角对比图。从图中可以看出，4 个主要分潮的振幅都有所增加，增加幅度从湾口向湾顶加大。2008 年 M_2 分潮振幅增加值在 3 ~ 3.5 cm 之间，2010 年 M_2 分潮振幅增加值在 5 ~ 5.5 cm 之间；2008 年 S_2 分潮振幅增加值在 0.5 cm 左右，2010 年 S_2 分潮振幅增加值在 1 cm 左右；2008 年和 2010 年的 K_1 和 O_1 分潮振幅增加值均小于 0.5 cm。4 个主要分潮的迟角均发生逆时针偏转，其中 M_2 和 S_2 分潮偏转角度 2008 年工况约为 2°，2010 年约为 5°；K_1 和 O_1 分潮偏转角度 2008 年工况约为 1°，2010 年约为 2°。

图 2.8 为 2000 年、2008 年和 2010 年三种工况下，渤海湾理论高潮面对比。从图中可以看出，渤海湾理论高潮面整体有所上升，上升幅度从湾口向湾顶加大。其中 2008 年上升幅度为 3 ~ 5 cm，2010 年上升幅度为 5.5 ~ 7 cm。

理论高潮面的变化反映了岸线变化对高潮位的影响，不能反映在涨落潮过程中潮高的最大变化值，因此，我们在渤海湾中选择了 13 个特征点输出其大潮期的潮高过程曲线进行比较（图 2.9）。由于篇幅所限文中给出了 T1、T5、T9 和 T12 四个点的潮高过程曲线图和 2008 年与 2010 年潮高变化过程曲线图（图 2.10 ~ 图 2.13）。由图可以看出，由地形变化引起的潮高变化最大时段，一般发生在高低潮前 1 ~ 2 个小时，特征点 T12 的最大过程变化值可达 20 cm 左右，其他点的最大变化值也在 6 cm 以上。

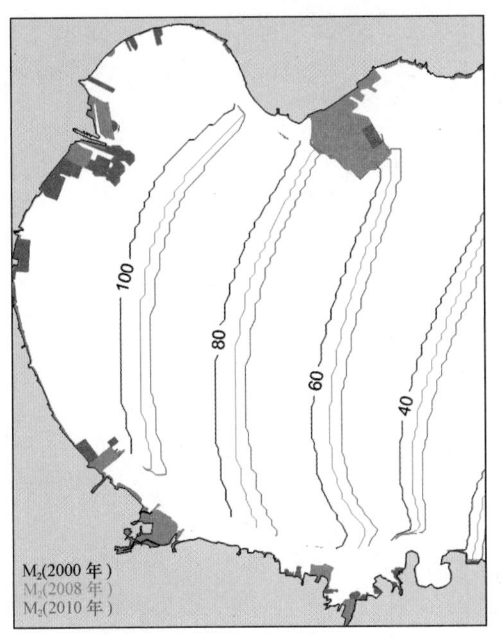

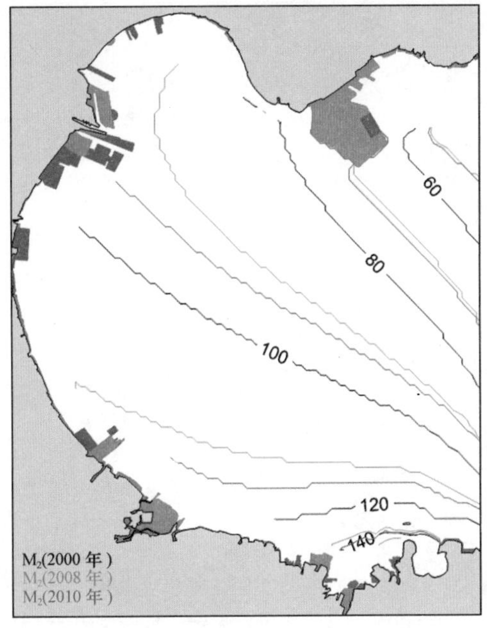

图 2.4　三种工况下，渤海湾 M_2 分潮振幅和迟角对比
（左图为振幅，单位：cm；右图为迟角，单位:°）

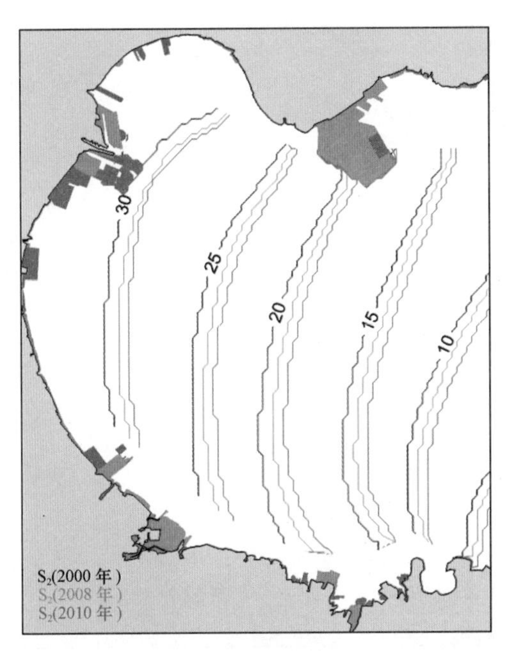

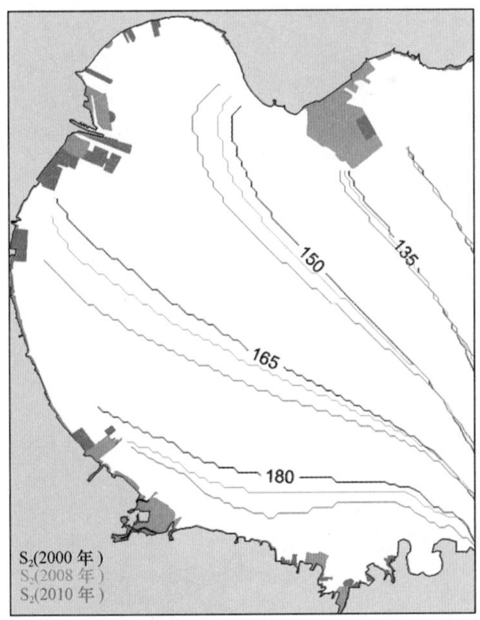

图 2.5　三种工况下，渤海湾 S_2 分潮振幅和迟角对比
（左图为振幅，单位：cm；右图为迟角，单位:°）

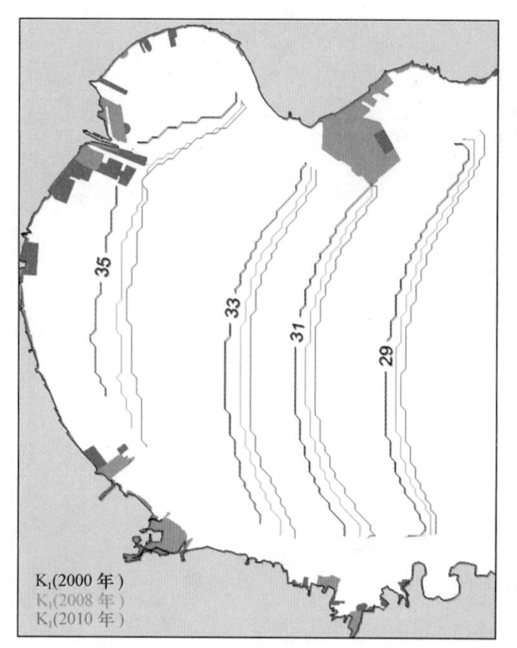

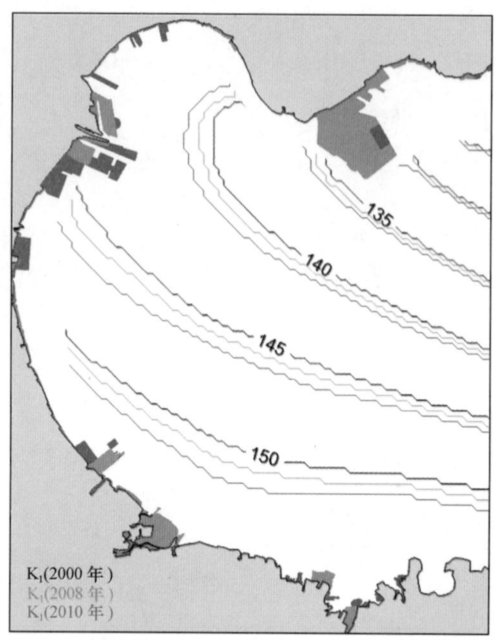

图 2.6 三种工况下，渤海湾 K_1 分潮振幅和迟角对比

（左图为振幅，单位：cm；右图为迟角，单位:°）

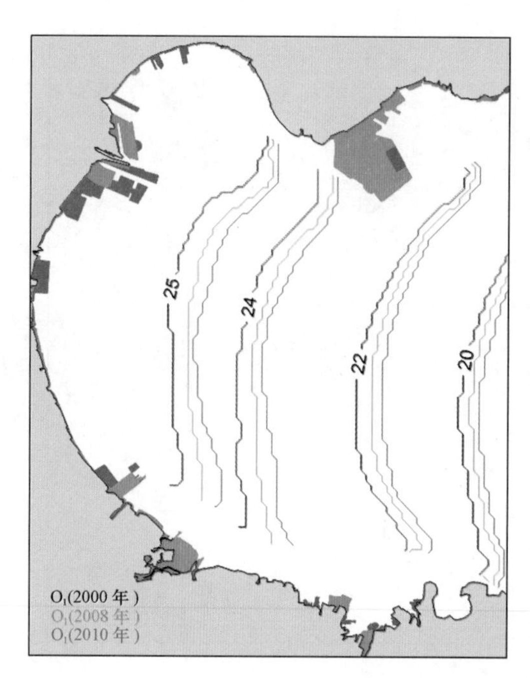

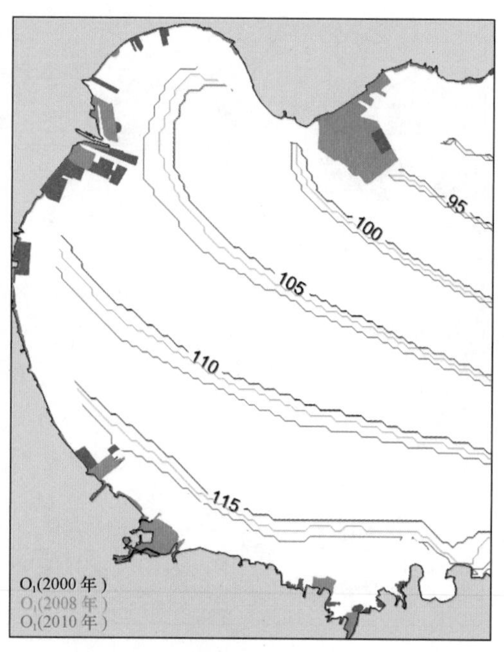

图 2.7 三种工况下，渤海湾 O_1 分潮振幅和迟角对比

（左图为振幅，单位：cm；右图为迟角，单位:°）

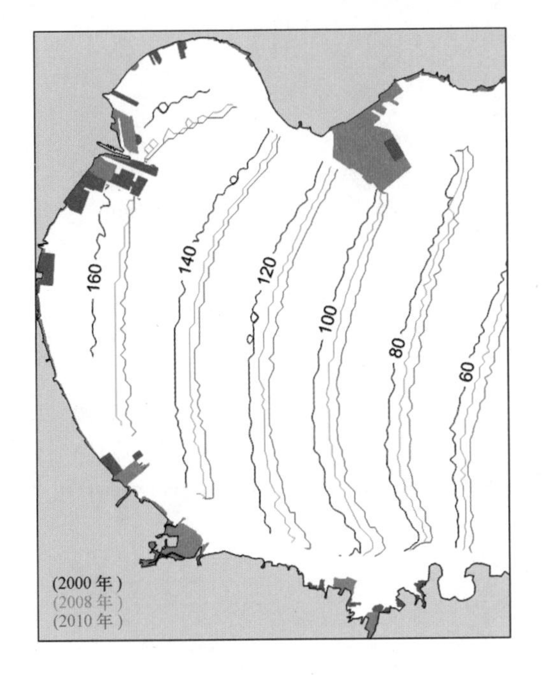

图 2.8 三种工况下，渤海湾理论高潮面对比（单位：cm）

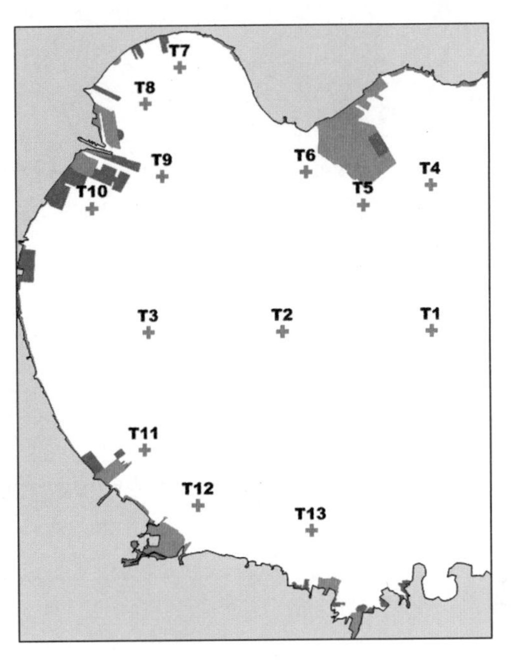

图 2.9 渤海湾潮汐特征点位设置

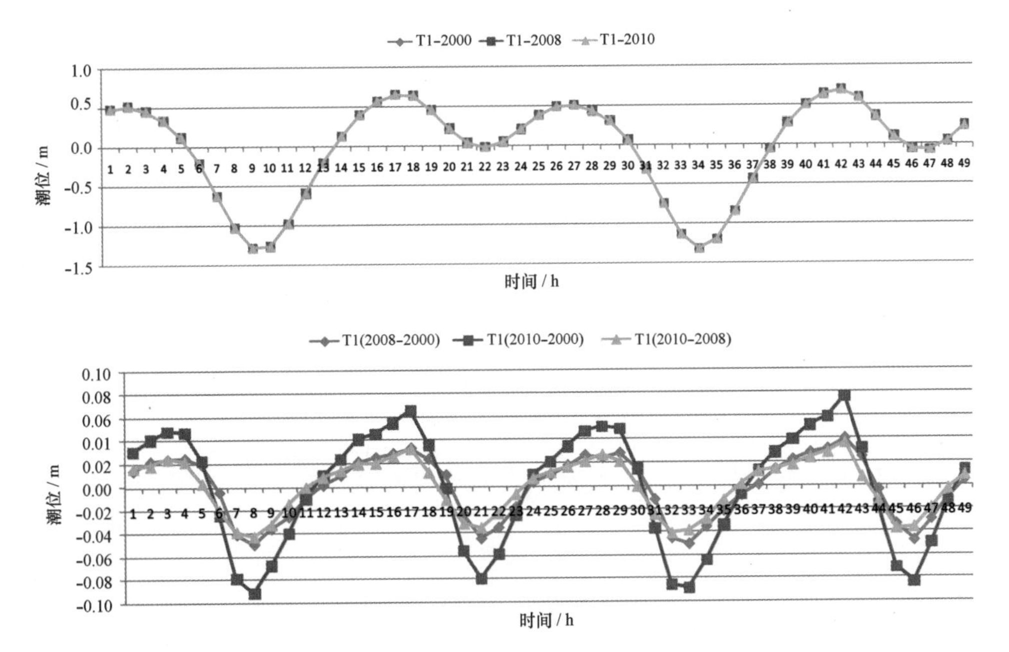

图 2.10 特征点 T1 2000 年、2008 年和 2010 年大潮期潮高过程曲线及 2008 年、2010 年潮高变化曲线

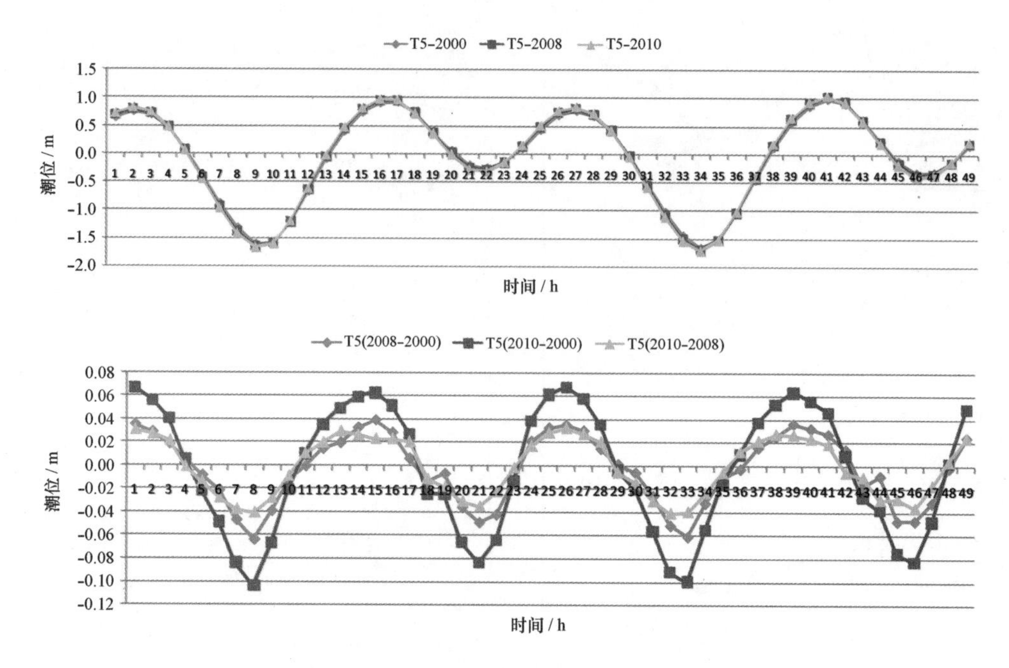

图 2.11　特征点 T5 2000 年、2008 年和 2010 年大潮期
潮高过程曲线及 2008 年、2010 年潮高变化曲线

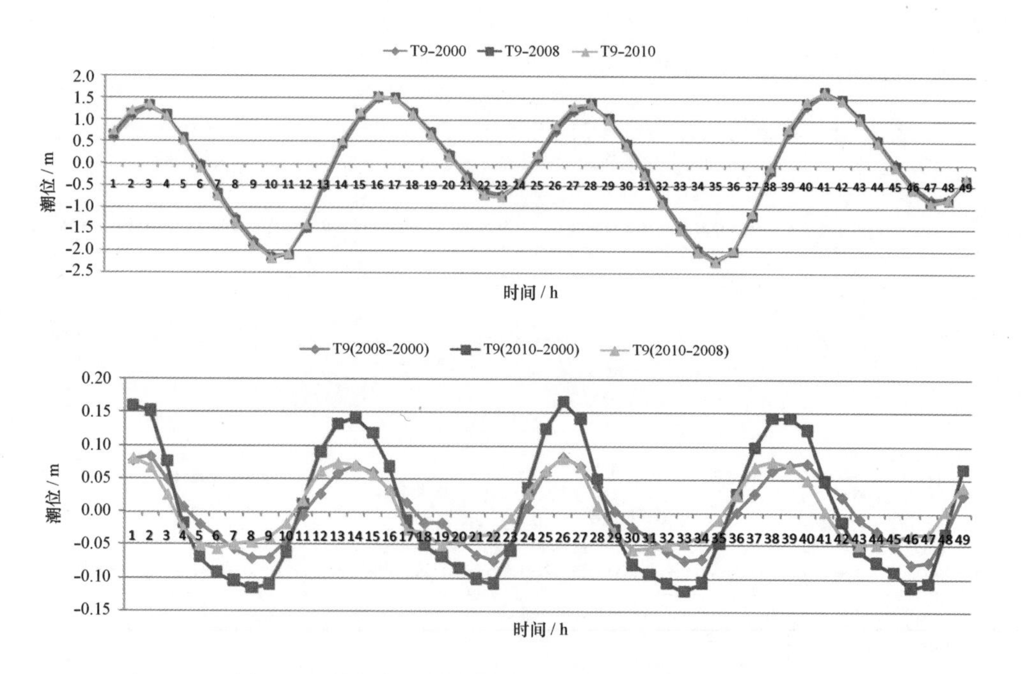

图 2.12　特征点 T9 2000 年、2008 年和 2010 年大潮期
潮高过程曲线及 2008 年、2010 年潮高变化曲线

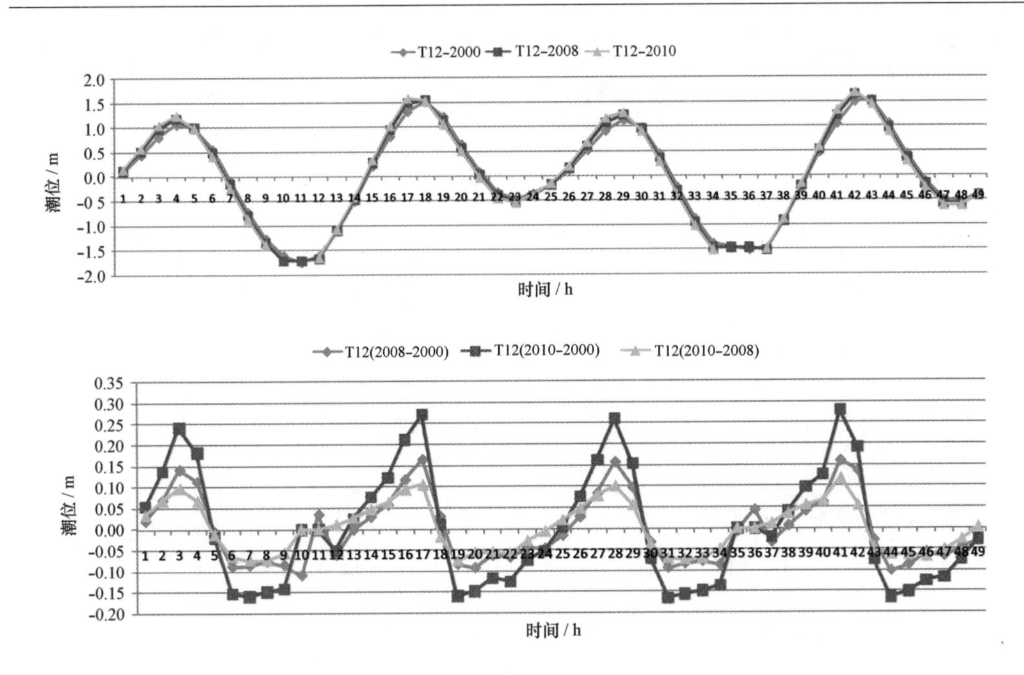

图 2.13 特征点 T12 2000 年、2008 年和 2010 年大潮期潮高过程曲线及 2008 年、2010 年潮高变化曲线

2.1.4 莱州湾潮汐特征变化分析

图 2.14 ~ 图 2.15 为 2000 年、2008 年和 2010 年三种工况下，莱州湾 M_2 和 K_1 分潮振幅和迟角对比图。从图中可以看出，主要 M_2 和 S_2 分潮的振幅都有所减小，而 K_1 和 O_1 分潮的振幅都有所增加，变化幅度均为从湾口向湾顶加大。2008 年 M_2 分潮振幅减小值在 0 ~ 1 cm 之间，2010 年 M_2 分潮振幅减小值在 3 ~ 4 cm 之间；2008 年和 2010 年 K_1 分潮振幅增加值约 0.5 cm。4 个主要分潮的迟角均发生逆时针偏转，其中 M_2 和 S_2 分潮偏转角度 2008 年工况约为 5°，2010 年工况约为 8°；K_1 和 O_1 分潮偏转角度 2008 年工况约为 1°，2010 年工况约为 2°。

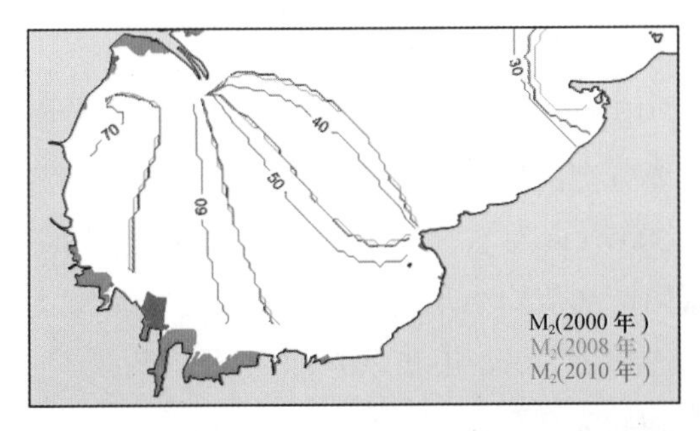

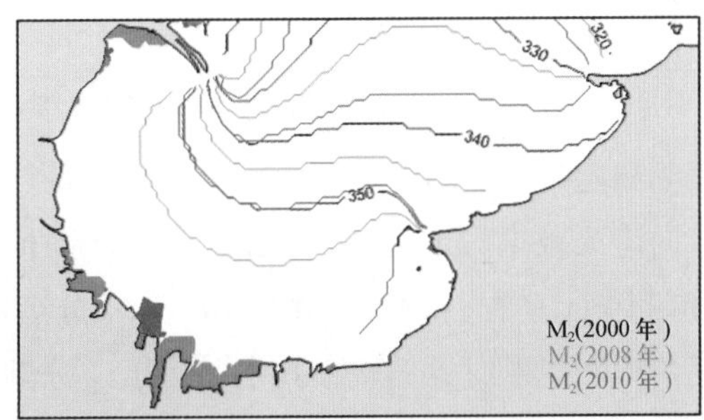

图 2.14 三种工况下，莱州湾 M_2 分潮振幅和迟角对比

（左图为振幅，单位：cm；右图为迟角，单位：°）

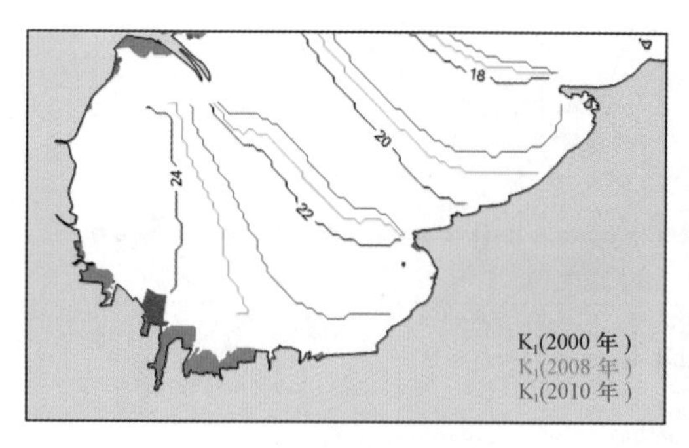

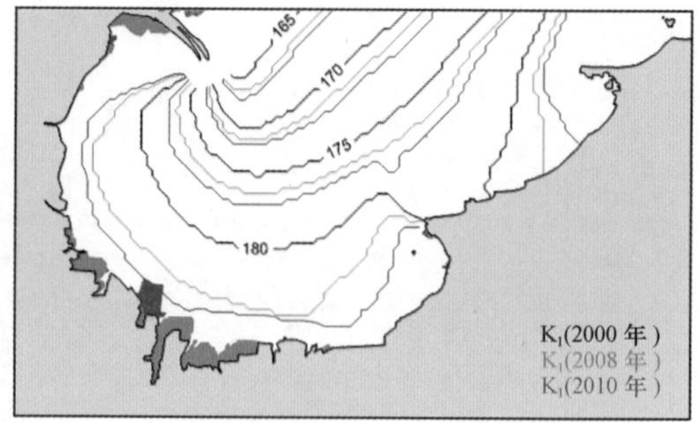

图 2.15 三种工况下，莱州湾 K_1 分潮振幅和迟角对比

（左图为振幅，单位：cm；右图为迟角，单位：°）

图 2.16 为 2000 年、2008 年和 2010 年三种工况下，莱州湾理论高潮面对比。从图中可以看出，莱州湾理论高潮面整体有所减小，下降幅度从湾口向湾顶加大。其中 2008 年上升幅度为 0.5 ~1 cm，2010 年下降幅度为 3 ~4 cm。

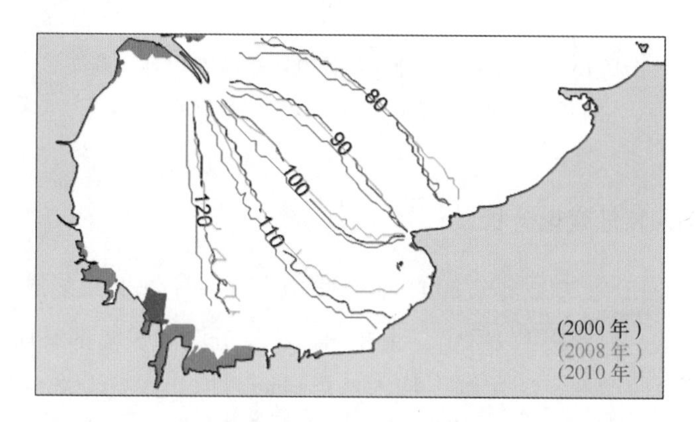

图 2.16 2000 年、2008 年和 2010 年三种工况下，莱州湾理论高潮面对比（单位：cm）

2.1.5 辽东湾潮汐特征变化分析

图 2.17 ~ 图 2.18 为 2000 年、2008 年和 2010 年三种工况下，辽东湾 M_2 和 K_1 分潮振幅和迟角对比图。从图中可以看出，4 个主要分潮的振幅都有所增加，增加幅度从湾口向湾顶减小。2008 年 M_2 分潮振幅增加值在 0.5 cm 左右，2010 年 M_2 分潮振幅增加值在 1 cm 左右；2008 年和 2010 年 K_1 分潮振幅增加值均小于 0.5 cm。4 个主要分潮的迟角均发生顺时针偏转，其中 M_2 和 S_2 分潮偏转角度 2008 年和 2010 年工况均约为 1°，K_1 和 O_1 分潮偏转角度 2008 年和 2010 年工况均约为 0.5°。

图 2.19 为 2000 年、2008 年和 2010 年三种工况下，辽东湾理论高潮面对比。从图中可以看出，辽东湾理论高潮面整体有所上升，上升幅度从湾口向湾顶减小。其中

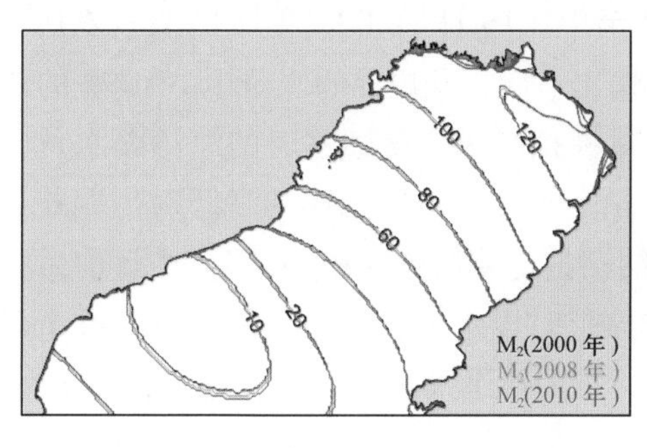

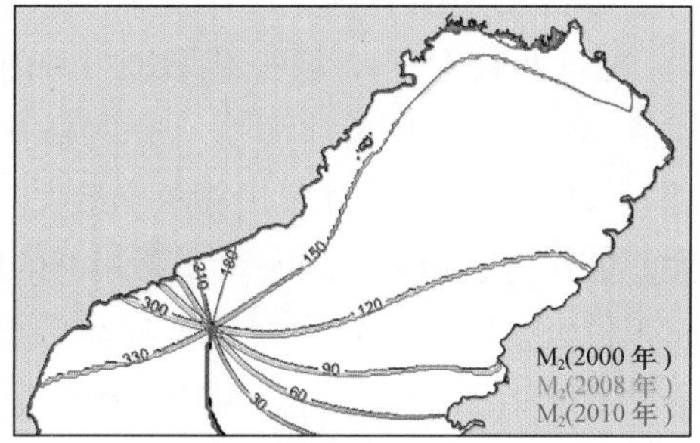

图 2.17 三种工况下，辽东湾 M_2 分潮振幅和迟角对比

（左图为振幅，单位：cm；右图为迟角，单位:°）

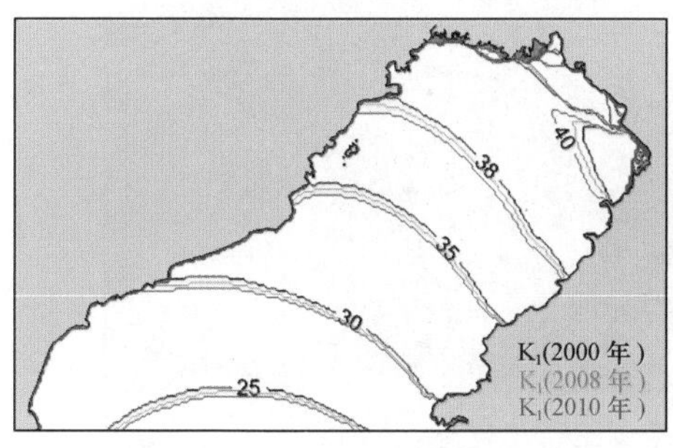

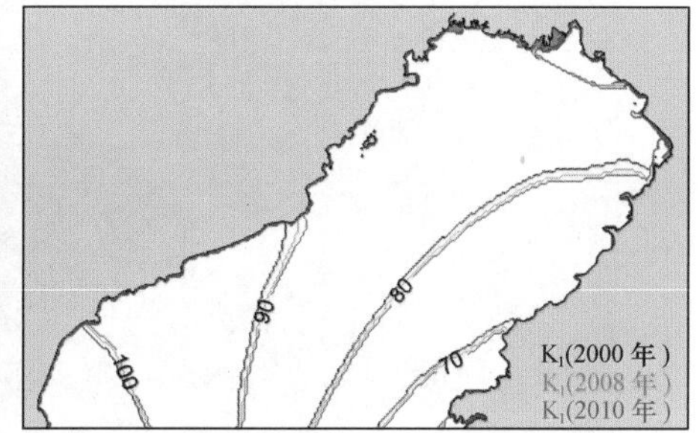

图 2.18 三种工况下，辽东湾 K_1 分潮振幅和迟角对比

（左图为振幅，单位：cm；右图为迟角，单位:°）

2008 年和 2010 年上升幅度均小于 1 cm。

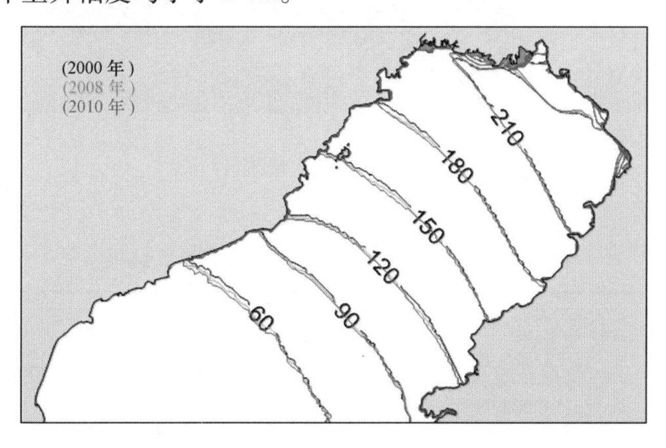

图 2.19 三种工况下，辽东湾理论高潮面对比（单位：cm）

2.1.6 渤海纳潮量变化分析

使用 $MIKE_{31}$ 水动力模块，模拟区域 117°30′—122°30′E、37°—41°N，网格距

1 200 m，模拟时段从2008 年9 月1 日0：00 至9 月18 日8：00（9 月14 日为农历8 月15 日），时间步长150 s，模拟结果每小时内输出一次，开边界的水位由NAO99 的调和常数插值得到。积分所关注海湾所有网格水量模拟结果，得到逐时的海湾总水量，挑选9 月14 日前后所关注海湾相邻两个最大、最小水量（对应总体的高低潮）取差，选取最大差值作为纳潮量。渤海湾、莱州湾的纳潮量计算所选时段为9 月14 日前后，辽东湾面积较大，岸线复杂，9 月14 日前后非模拟时段水体总量最大差发生时段，根据模拟结果选取9 月9 日的高低潮计算纳潮量。三大湾纳潮量统计区域图见图2. 20，计算结果见表2. 1 和图2. 21。

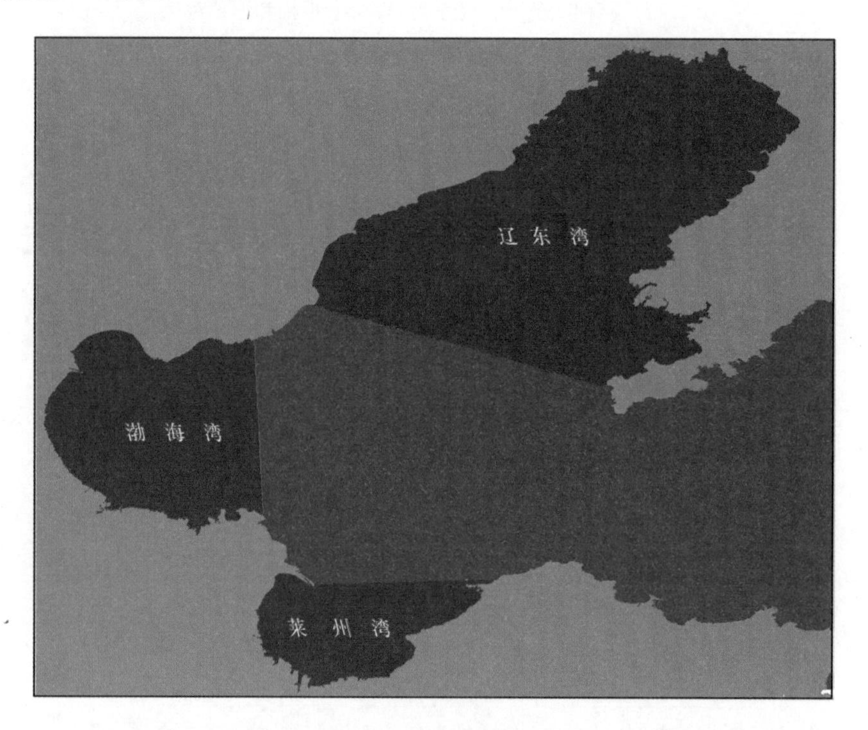

图2. 20　三大湾纳潮量统计区域

表2. 1　三个海湾不同岸线下纳潮量计算结果　　单位：km^3

区域	2000 年岸线	2008 年岸线	2010 年岸线
渤海湾	28. 775 91	28. 862 11	28. 649 95
莱州湾	10. 988 98	11. 015 68	10. 599 24
辽东湾	51. 931 67	52. 456 46	52. 746 62

2. 1. 7　影响评价体系研究

集约用海项目对潮位的影响作为一项重要的指标因子进行考虑，利用本次试验的

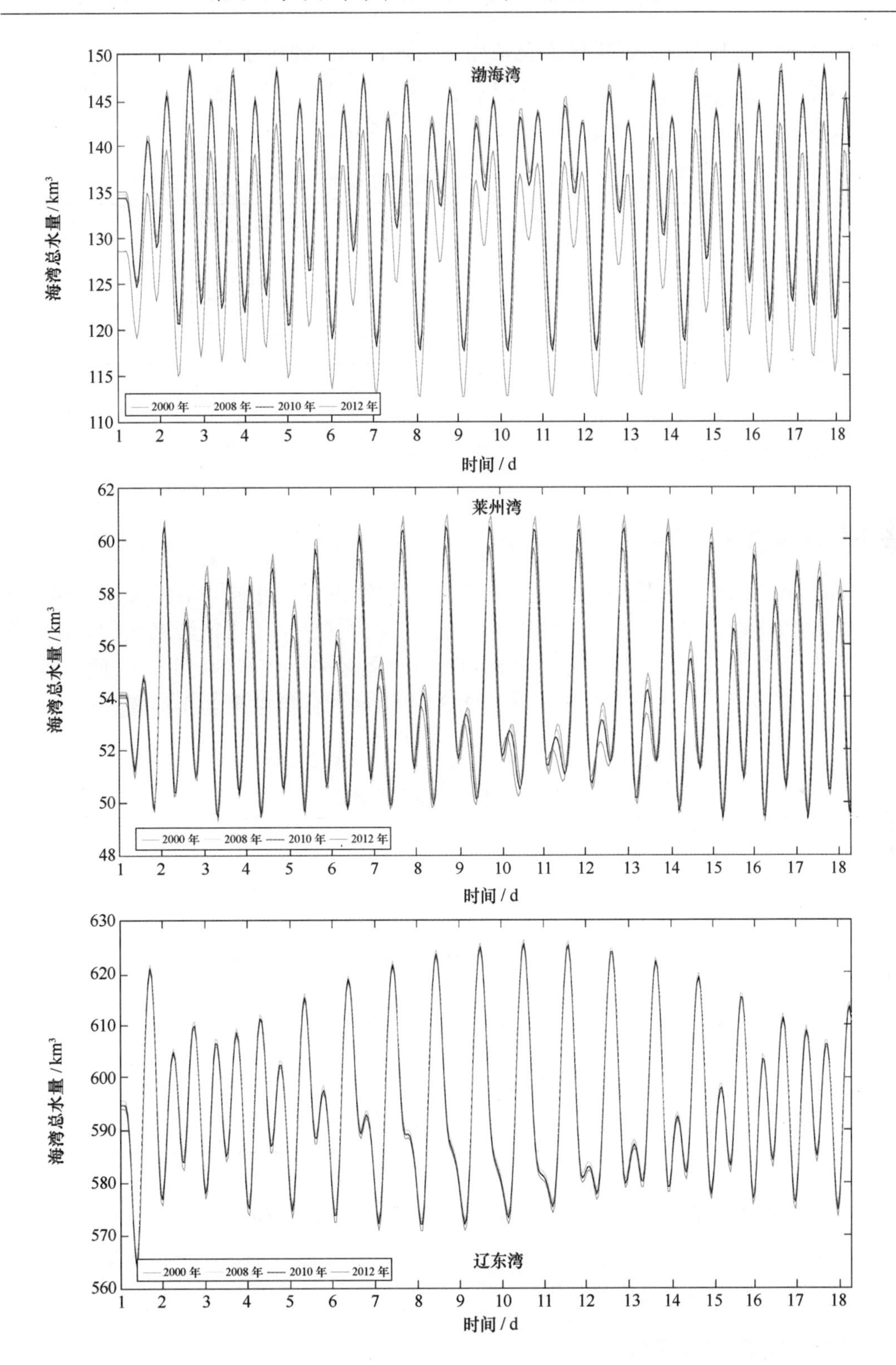

图 2.21 模拟时段三个海湾水体总量变化

结果和经验，选择理论高潮面的变化值作为表征指标，将其分为轻、中、重三级影响程度（表 2.2）。依据表 2.2 等级判别方法，2008 年工况引起的理论高潮面变化程度为中级，2010 年工况引起的理论高潮面变化程度为重级。

表 2.2 集约用海项目对理论高潮面影响等级

影响程度（T）	指标范围/cm
轻	$3 > T \geqslant 1$
中	$5 > T \geqslant 3$
重	$T \geqslant 5$

2.2 渤海海流变化分析

2.2.1 模型选择与设置

渤海湾海流模拟采用的数值模式与渤海湾的潮汐模式相同。渤海湾、莱州湾和辽东湾潮流水动力模拟同样采用 $MIKE_{31}$ 三维水动力软件。采用嵌套网格的方法，即将模拟计算海区分为大区和三个小区模拟海区，大区采用较低的时间和空间分辨率，小区采用较高的时间和空间分辨率（表 2.3）。大区的计算结果为小区模式提供边界条件。

表 2.3 模拟计算海区分区

分区	名称	模拟范围边界	分辨率	网格数
大区域	渤海	117.6°—122.75°E 36.931°—40.874°N	1 200 m	370 × 365
小区域	渤海湾	117.62°—118.95°E 37.924°—39.213°N	400 m	286 × 358
	莱州湾	118.8840°—120.7961°E 36.9851°—37.7218°N	400 m	412 × 205
	辽东湾	119.2413°—122.4685°E 39.3070°—40.8622°N	400 m	697 × 433

模式进行 45 d 的潮汐计算，采用后 30 d，对每小时的水位结果进行海流变化分析。渤海湾潮汐潮流模式进行了 2000 年、2008 年和 2010 年三种工况的模拟试验，分析由岸线变化引起的渤海湾潮流的变化。

2.2.2 渤海湾海流结果分析

渤海湾海流模拟采用的数值模式与渤海湾的潮汐模式相同。图 2.22 ~ 图 2.24 分别

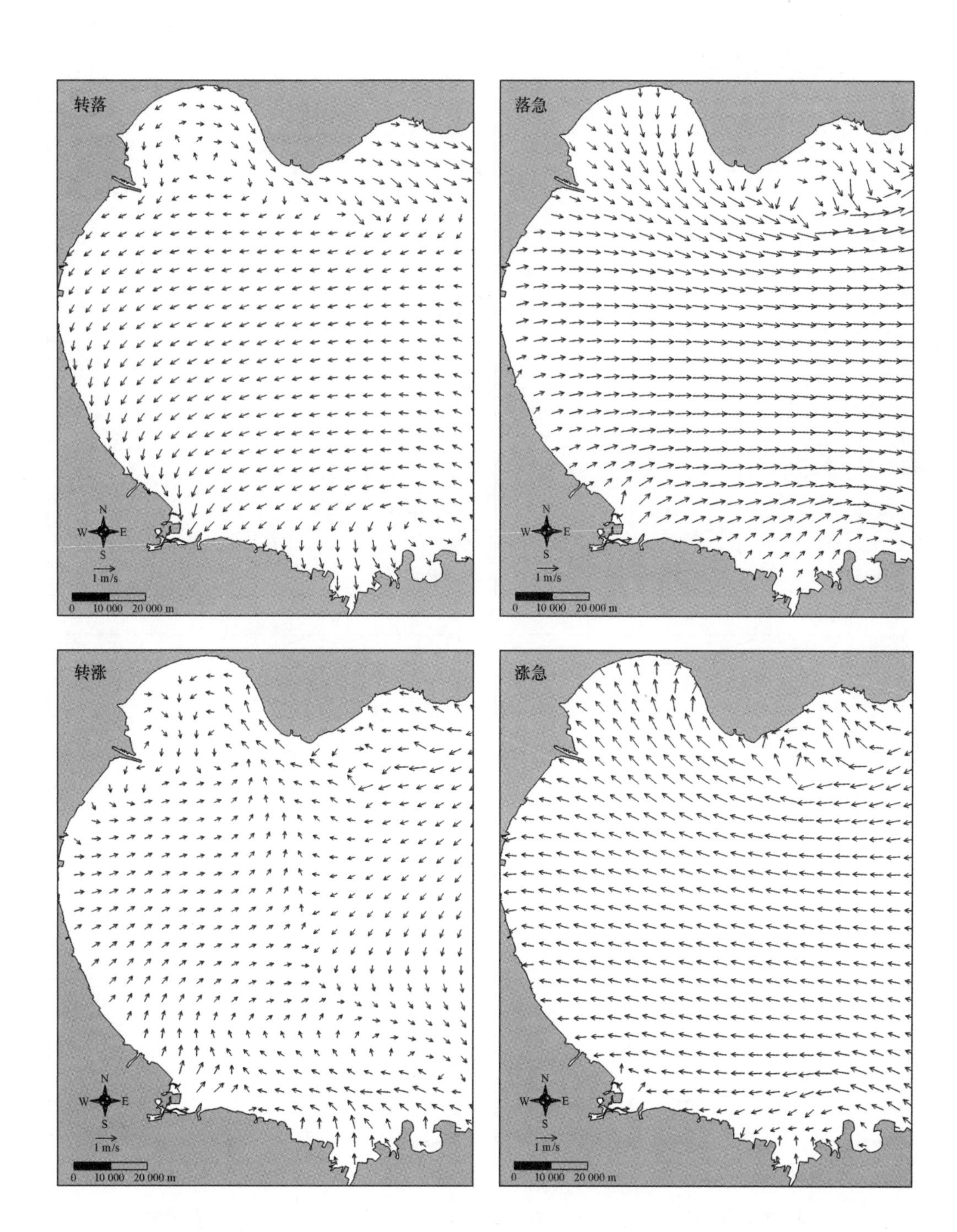

图 2.22 渤海湾 2000 年工况，转落、落急、转涨和涨急 4 个特征时刻的潮流

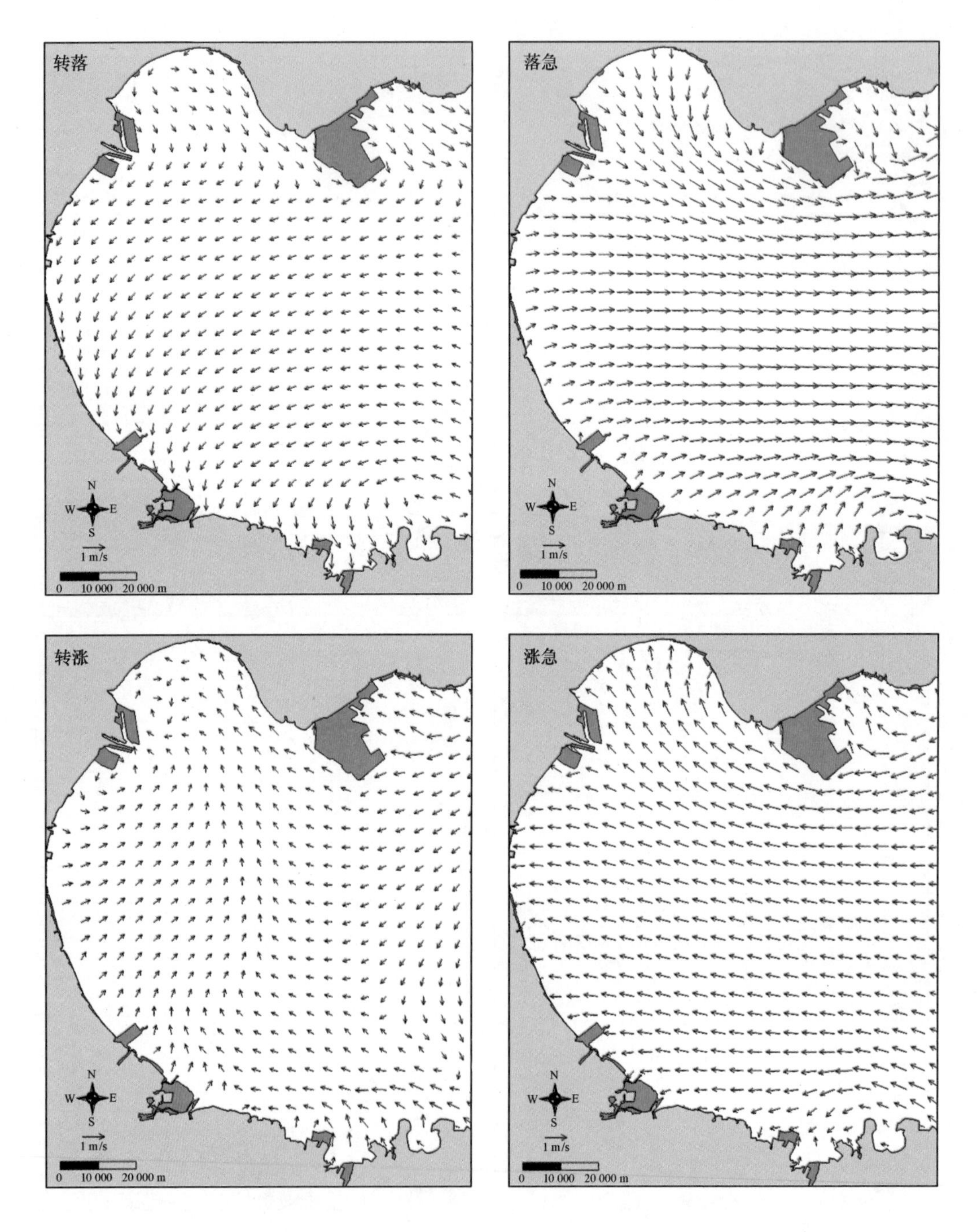

图 2.23 渤海湾 2008 年工况，转落、落急、转涨和涨急 4 个特征时刻的潮流

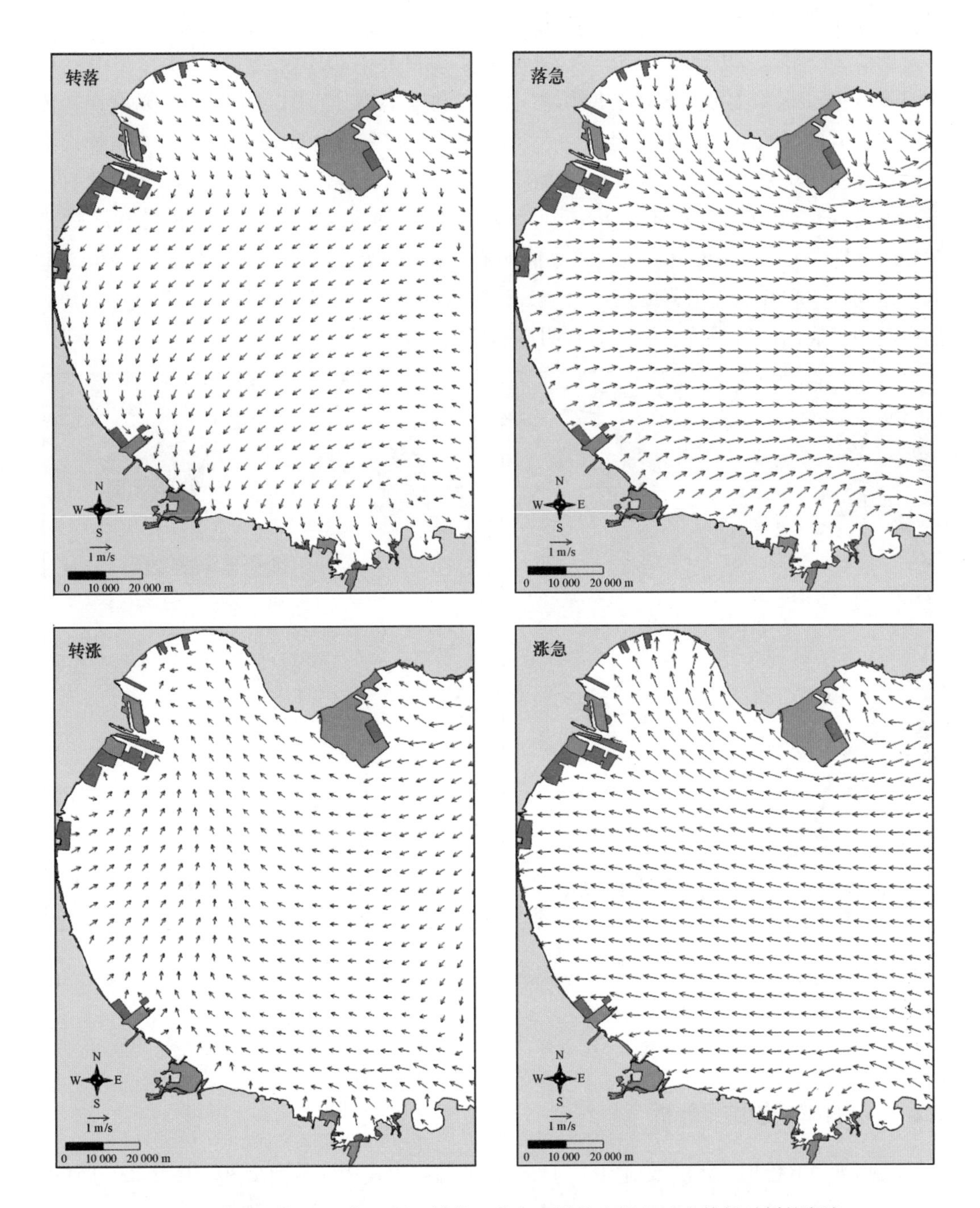

图 2.24 渤海湾 2010 年工况，转落、落急、转涨和涨急 4 个特征时刻的潮流

为渤海湾2000年、2008年和2010年三种工况下的转落、落急、转涨和涨急4个特征时刻潮流图。从图中可以看出，三种工况下的潮流过程和流场分布特征基本一致，明显的变化主要表现在工程海域，工程使附近海域的流速和流向发生了变化。

图2.25～图2.29分别为渤海湾2008年与2000年、2010年与2000年、2010年与2008年三种工况下大潮期涨落急时刻流速增加和减小值分布图。从图中可以看出，流速变化较大的区域均集中在曹妃甸、天津港、潍坊和东营海域等区域的用海工程周边海域，但由于工程的建设造成渤海湾潮波系统的变化，致使在渤海湾口海域流速有所增加。流速增大值强度小于减小值，一般小于5 cm/s，在紧邻工程的局部海域有20 cm/s左右的流速增大值。流速减小值的范围和强度都大于流速增大区域。最大流速减小值同样出现在紧邻工程的局部海域，约40 cm/s。从三种工况的比较来看，工程对渤海湾中部和湾口海域流速的影响有明显的累加效应。

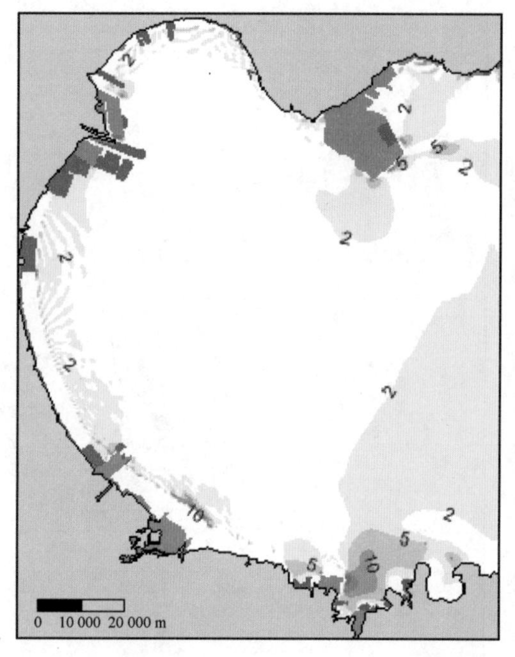

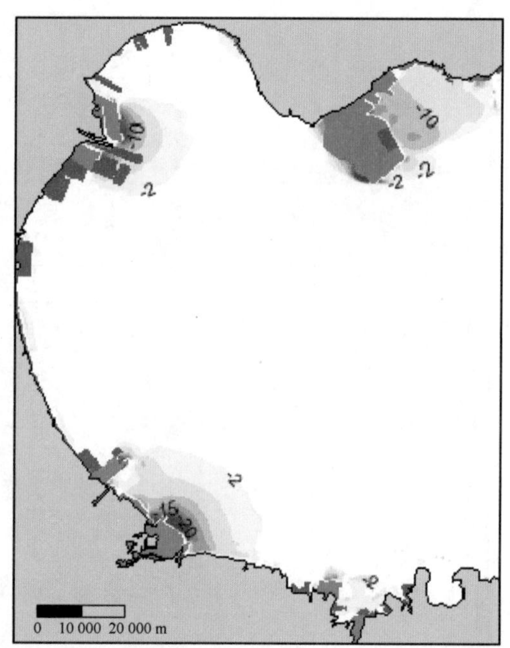

图2.25 渤海湾2008年与2000年，大潮期涨落急时刻流速增加（左图）和减小值（右图）分布（单位：cm/s）

2.2.3 莱州湾海流结果分析

莱州湾海流模拟采用的数值模式与莱州湾的潮汐模式相同。图2.30～图2.32分别为莱州湾2000年、2008年和2010年三种工况下的转落、落急、转涨和涨急4个特征时刻潮流图。从图中可知三种工况下的潮流过程和流场分布特征基本一致，明显的变化主要出现在工程海域，工程使附近海域的流速和流向发生了变化。

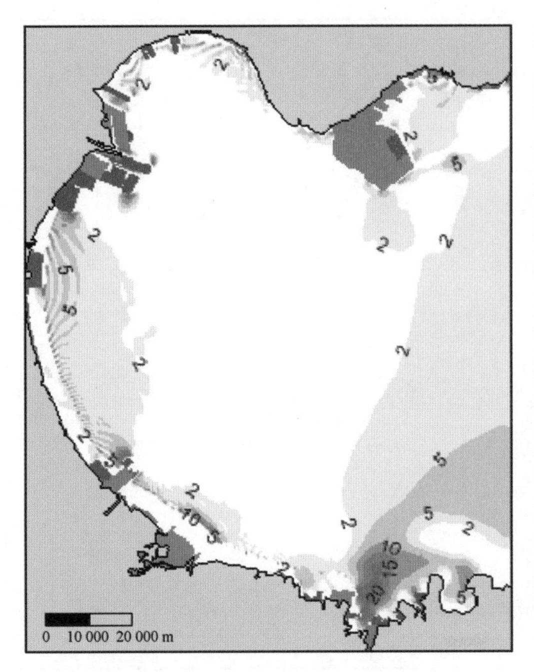

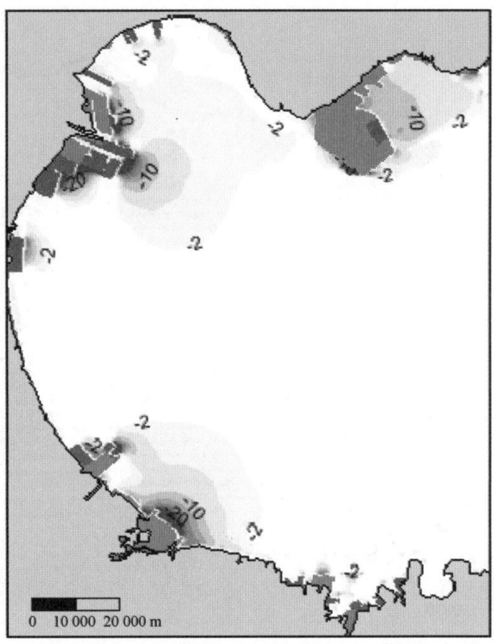

图 2. 26　渤海湾 2010 年与 2000 年，大潮期涨落急时刻流速增加（左图）和减小值（右图）分布（单位：cm/s）

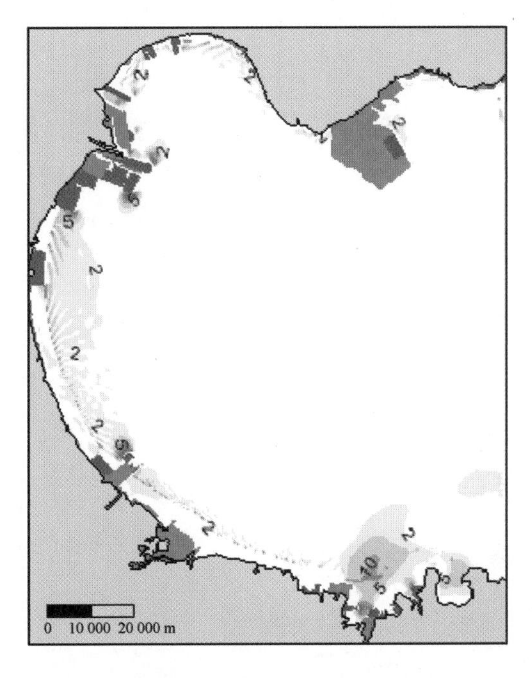

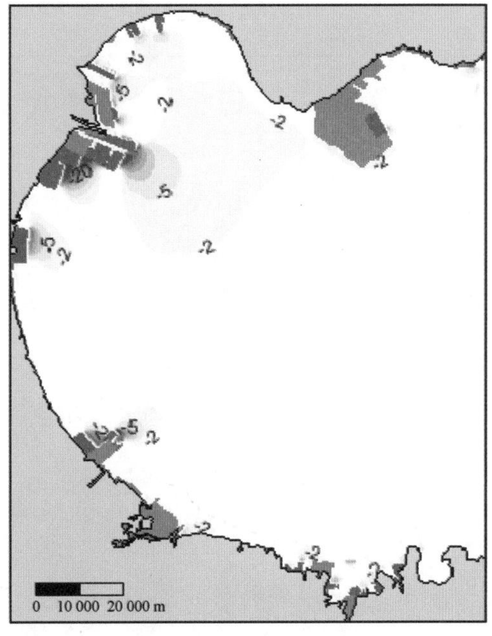

图 2. 27　渤海湾 2010 年与 2008 年，大潮期涨落急时刻流速增加（左图）和减小值（右图）分布（单位：cm/s）

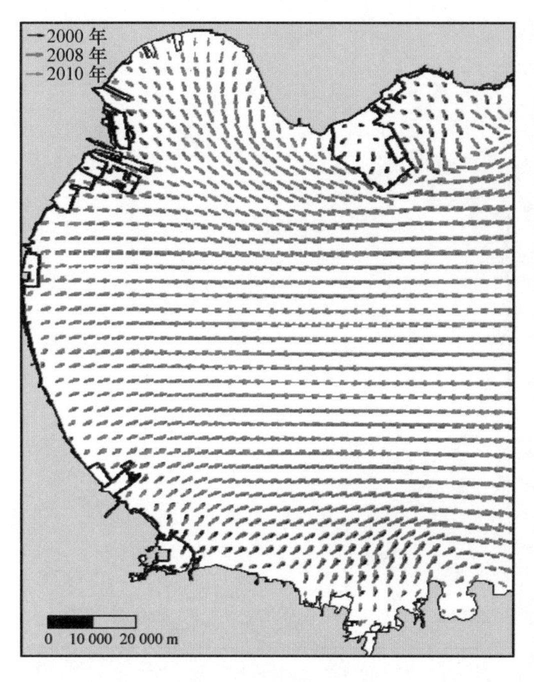

图 2.28 渤海湾 2000 年、2008 年和 2010 年，大潮期落急时刻流矢量对比

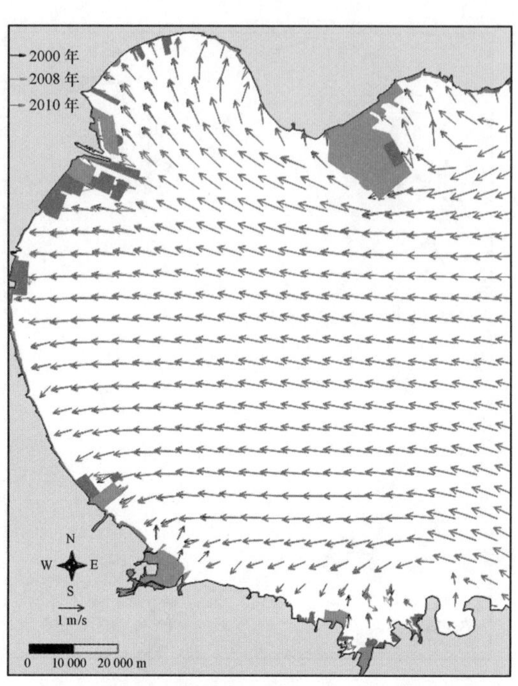

图 2.29 渤海湾 2000 年、2008 年和 2010 年，大潮期涨急时刻流矢量对比

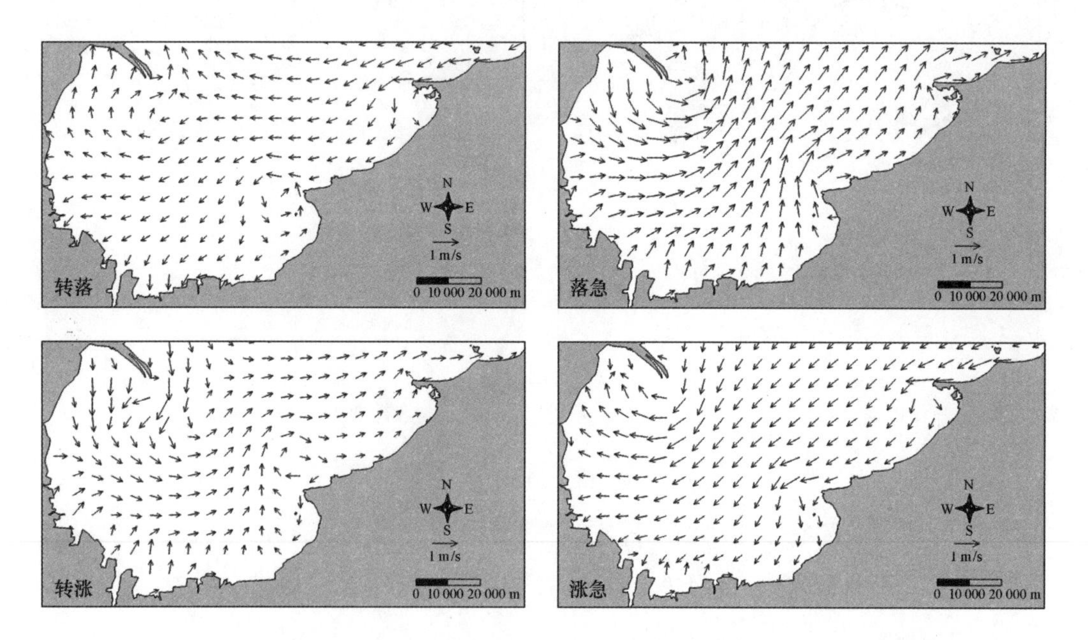

图 2.30 莱州湾 2000 年工况，转落、落急、转涨和涨急 4 个特征时刻的潮流

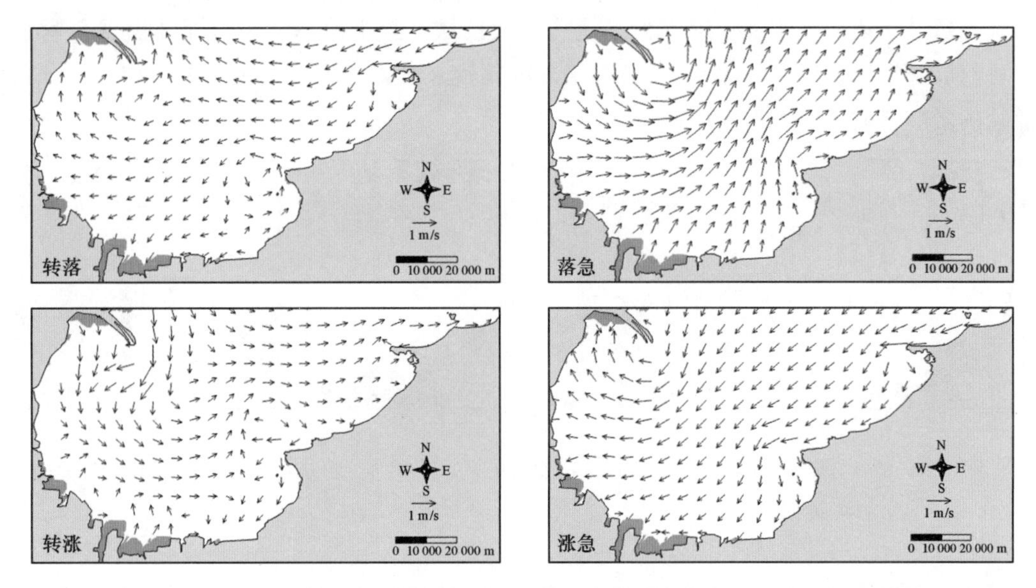

图 2.31 莱州湾 2008 年工况，转落、落急、转涨和涨急 4 个特征时刻的潮流

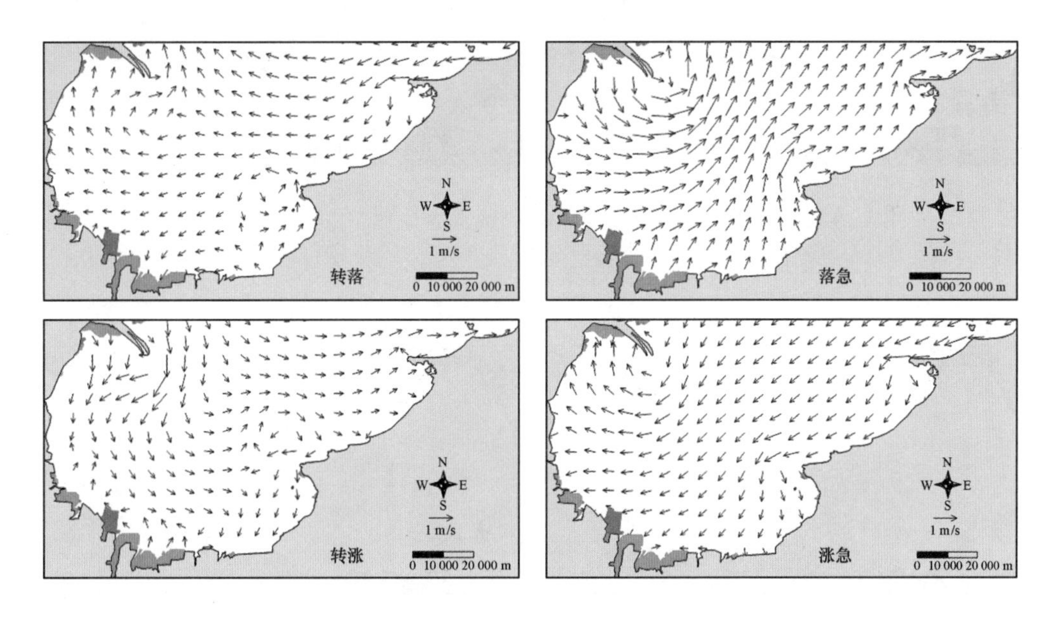

图 2.32 莱州湾 2010 年工况，转落、落急、转涨和涨急 4 个特征时刻的潮流

图 2.33 ~ 图 2.37 分别为莱州湾 2008 年与 2000 年、2010 年与 2000 年、2010 年与 2008 年三种工况下的大潮期涨落急时刻流速增加和减小值分布图。从图中可以看出，流速变化较大的区域均集中在潍坊和东营南侧海域等用海工程周边海域。由于工程的建设造成莱州湾潮波系统的变化，致使在莱州湾口海域流速有所减少。流速增大值强度小于减小值，一般小于 5 cm/s，在紧邻工程的局部海域有 20 cm/s 左右的流速增大

值。流速减小值的范围和强度都大于流速增大区域。最大流速减小值同样出现在紧邻工程的局部海域，约 40 cm/s。从三种工况的比较来看，工程对莱州湾中部和湾口海域流速的影响有明显的累加效应。

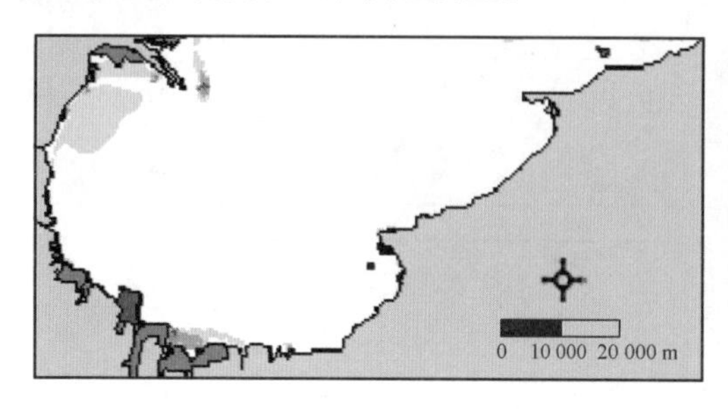

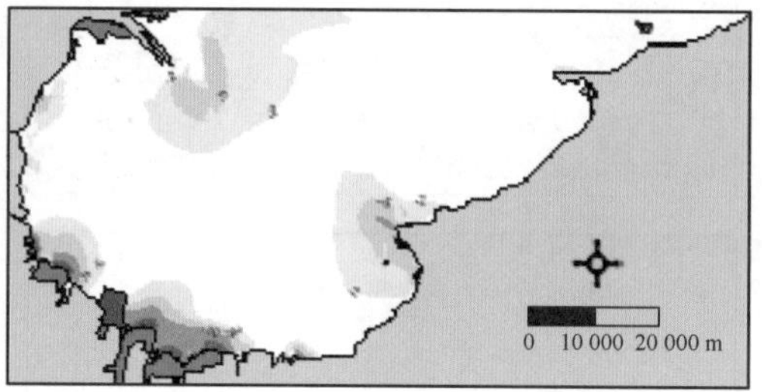

图 2.33　莱州湾 2008 年与 2000 年，大潮期涨落急时刻流速增加（左图）和减小值（右图）分布（单位：cm/s）

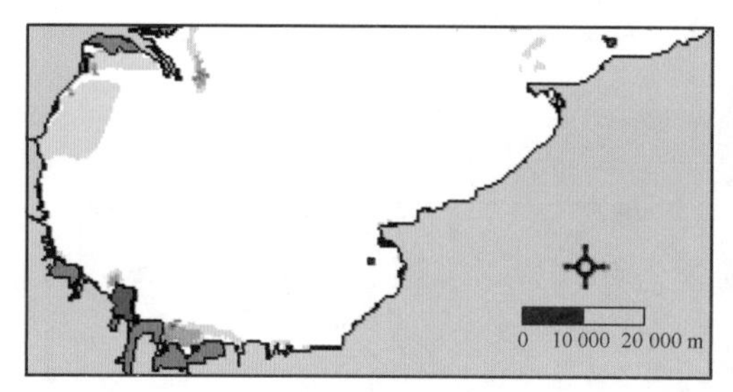

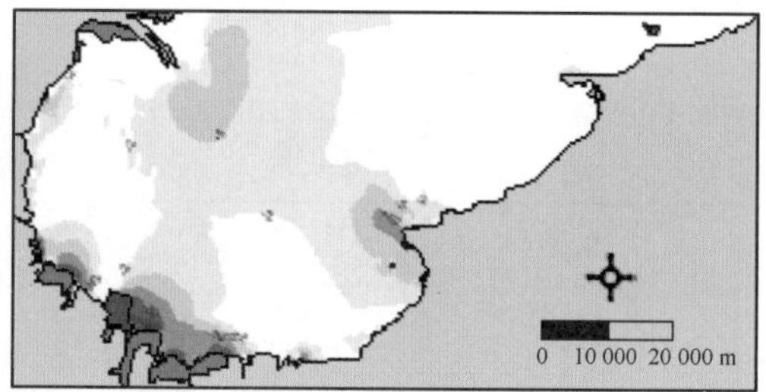

图 2.34　莱州湾 2010 年与 2000 年，大潮期涨落急时刻流速增加（左图）和减小值（右图）分布（单位：cm/s）

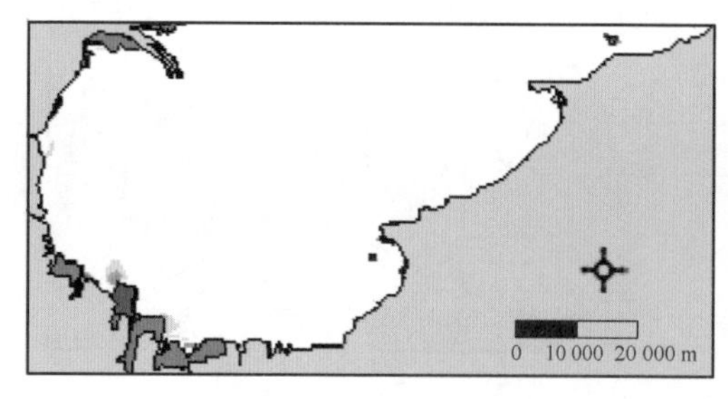

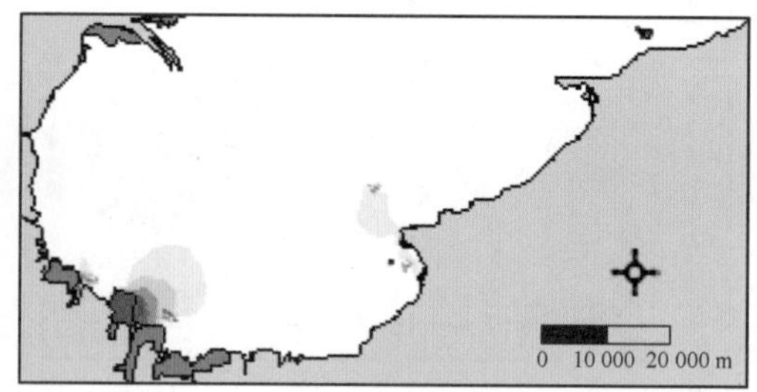

图 2.35　莱州湾 2010 年与 2008 年，大潮期涨落急时刻流速增加（左图）和减小值（右图）分布（单位：cm/s）

2.2.4　辽东湾海流结果分析

辽东湾海流模拟采用的数值模式与辽东湾的潮汐模式相同。图 2.38 ~ 图 2.40 分别为辽东湾 2000 年、2008 年和 2010 年三种工况下的转落、落急、转涨和涨急 4 个特征

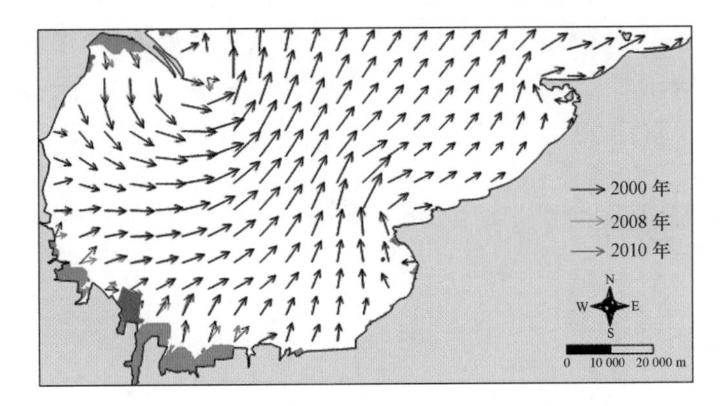

图 2.36 莱州湾 2000 年、2008 年和 2010 年，大潮期落急时刻流矢量对比

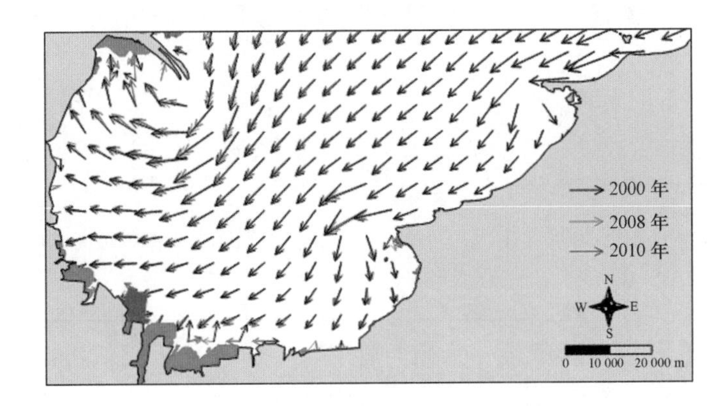

图 2.37 莱州湾 2000 年、2008 年和 2010 年，大潮期涨急时刻流矢量对比

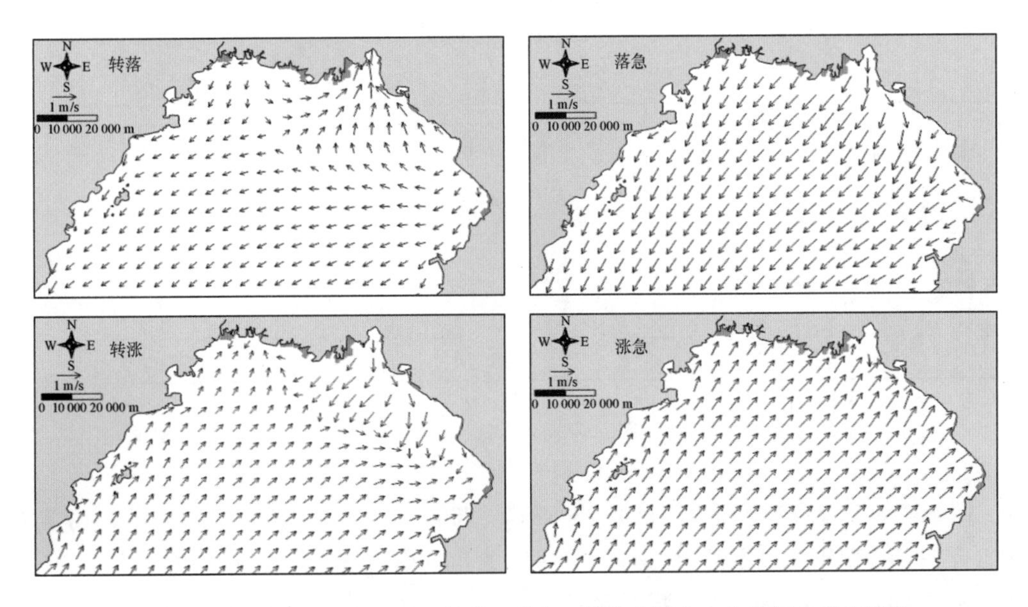

图 2.38 辽东湾 2000 年工况，转落、落急、转涨和涨急 4 个特征时刻的潮流

时刻潮流图。从图中可以看出，三种工况下的潮流过程和流场分布特征基本一致，明显的变化主要表现在工程海域，工程使附近海域的流速和流向发生了变化。

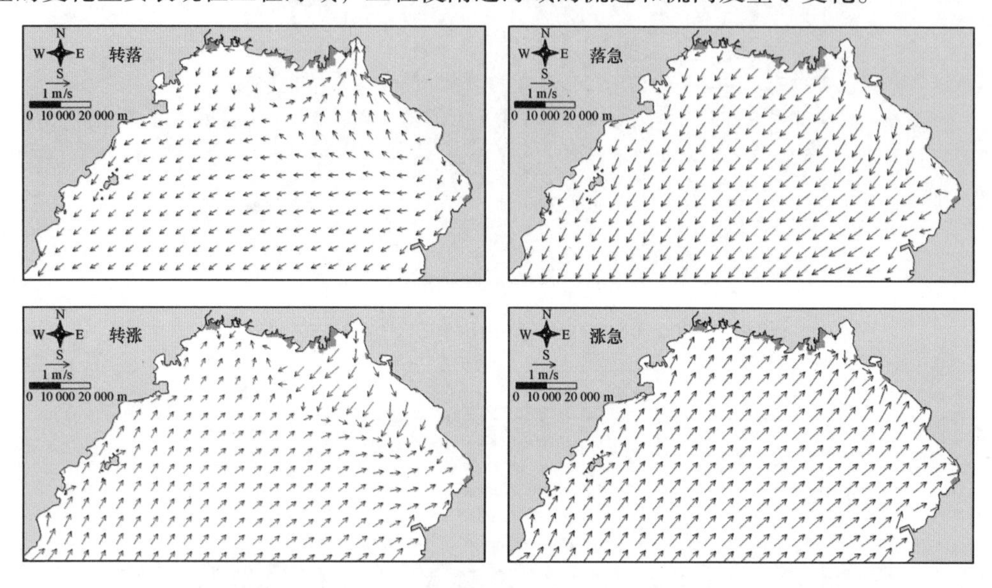

图 2.39　辽东湾 2008 年工况，转落、落急、转涨和涨急 4 个特征时刻的潮流

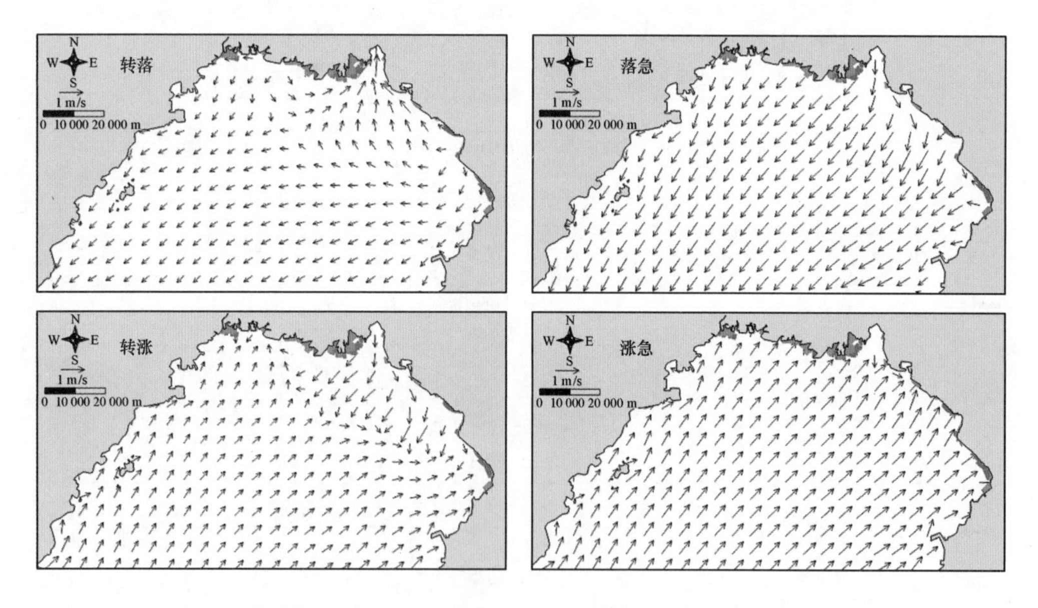

图 2.40　辽东湾 2010 年工况，转落、落急、转涨和涨急 4 个特征时刻的潮流

图 2.41 ~ 图 2.45 分别为辽东湾 2008 年与 2000 年、2010 年与 2000 年、2010 年与 2008 年三种工况下大潮期涨落急时刻流速增加和减小值分布图。从图中可以看出，流速变化较大的区域均集中在用海工程周边海域，主要为锦州东侧和营口东侧。工程的建设造成辽东湾潮波系统的变化对潮流影响较小。流速增大值强度小于减小值，一般

小于5 cm/s，在紧邻工程的局部海域有10 cm/s左右的流速增大值。流速减小值的范围和强度都大于流速增大区域。最大流速减小值同样出现在紧邻工程的局部海域，约30 cm/s。从三种工况的比较来看，工程对辽东湾中部和湾口海域流速的影响有明显的累加效应。

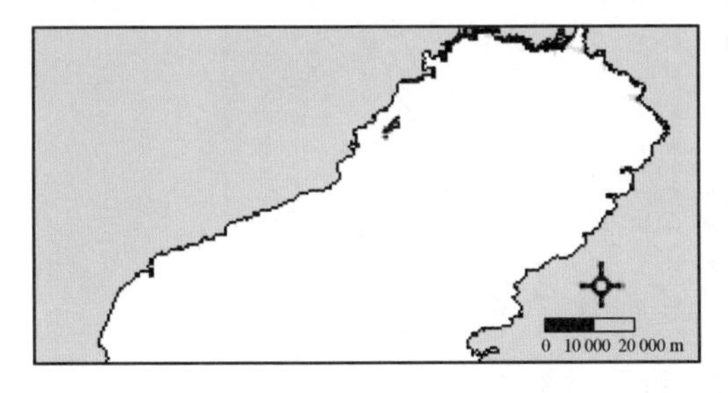

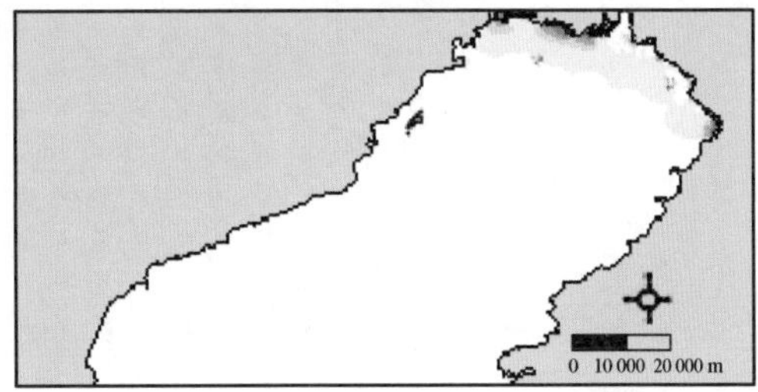

图2.41 辽东湾2008年与2000年，大潮期涨落急时刻流速增加（左图）和减小值（右图）分布（单位：cm/s）

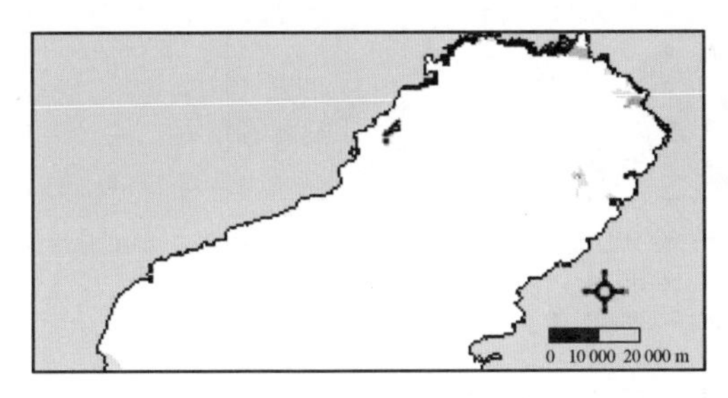

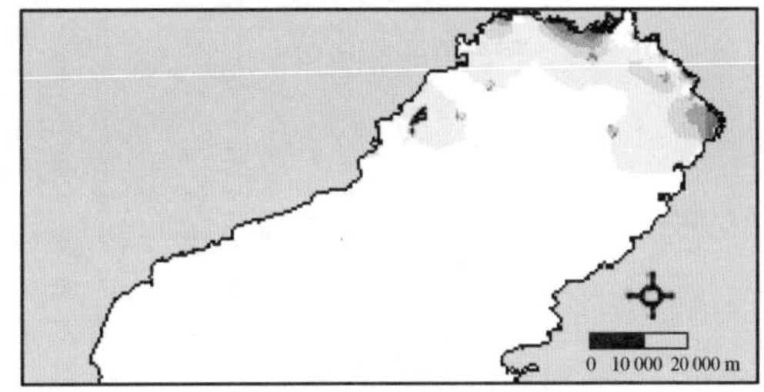

图2.42 辽东湾2010年与2000年，大潮期涨落急时刻流速增加（左图）和减小值（右图）分布（单位：cm/s）

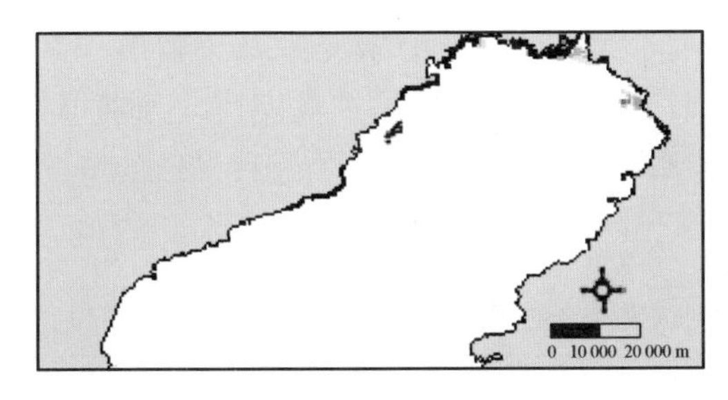

图2.43 辽东湾2010年与2008年，大潮期涨落急时刻流速增加（左图）和减小值（右图）分布（单位：cm/s）

2.2.5 渤海污染物迁移扩散分析

使用$MIKE_{21}$，模拟区域117°30′—122°30′E、37°—41°N，网格距1 200 m，模拟时

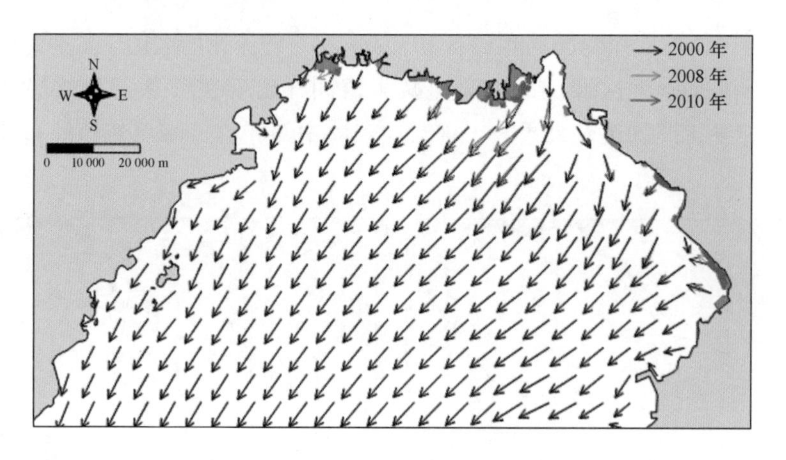

图 2.44 辽东湾 2000 年、2008 年和 2010 年，大潮期落急时刻流矢量对比

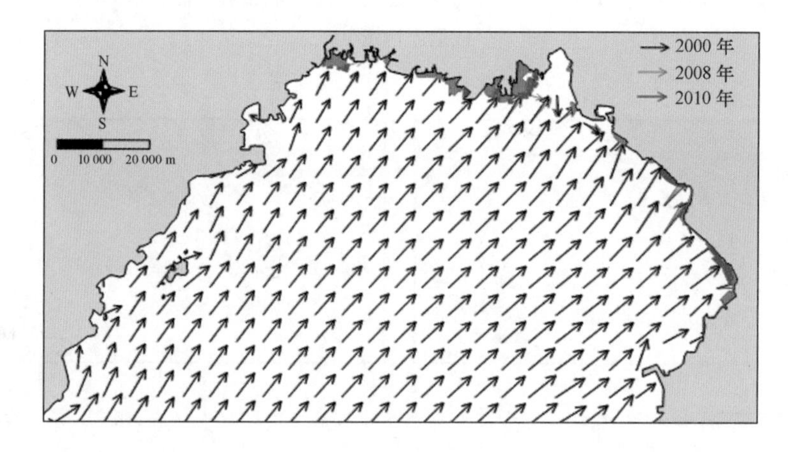

图 2.45 辽东湾 2000 年、2008 年和 2010 年，大潮期涨急时刻流矢量对比

段为 2008 年 1 月 1 日至 2011 年 1 月 1 日，时间步长 150 s，计算结果每天输出一次。开边界的水位由 NAO99 的调和常数插值得到，开启污染物迁移扩散模块，分别模拟 2000 年、2008 年、2010 年、2012 年 4 种海区岸线 3 个海湾内污染物迁移扩散的情况，结果见表 2.4 ~ 表 2.5 和图 2.46 ~ 图 2.48。

表 2.4 首次出现平均浓度减半的时间 单位：d

时段	渤海湾	莱州湾	辽东湾
2000 年岸线	416	131	638
2008 年岸线	401	133	652
2010 年岸线	401	149	651

表 2.5　末次出现平均浓度减半的时间　单位：d

	渤海湾	莱州湾	辽东湾
2000 年岸线	545	131	691
2008 年岸线	529	133	706
2010 年岸线	529	149	691
2012 年岸线	530	153	632

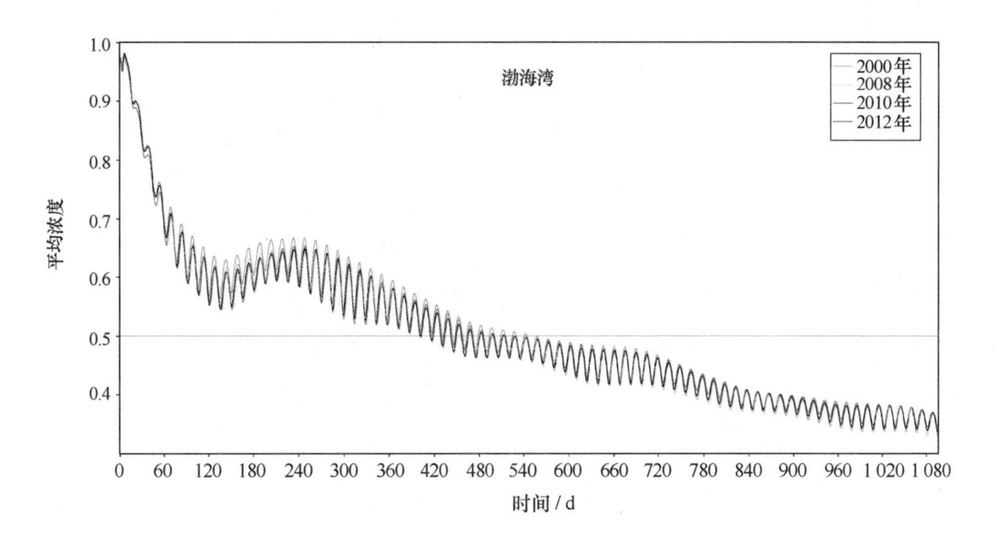

图 2.46　渤海湾污染物浓度随时间变化曲线

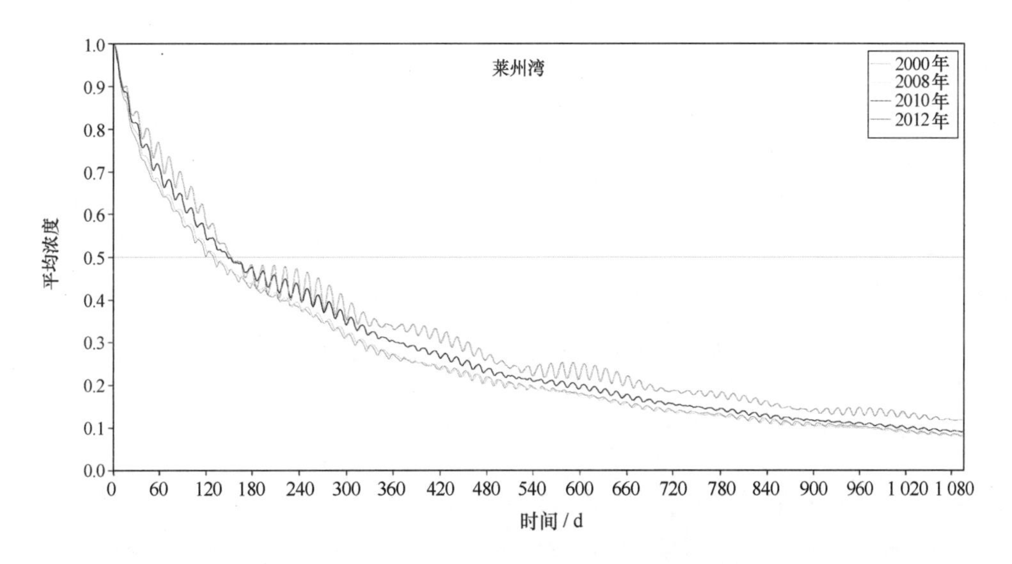

图 2.47　莱州湾污染物浓度随时间变化曲线

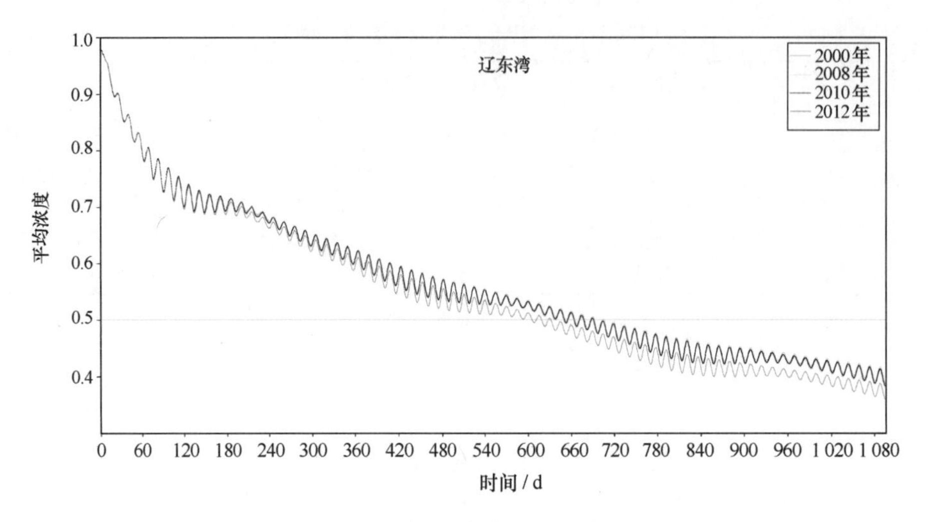

图 2.48　辽东湾污染物浓度随时间变化曲线

半水交换率为整个海湾内污染物的平均浓度降为初始浓度一半所需的时间，初始时刻将模拟海湾内水体的污染物浓度设为 1.0，模拟海湾某一时刻平均浓度的计算。公式为：

$$\frac{\sum_{i=1}^{n} C_i \cdot A_i \cdot H_i}{\sum_{i=1}^{n} A_i \cdot H_i} \xrightarrow{A_i \ = \ const} \frac{\sum_{i=1}^{n} C_i \cdot H_i}{\sum_{i=1}^{n} H_i}$$

其中，n 为分析海湾所占网格数；C_i 为第 i 个网格的污染物浓度；H_i 为第 i 个网格的即时深度；A_i 为网格面积（模型中所有网格面积相同）。

2.2.6　影响评价体系研究

集约用海项目对潮流的影响作为一项重要的指标因子进行考虑，利用本次试验的结合和经验，选择涨落急时刻流速变化值作为表征指标，将其分为轻、中、重三级影响程度（表 2.6）。依据表 2.7，统计分析得出了渤海湾、莱州湾和辽东湾在 2008 年与 2000 年、2010 年与 2000 年和 2010 年与 2008 年流速影响级别的面积（表 2.8）。图 2.49 至图 2.57 分别为渤海湾、莱州湾和辽东湾不同年份流速变化的影响等级分布图。

表 2.6　集约用海项目对最大流速影响等级

影响程度（C）	指标范围/（cm/s）
轻（Ⅲ级）	$15 > C \geqslant 3$
中（Ⅱ级）	$30 > C \geqslant 15$
重（Ⅰ级）	$C \geqslant 30$

表 2.7　集约用海项目对流速影响等级面积统计　　单位：km^2

海域	变化年份	Ⅲ级	Ⅱ级	Ⅰ级
渤海湾	2008—2000	2 274	149	34
	2010—2000	4 050	314	71
	2010—2008	1 212	119	28
莱州湾	2008—2000	1 138	116	15
	2010—2000	1 866	127	32
	2010—2008	187	31	6
辽东湾	2008—2000	924	92	33
	2010—2000	2 190	173	72
	2010—2008	704	85	18

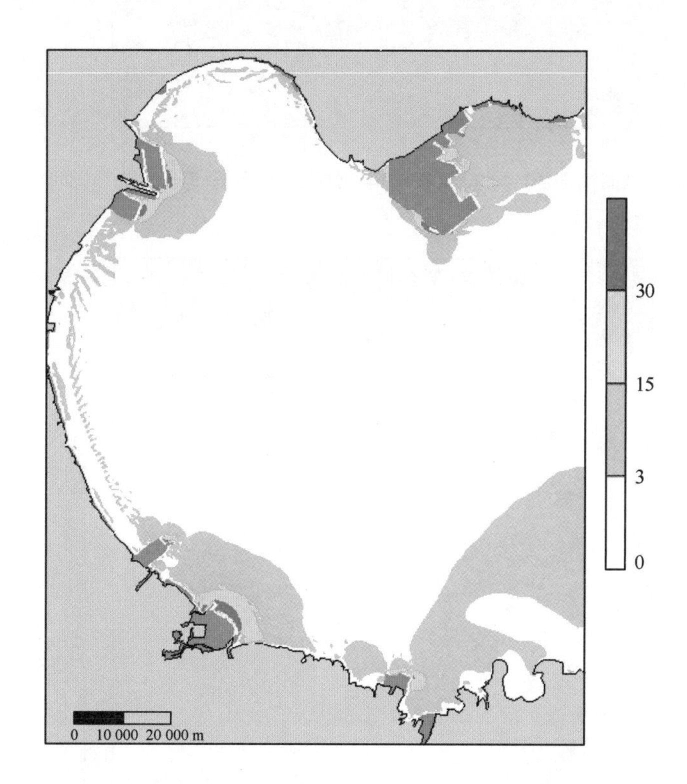

图 2.49　渤海湾 2008 年与 2000 年相比流速变化影响等级分布
（单位：cm/s）

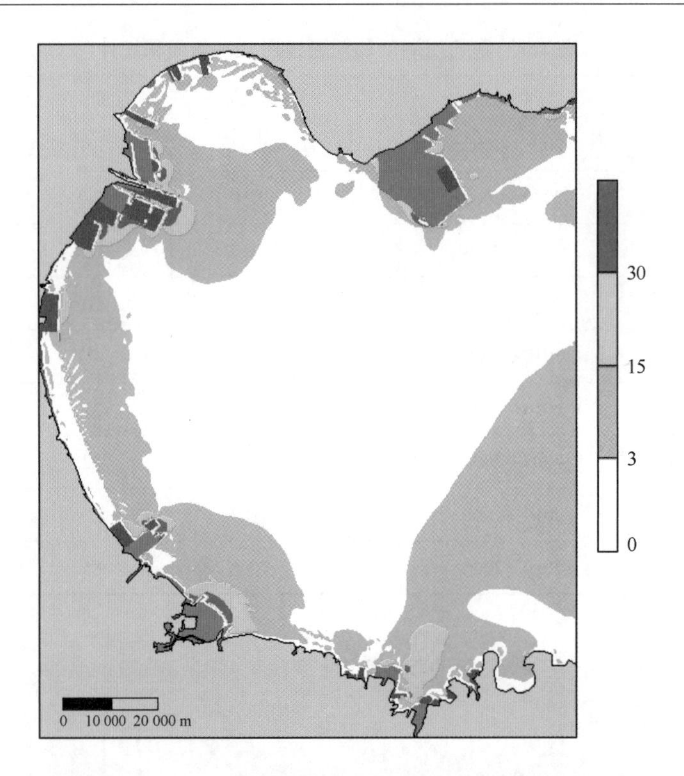

图 2.50 渤海湾 2010 年与 2000 年相比流速变化影响等级分布（单位：cm/s）

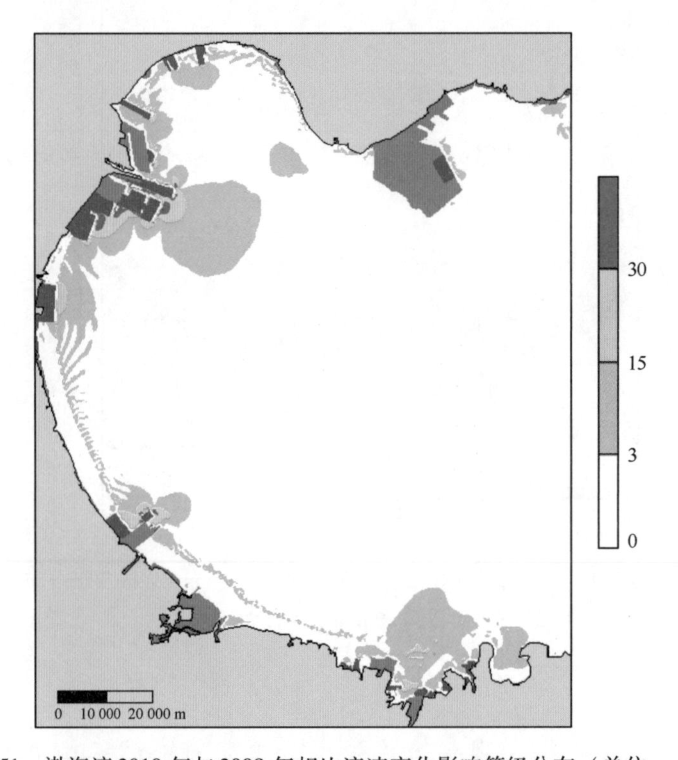

图 2.51 渤海湾 2010 年与 2008 年相比流速变化影响等级分布（单位：cm/s）

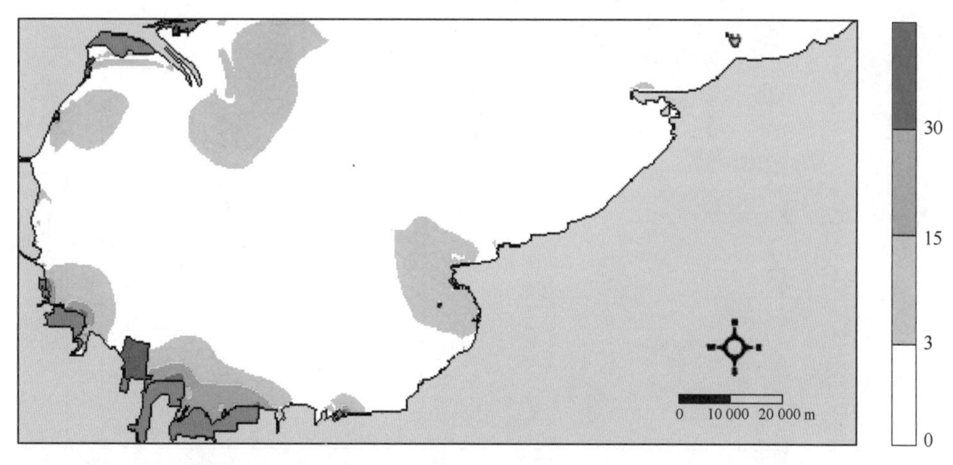

图 2.52　莱州湾 2008 年与 2000 年相比流速变化影响等级分布（单位：cm/s）

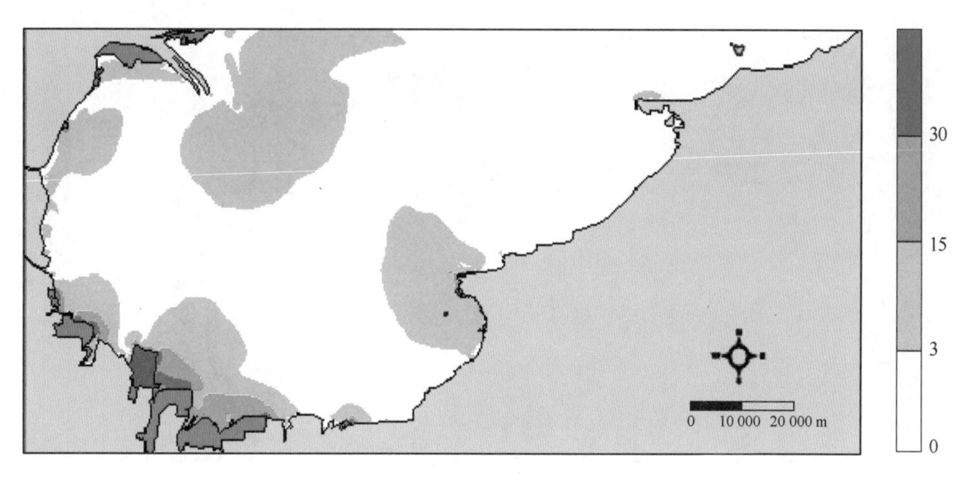

图 2.53　莱州湾 2010 年与 2000 年相比流速变化影响等级分布（单位：cm/s）

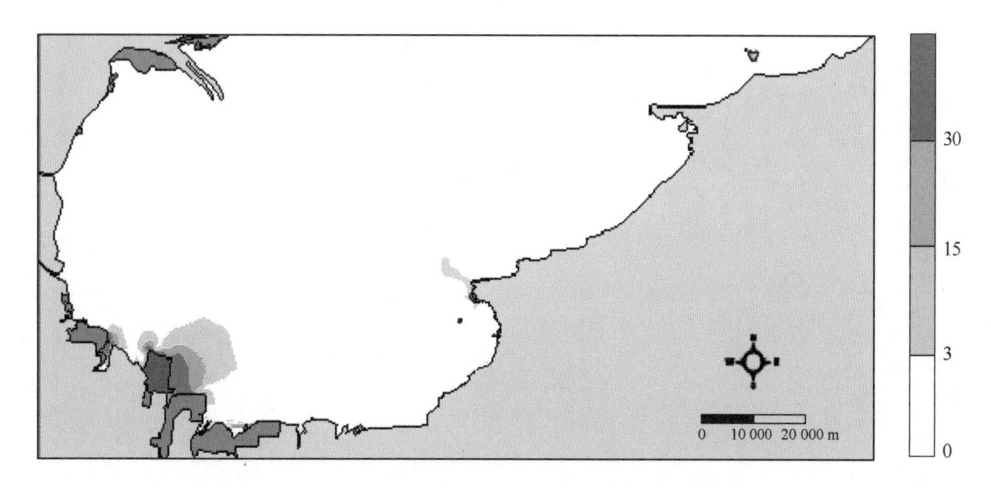

图 2.54　莱州湾 2010 年与 2008 年相比流速变化影响等级分布（单位：cm/s）

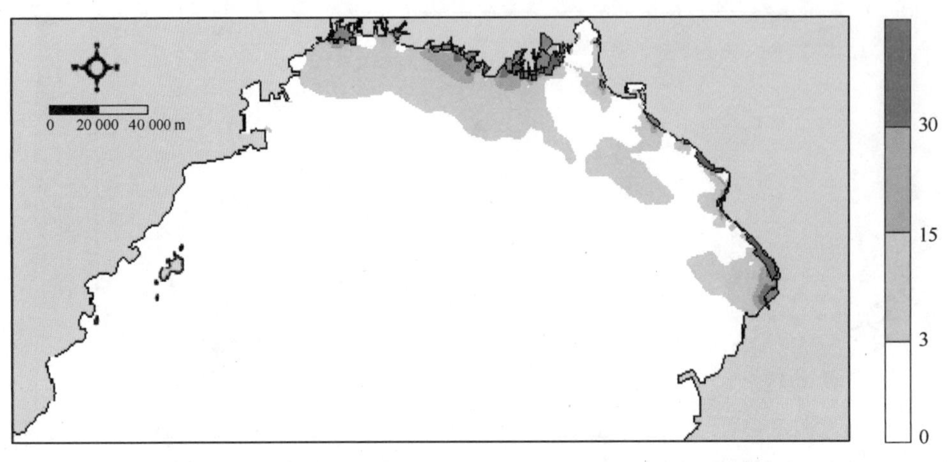

图 2.55 辽东湾 2008 年与 2000 年相比流速变化影响等级分布（单位：cm/s）

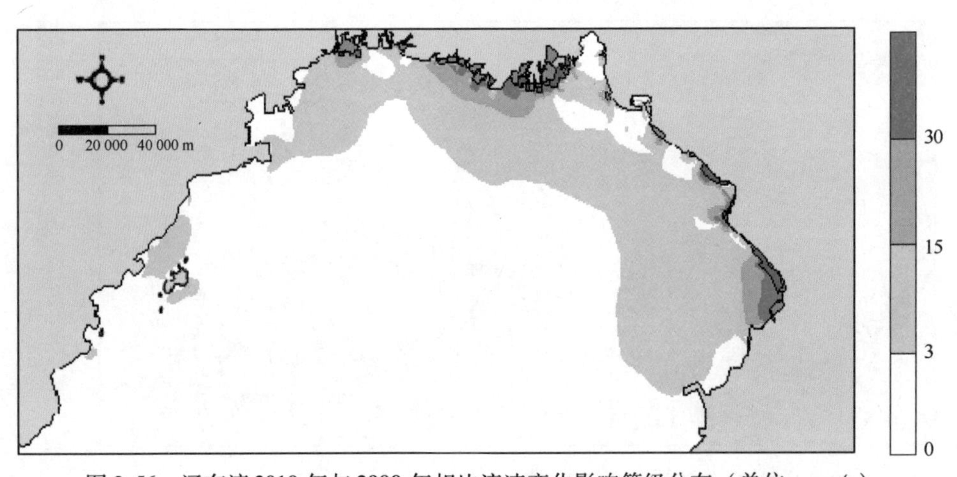

图 2.56 辽东湾 2010 年与 2000 年相比流速变化影响等级分布（单位：cm/s）

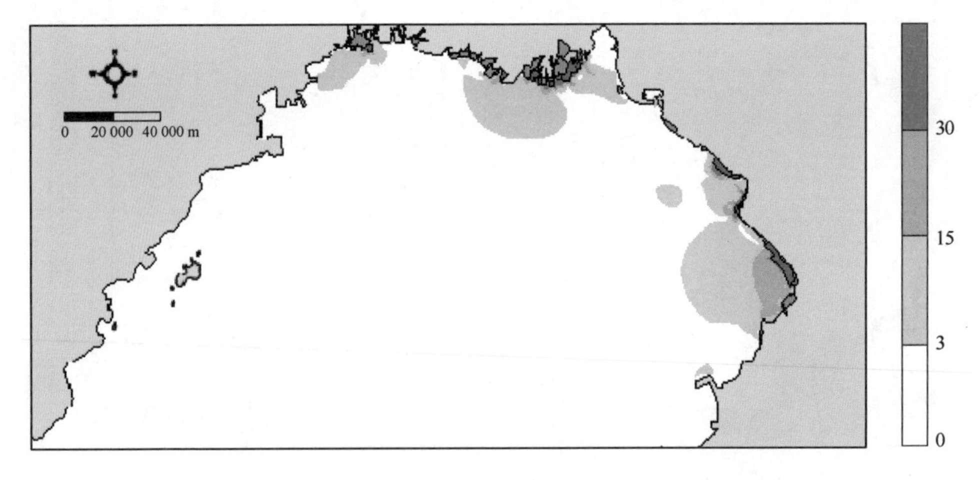

图 2.57 辽东湾 2010 年与 2008 年相比流速变化影响等级分布（单位：cm/s）

2.3 渤海海底冲淤变化分析

2.3.1 模型选择与设置

2.3.1.1 泥沙输运模型

泥沙输运模型是在水动力 $MIKE_{21}$ 模型中代入了泥沙传输扩散方程：

$$\frac{\partial \bar{c}}{\partial t} + u\frac{\partial \bar{c}}{\partial x} + v\frac{\partial \bar{c}}{\partial y} = \frac{1}{h}\frac{\partial}{\partial x}\left(hD_x\frac{\partial c}{\partial x}\right) + \frac{1}{h}\frac{\partial}{\partial y}\left(hD_y\frac{\partial c}{\partial y} + Q_L C_L \frac{1}{H} - S\right)$$

式中，$\bar{c}$ 为平均质量浓度（kg/m^3）；u，v 为平均流速（m/s）；D_x，D_y 为扩散系数（m^2/s）；S 为沉积或侵蚀项［$kg/(m^3/s)$］；Q_L 为单位水平面积上的源流量［$m^3/(s/m^2)$］；C_L 为源浓度（kg/m^3）。

沉积是将悬浮泥沙转移到海底，沉积发生在海底剪切应力小于临界沉积剪切应力的情况下。沉积描述为：

$$S_D = w_s c_b P_D$$

式中，P_D 为沉积概率函数；w_s 为沉降速度（m/s）；c_b 为泥沙的近海底浓度。

沉积概率函数定义为：

$$P_D = \max\left[0,\ \min\left(1,\ 1 - \frac{\tau_b}{\tau_{cd}}\right)\right]$$

式中，τ_b 为海底剪切应力（N/m^2）；τ_{cd}为沉积临界剪切应力（N/m^2）。

冲刷即将沉积物转移到水体中去，发生在海底剪切应力大于临界剪切应力的活跃海底沉积层上。冲刷率描述为：

$$S_E = E_0 \exp\left[\alpha\ (\tau_b - \tau_{ce})^{1/2}\right]$$

式中，τ_{ce}为冲刷临界剪切应力（N/m^2）；E_0 为冲刷度（$kg/m^2/s$）；α 为系数（$m/N^{1/2}$）。

沉降速度计算公式采用下式：

$$w_s = \frac{(\rho_s - \rho)\ gd^2}{18 \cdot \rho v}$$

式中，ρ_s 为泥沙密度（kg/m^3）；ρ 为海水密度；g 为重力加速度（9.8 m/s^2）；d 为粒径（m）；v 为海水黏滞系数。

2.3.1.2 波浪模式

波浪采用 $MIKE_{21}$ 的近岸波浪模型 NSW，其基本方程来自于作用量谱密度守恒方程。

$$\frac{\partial(c_{gx}m_0)}{\partial x} + \frac{\partial(c_{gy}m_0)}{\partial y} + \frac{\partial(c_\theta m_0)}{\partial \theta} = T_0$$

$$\frac{\partial(c_{gx}m_1)}{\partial x} + \frac{\partial(c_{gy}m_1)}{\partial y} + \frac{\partial(c_\theta m_1)}{\partial \theta} = T_1$$

式中，m_0（x，y，θ）为零阶矩作用量谱；m_1（x，y，θ）为一阶矩作用量谱；c_{gx}和 c_{gy}为群

速 c_g 在 x 和 y 方向上的分量；θ 为波浪传播方向；c_θ 为 θ 方向上的速度；T_0 和 T_1 为源项。

谱矩定义为：

$$m_n(\theta) = \int_0^\infty \omega^n A(\omega,\theta)\,\mathrm{d}\omega$$

式中，ω 为绝对频率；A 为作用量谱密度。

传播速度 c_{gx}、c_{gy} 和 c_θ 通过线性波浪理论得到。

边界上能量在方向上的分布为：

$$E(\theta_i) = E_1 \cdot D(\theta_i) \quad i = 1,\mathrm{ndir}$$

式中，ndir 为方向上的离散数；$E_1 = H_{mo}^0/16$ 为离散能量谱的总能量，方向上的分布函数 D 为：

$$D(\theta) = \beta \cdot \cos^n(\theta_m - \theta_i) \quad |\theta_m - \theta_i| \leqslant \theta_d$$

$$D(\theta_i) = 0 \quad |\theta_m - \theta_i| > \theta_d$$

式中，β 为标准化因子；θ_m 为最大波浪角度；θ_d 即方向上的最大偏差，必须小于等于 90°，方向分布函数 D（θ）与方向上扩展指数 n 存在一定的对应关系：

$$DSD = \sigma = \sqrt{2[1-(a^2+b^2)^{1/2}]}$$

$$a = \int_0^{2x} \cos\theta \cdot D(\theta)\,\mathrm{d}\theta$$

$$a = \int_0^{2x} \sin\theta \cdot D(\theta)\,\mathrm{d}\theta$$

基本偏微分方程在空间上的离散采用欧拉有限差分技术。当 x 方向上为线性向前差分时，在 y 和 θ 方向上可以选择线性迎风差分。

2.3.1.3 模型设置

沉积物类型和粒度特征参数：根据该区近期和历史表层沉积物调查资料选择。

风的资料输入：根据渤海湾海洋站风资料的统计结果，模拟时选取了常年（累计了常年各种风向及平均风速）S 向大风、N 向大风作用下工程建设前后周边海域的海底蚀淤变化情况。S 向大风、N 向大风风流为大于 6 级风作用 24 小时，最大为 8 级风。

2.3.2 模拟结果分析

利用上述数值模式，对渤海湾海底冲淤趋势进行了常年和不利风向的数值模拟，由于 2000—2010 年工程主要分布在渤海湾南北两岸，因此为了更好地说明不利风向情况下工程建设前后的影响变化，分别选择了 S 向大风和 N 向大风两种方案。

2.3.2.1 常年工程前后冲淤趋势变化

从图 2.58 至图 2.69 可以看出，常年情况下 2010 年与 2000 年岸线变化引起的海底冲淤趋势变化差值幅度与 2008 年和 2000 年间岸线变化引起的海底冲淤趋势变化差值幅度较大，变化差值最大区域在曹妃甸海域，引起的淤积变化最大值达到 130 cm 左右，引起的冲刷变化最大值达到 100 cm 左右。

2.3.2.2 S 向大风工程前后冲淤趋势变化

S 向大风情况下，2010 年与 2000 年岸线变化引起的海底冲淤趋势变化差值幅度与 2008 年和 2000 年间岸线变化引起的海底冲淤趋势变化差值幅度较大，变化差值最大区域在曹妃甸海域，引起的淤积变化最大值达到 70 cm 左右，引起的冲刷变化最大值达到 140 cm 左右。

2.3.2.3 N 向大风工程前后冲淤趋势变化

N 向大风情况下，2010 年与 2000 年岸线变化引起的海底冲淤趋势变化差值幅度与 2008 年和 2000 年间岸线变化引起的海底冲淤趋势变化差值幅度较大，变化差值最大区域在曹妃甸海域，引起的淤积变化最大值达到 60 cm 左右，引起的冲刷变化最大值达到 110 cm 左右。

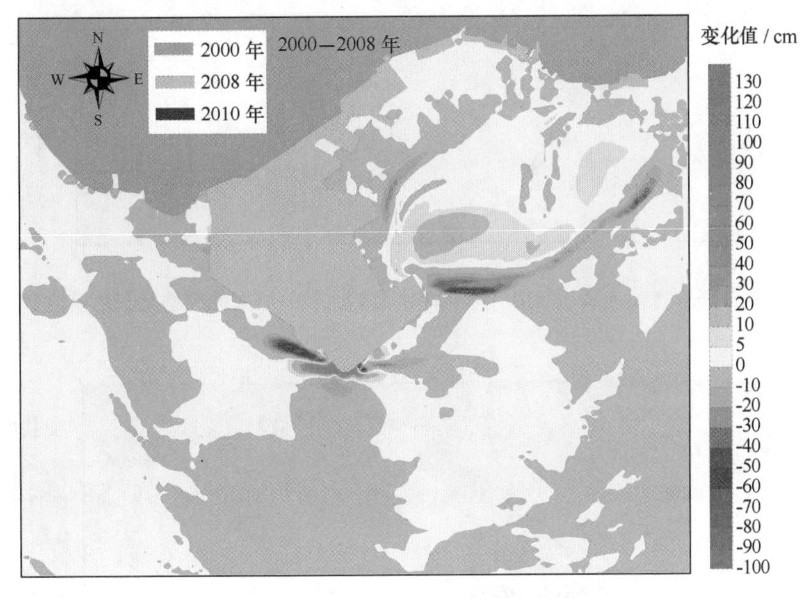

图 2.58 曹妃甸海域 2008 年与 2000 年相比较的海底冲淤趋势变化差值

2.3.3 影响评价体系研究

为了更好地评价工程建设引起的海底冲淤变化对渤海湾的影响，将不同年份海底冲淤趋势变化差值分为轻、中、重级别（表 2.8）。渤海湾及各工程附近海域不同岸线在综合情况下所引起的海底冲淤变化等级分布见图 2.61 至图 2.71。

表 2.8 集约用海项目对冲淤变化影响等级

影响程度（M）	指标范围/（cm/a）
轻（Ⅲ级）	$20 > M \geqslant 5$
中（Ⅱ级）	$50 > M \geqslant 20$
重（Ⅰ级）	$M \geqslant 50$

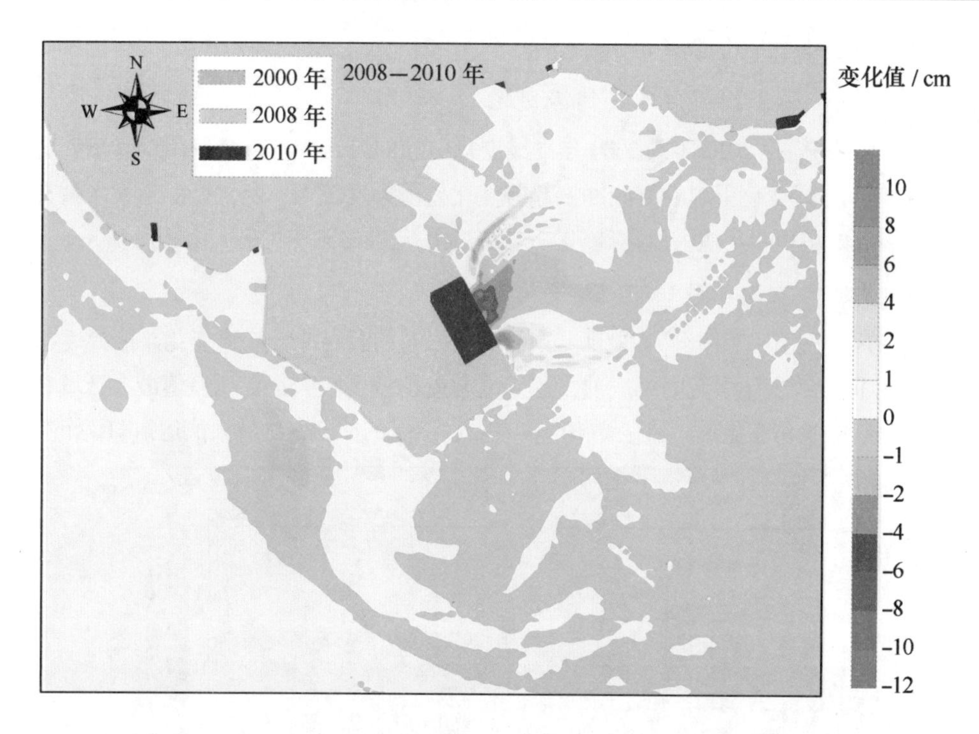

图 2.59 曹妃甸海域 2010 年与 2008 年相比较的海底冲淤趋势变化差值

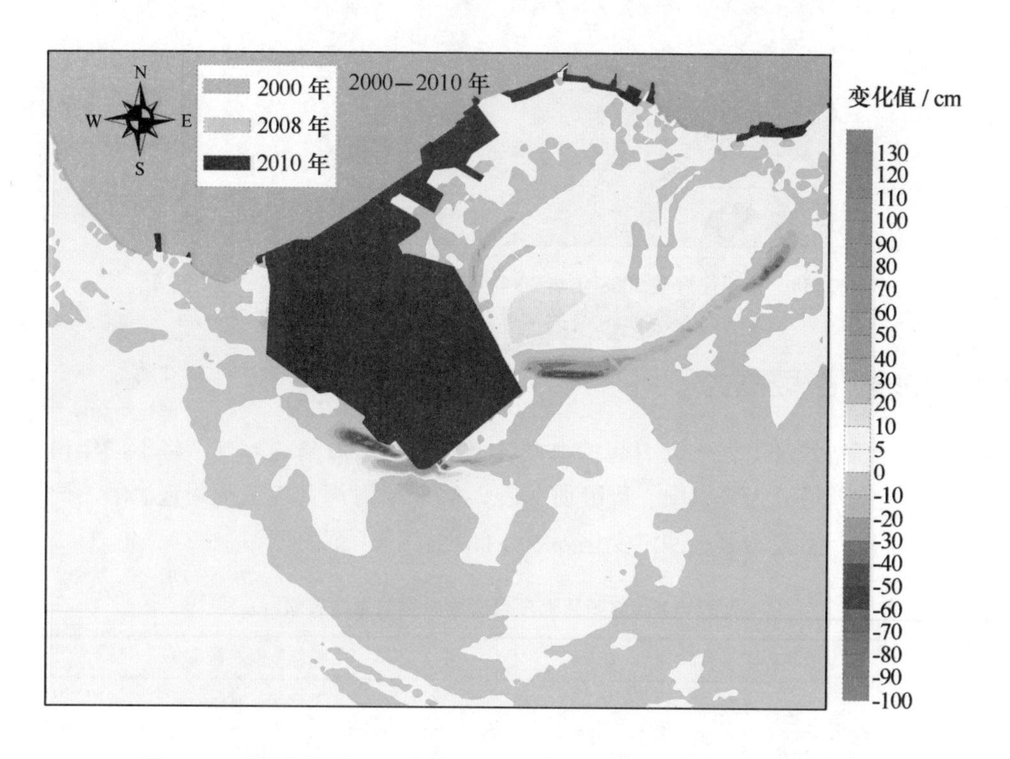

图 2.60 曹妃甸海域 2010 年与 2000 年相比较的海底冲淤趋势变化差值

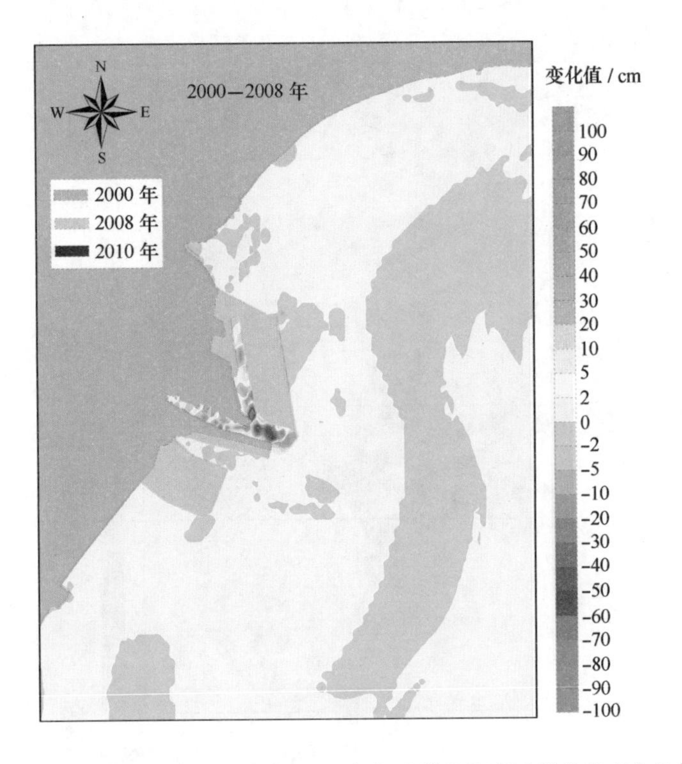

图 2.61 天津港海域 2008 年与 2000 年相比较的海底冲淤趋势变化差值

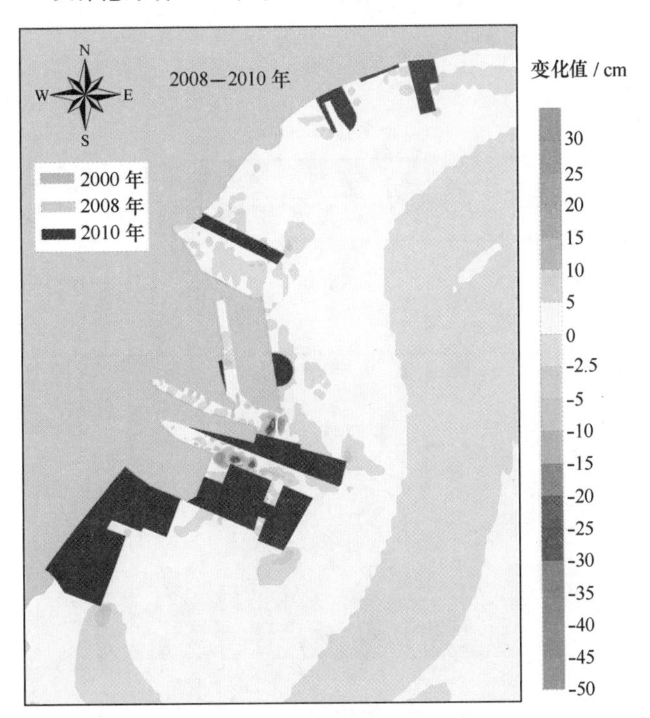

图 2.62 天津港海域 2010 年与 2008 年相比较的海底冲淤趋势变化差值

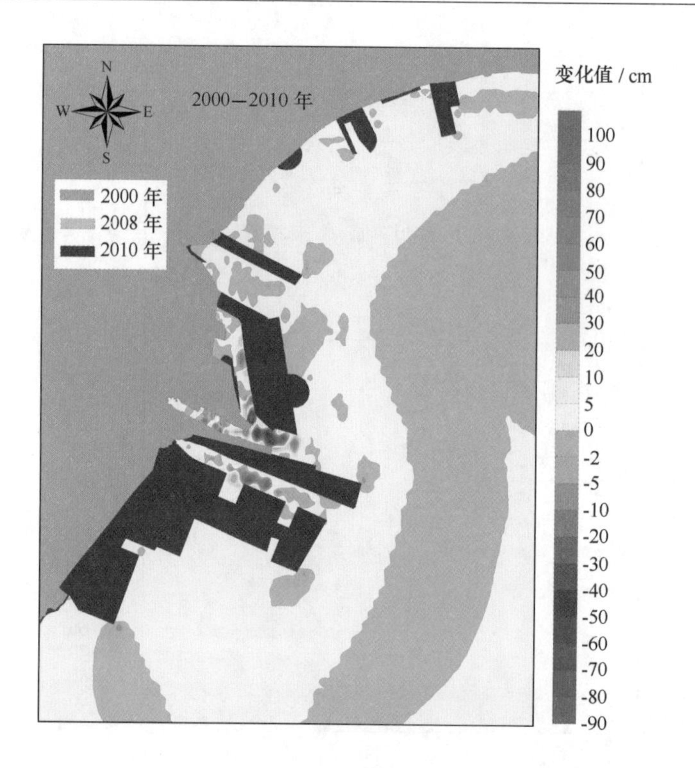

图 2.63　天津港海域 2010 年与 2000 年相比较的海底冲淤趋势变化差值

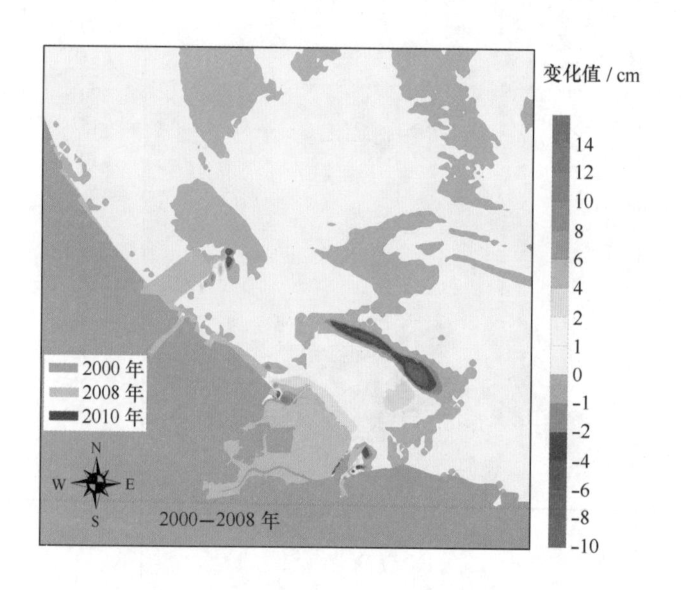

图 2.64　滨州海域 2008 年与 2000 年相比较的海底冲淤趋势变化差值

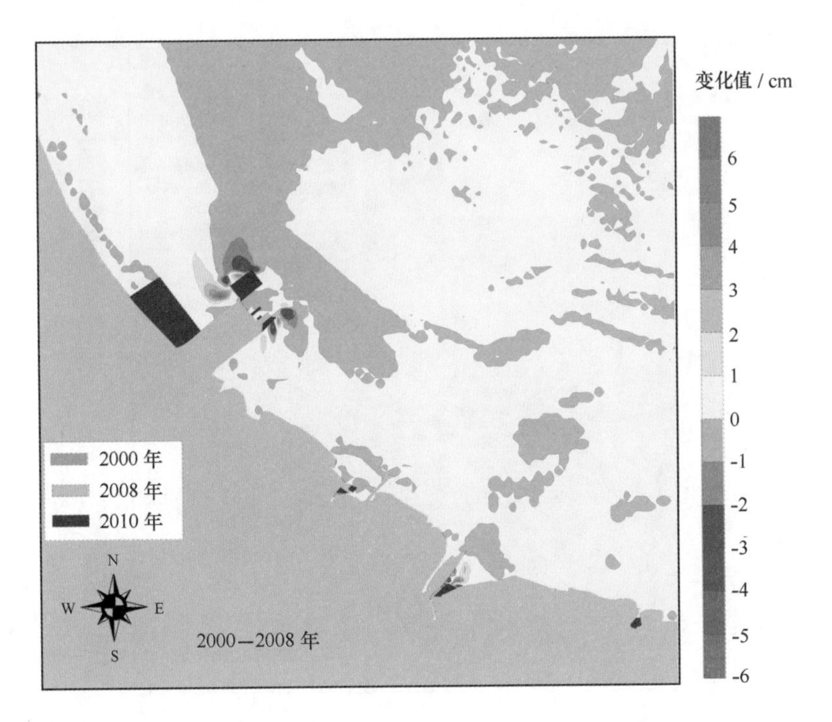

图 2.65 滨州海域 2010 年与 2008 年相比较的海底冲淤趋势变化差值

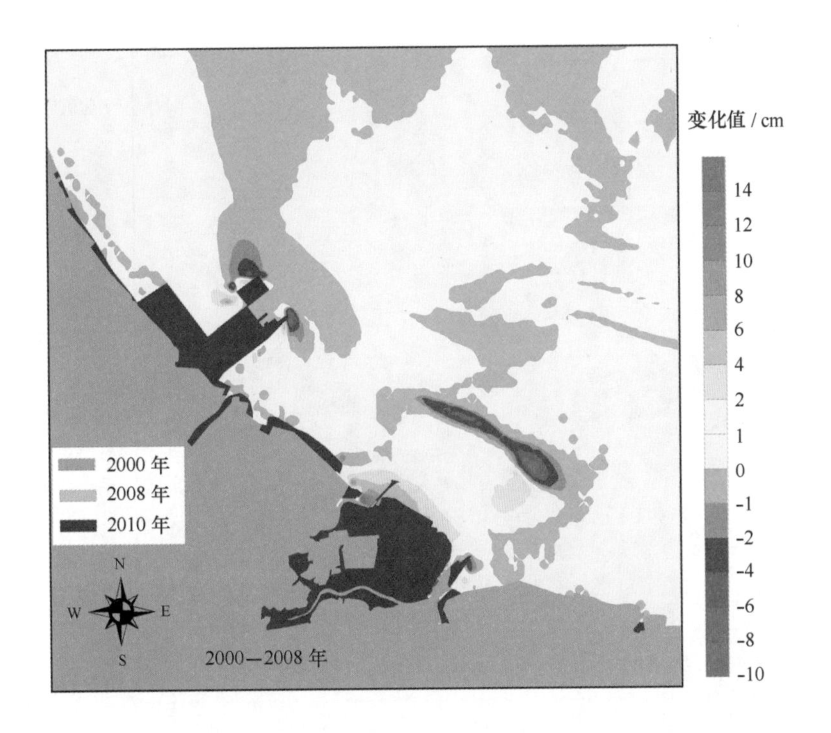

图 2.66 滨州海域 2010 年与 2000 年相比较的海底冲淤趋势变化差值

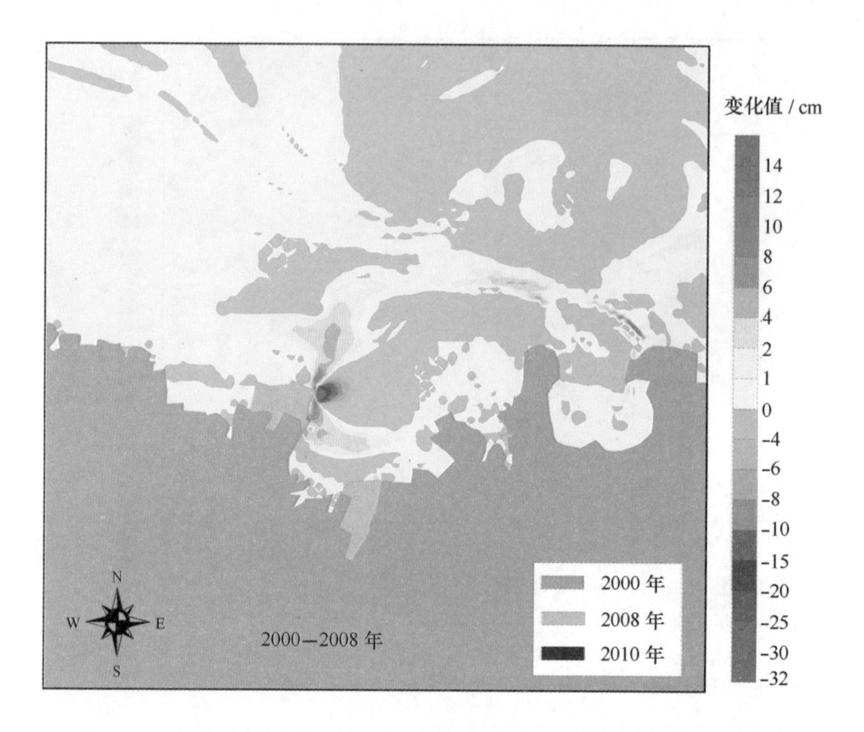

图 2.67 东营海域 2008 年与 2000 年相比较的海底冲淤趋势变化差值

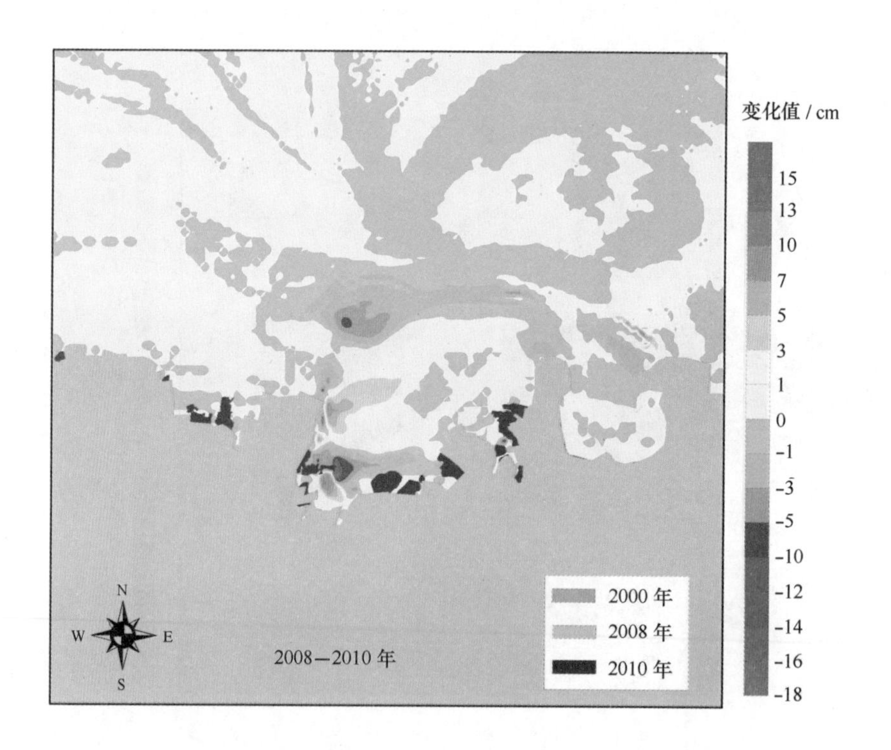

图 2.68 东营海域 2010 年与 2008 年相比较的海底冲淤趋势变化差值

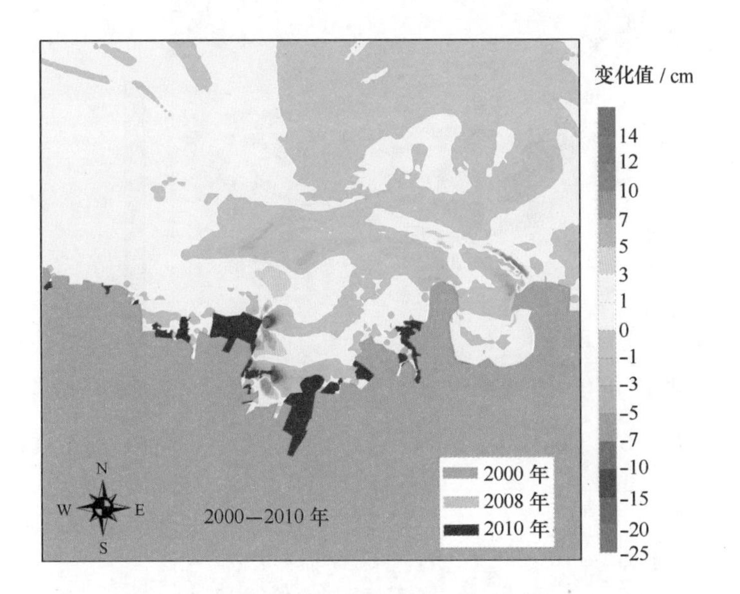

图 2.69 东营海域 2010 年与 2000 年相比较的海底冲淤趋势变化差值

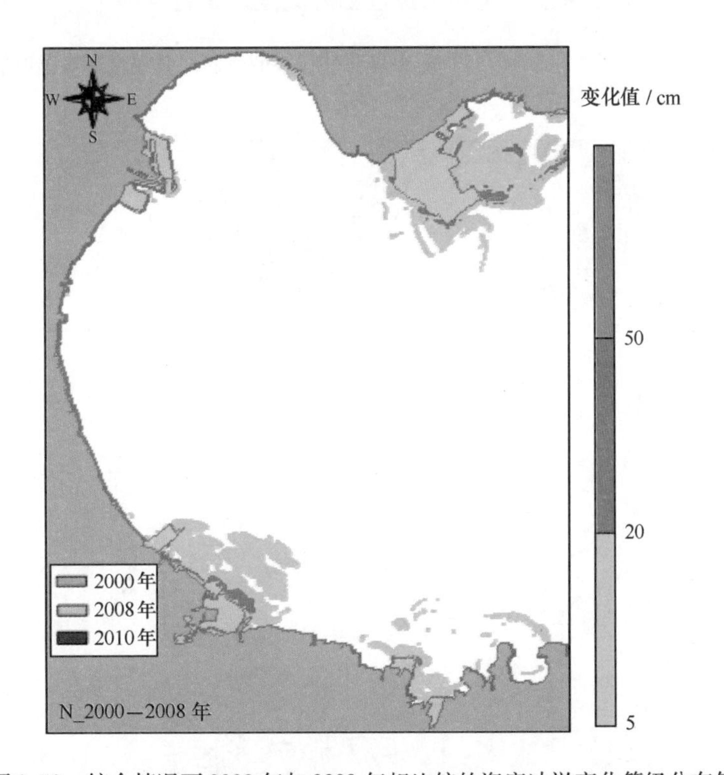

图 2.70 综合情况下 2008 年与 2000 年相比较的海底冲淤变化等级分布值

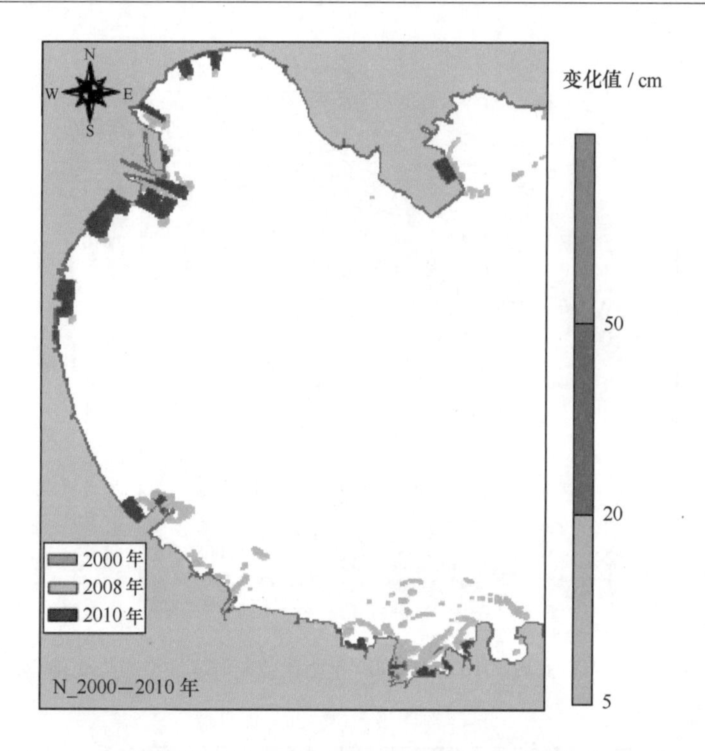

图 2.71 综合情况下 2010 年与 2008 年相比较的海底冲淤变化等级分布值

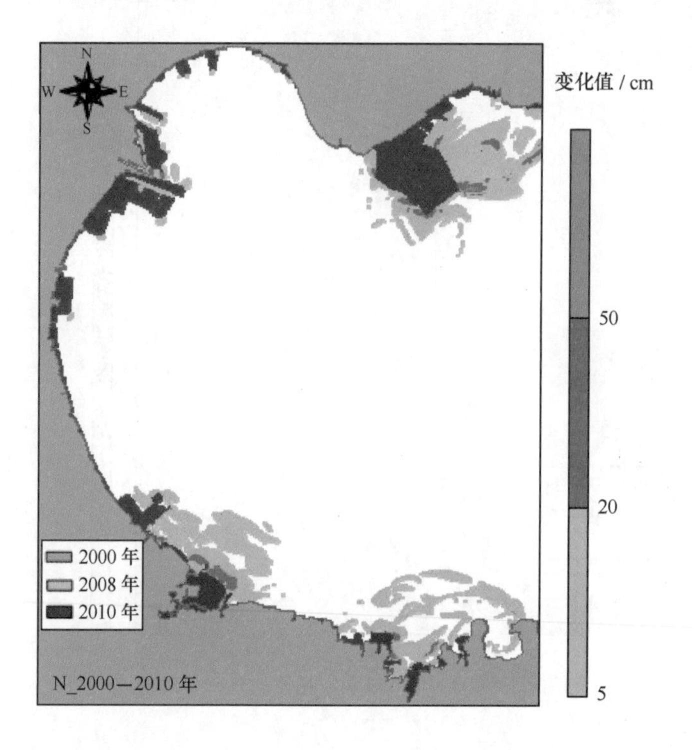

图 2.72 综合情况下 2010 年与 2000 年相比较的海底冲淤变化等级分布值

从表2.9中数据可以看出，2008年相对于2000年岸线变化后常年的海底冲淤变化等级范围1级以上的有208 km^2，S向大风情况下海底冲淤变化等级范围1级以上的有611 km^2，N向大风情况下海底冲淤变化等级范围1级以上的有643 km^2；2008年与2000年岸线变化后常年的海底冲淤变化等级范围2级以上的有34 km^2，S向大风情况下海底冲淤变化等级范围2级以上的有57 km^2，N向大风情况下海底冲淤变化等级范围2级以上的有60 km^2；2008年与2000年岸线变化后常年的海底冲淤变化等级范围3级以上的有6.8 km^2，S向大风情况下海底冲淤变化等级范围3级以上的有9.2 km^2，N向大风情况下海底冲淤变化等级范围3级以上的有4.9 km^2；与2010年相对于2000年岸线变化后的海底冲淤变化等级范围面积相比总体基本相当，1级以上变化等级的范围较2010年相对于2000年岸线变化后的海底冲淤变化等级范围略有减小；2010年与2008年的岸线变化幅度较小，因此引起的海底冲淤变化等级范围相对较小。

表2.9 渤海湾各种岸线情况相比较引起的海底冲淤变化等级分布

变化幅度/cm	冲淤变化等级分布面积/km^2											
	2008—2000年				2010—2008年				2010—2000年			
	常年	S向大风	N向大风	综合情况	常年	S向大风	N向大风	综合情况	常年	S向大风	N向大风	综合情况
5	208	611	643	1 023	30	110	144	199	212	691	765	1 108
20	34	57	60	91	2	3	4	6	33	57	64	102
50	6.8	9.2	4.9	18	0	0	0	0	6.7	9.1	4.6	21

综合考虑到渤海三大湾的冲淤环境特征、泥沙输入变化以及数值模式本身的缺陷，不适合在整个渤海建立统一的影响评价标准。

2.4 渤海水动力影响评价方法构建

2.4.1 综合评价指标选定

通过对潮汐、潮流、冲淤三个要素表征量的筛选，确定以理论高潮面变化值、大潮期最大流速变化值、冲淤厚度变化值等参量作为表征量，建立综合评价体系，将每个表征量受工程建设影响的变化程度分为轻、中、重三级。具体选定指标见表2.10。

表2.10 综合评价选定指标

表征要素	重（Ⅰ级）	中（Ⅱ级）	轻（Ⅲ级）
理论高潮面变化 T/cm	$T \geq 5$	$5 > T \geq 3$	$3 > T \geq 1$
最大流速变化 C/（cm/s）	$C \geq 30$	$30 > C \geq 15$	$15 > C \geq 3$
冲淤变化 M/（cm/a）（备选）	$M \geq 50$	$50 > M \geq 20$	$20 > M \geq 5$

2.4.2　指标评价方法分析

2.4.2.1　特征点法

根据工程和周边环境的情况，选择一定数量的特征点，通过特征点各表征要素的变化程度进行影响评价。特征点选在工程区、敏感区和变化大的区域。采用此方法建立的评价指标体系见表2.11。

表2.11　综合评价指标与标准

评价指标	评价标准	计算方法及说明	评价指数值
特征点理论高潮面变量 T/cm	$T \geqslant 5$	$T = \frac{\sum_{i=1}^{n} \lvert T_i \rvert}{n}$ 式中，T_i——与现状相比，第 i 个特征点理论高潮面改变量（cm）； n——特征点数量，要求特征点选在工程区、敏感区和变化大的区域	26
	$5 > T \geqslant 3$		13
	$3 > T \geqslant 1$		6
特征点最大流速变量 C/（cm/s）	$C \geqslant 30$	$C = \frac{\sum_{i=1}^{n} \lvert C_i \rvert}{n}$ 式中，C_i——与现状相比，第 i 个特征点最大流速变量（cm/s）； n——特征点数量，要求特征点选在工程区、敏感区和变化大的区域	26
	$30 > C \geqslant 15$		13
	$15 > C \geqslant 3$		6
特征点冲淤变量 M/（cm/a）	$M \geqslant 50$	$M = \frac{\sum_{i=1}^{n} \lvert M_i \rvert}{n}$ 式中，M_i——与现状相比，第 i 个特征点冲淤改变量（cm）； n——特征点数量，要求特征点选在工程区、敏感区和变化大的区域	26
	$50 > M \geqslant 20$		13
	$20 > M \geqslant 5$		6

2.4.2.2　面积统计法

根据工程和周边环境的情况，统计理论高潮面变化值、大潮期最大流速变化值、冲淤厚度变化值、最大波高变化值和风暴最大增水变化值等表征量各影响程度级别的变化面积，再根据各表征量影响程度转化关系（表2.12），计算各表征量影响程度值公式（2.4.1），最后根据表2.13进行工程影响程度评价。

各表征量影响程度值计算公式为：

$$A = \sum_{i=1,3} Aera_i \times q_i \tag{2.4.1}$$

其中，A 为各表征量影响程度值；i 为影响程度级数；$Aera_i$ 为某个表征量第 i 级影响面积；q_i 为个表征量第 i 级影响权重。

表 2.12　表征量影响程度转化关系

表征要素	影响程度	指标范围	影响权重（q）
理论高潮面变量 T/cm	Ⅰ	$T \geqslant 5$	100
	Ⅱ	$5 > T \geqslant 3$	10
	Ⅲ	$3 > T \geqslant 1$	1
最大流速变量 C/（cm/s）	Ⅰ	$C \geqslant 30$	100
	Ⅱ	$30 > C \geqslant 15$	10
	Ⅲ	$15 > C \geqslant 3$	1
冲淤变量 M/（cm/a）	Ⅰ	$M \geqslant 50$	100
	Ⅱ	$50 > M \geqslant 20$	10
	Ⅲ	$20 > M \geqslant 5$	1

表 2.13　工程影响程度评价

表征要素	评估等级	影响程度值（A）	评价指数值
理论高潮面变量 T/cm	Ⅰ	5 000	26
	Ⅱ	10 000	13
	Ⅲ	15 000	6
最大流速变量 C/（cm/s）	Ⅰ	2 000	26
	Ⅱ	5 000	13
	Ⅲ	8 000	6
冲淤变量 M/（cm/a）	Ⅰ	1 000	26
	Ⅱ	2 000	13
	Ⅲ	3 000	6

2.4.3　综合评价方法

$$每类评价体系的综合评价指数 = \sum 指标权数 \times 指标指数$$

指标权数为某一指标在每类评价体系中所占的比重，通过专家打分的方法确定或采用平均权重的方法。

指标指数为某一指标的影响程度，代表用海项目对这一指标的影响程度。通过对三种工况下（历史、现状和规划）某一指标的变化范围确定。

$$水动力影响综合评价指数(I) = A1 \times a1 + A2 \times a2 + A3 \times a3$$

其中，$a1 \sim a3$ 为指标指数；$A1 \sim A3$ 为指标权数。

根据本项目评价指标的选定上式改写为：

$$I = A1 \times T + A2 \times C + A3 \times M$$

若采用平均权重法则可改写成：

$$I = \frac{T + C + M}{3}$$

综合评价指数 I 予以评价：当 $I \geqslant 19$ 时，应考虑放弃该工况；当 $19 > I \geqslant 10$ 时，可作为慎重选择工况，应用其他指标进一步筛选；当 $I < 10$ 时，可作为拟选工况，应用其他指标进一步筛选（表 2.14）。

表 2.14　综合评价指数划分

	评价指数范围	性质描述
综合评价指数 I	$I \geq 19$	应考虑放弃该工况
	$19 > I \geq 10$	可作为慎重选择工况，应用其他指标进一步筛选
	$I < 10$	可作为拟选工况

2.5　渤海水动力影响评价方法应用

2.5.1　理论高潮面变化评估

2.5.1.1　渤海湾理论高潮面变化评估

图 2.73 为 2000 年、2008 年、2010 年和 2012 年 4 种工况下，渤海湾理论高潮面对比。从图中可以看出，渤海湾理论高潮面整体有所上升，上升幅度从湾口向湾顶加大。渤海湾各年理论高潮面变化见表 2.15。

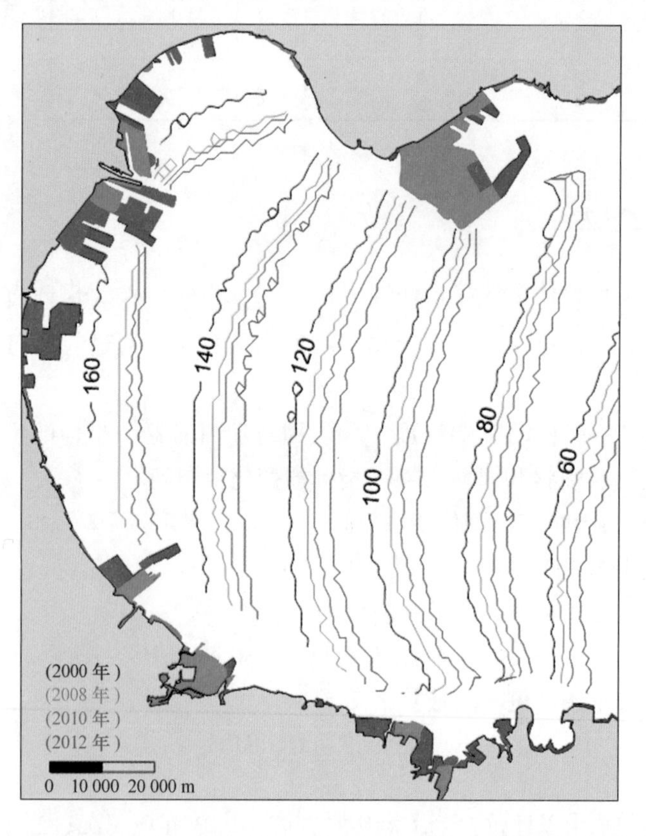

图 2.73　2000 年、2008 年、2010 年、2012 年 4 种工况下，渤海湾理论高潮面对比（单位：cm）

表 2.15 渤海湾理论高潮面变化

年份	2000—2008	2008—2010	2010—2012	2000—2012
变化值/cm	5.1	2.1	3.7	10.9
评估等级	Ⅰ	Ⅲ	Ⅱ	Ⅰ

2.5.1.2 莱州湾理论高潮面变化评估

图 2.74 为 2000 年、2008 年、2010 年、2012 年 4 种工况下莱州湾理论高潮面对比图，从图中可知莱州湾理论高潮面整体有所下降，下降幅度从湾口向湾顶加大。莱州湾各年理论高潮面变化见表 2.16。

图 2.74 2000 年、2008 年、2010 年、2012 年 4 种工况下，莱州湾理论高潮面对比（单位：cm）

表 2.16 莱州湾理论高潮面变化

年份	2000—2008	2008—2010	2010—2012	2000—2012
变化值/cm	0.2	-2.5	-6.6	-8.9
评估等级	0	Ⅲ	Ⅰ	Ⅰ

2.5.1.3 辽东湾理论高潮面变化评估

图 2.75 为 2000 年、2008 年、2010 年和 2012 年 4 种工况下辽东湾理论高潮面对比图。从图中可以看出，辽东湾理论高潮面整体有所升高，升高幅度从湾口向湾顶加大。辽东湾各年理论高潮面变化见表 2.17。

表 2.17 辽东湾理论高潮面变化

年份	2000—2008	2008—2010	2010—2012	2000—2012
变化值/cm	0.7	0.9	3.7	5.3
评估等级	0	0	Ⅱ	Ⅰ

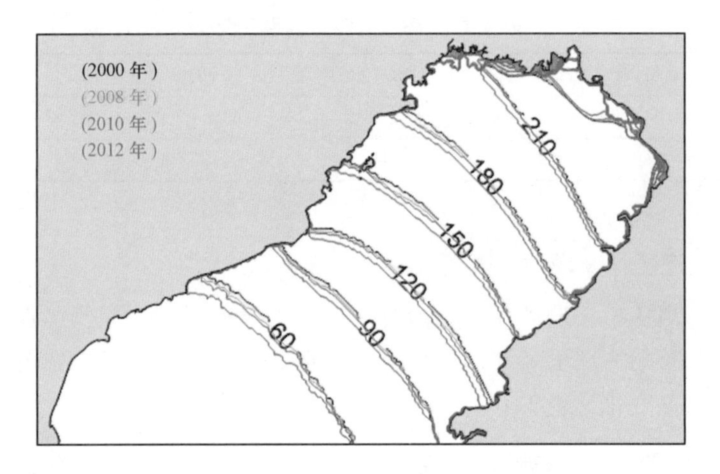

图2.75 2000年、2008年、2010年、2012年4种工况下，辽东湾理论高潮面对比（单位：cm）

2.5.2 最大流速变化评估

2.5.2.1 渤海湾最大流速变化评估

图2.76和图2.77分别为渤海湾2012年与2010年、2012年与2000年相比，流速变化影响等级分布图。从图中可以看出，由于潮汐系统的变化，渤海湾潮流流速变化较大，较大变化区出现在工程附近。渤海湾流速影响等级面积统计见表2.18。渤海湾最大流速变化影响程度评估结果见表2.19。

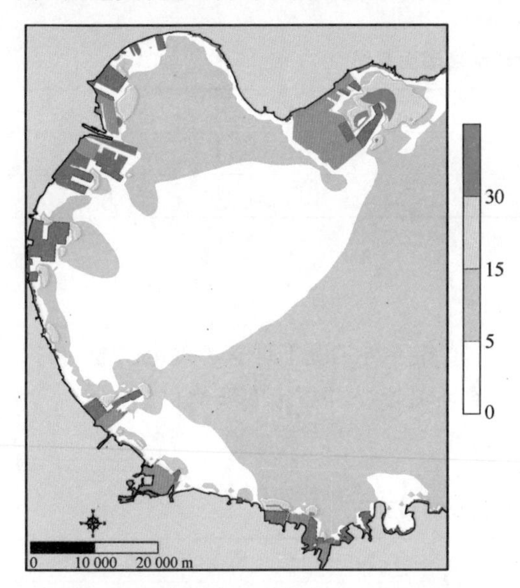

图2.76 渤海湾2012年与2010年相比，流速变化影响等级分布（单位：cm/s）

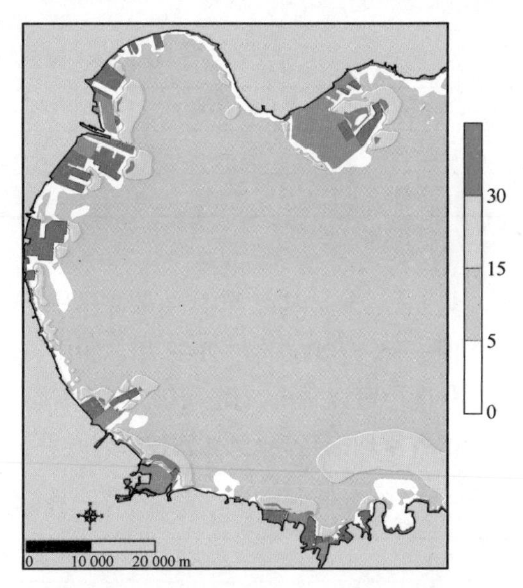

图2.77 渤海湾2012年与2000年相比，流速变化影响等级分布（单位：cm/s）

表 2.18　渤海湾集约用海项目对流速影响等级面积统计　单位：km^2

年份	Ⅲ	Ⅱ	Ⅰ
2008—2000	738	216	27
2010—2000	2 187	351	36
2010—2008	414	72	9
2012—2010	5 652	252	72
2012—2000	8 667	802	89

表 2.19　渤海湾最大流速变化影响程度评估

年份	2000—2008	2008—2010	2010—2012	2000—2012
影响程度值	5 598	2 034	15 372	25 587
评估等级	Ⅱ	Ⅱ	Ⅰ	Ⅰ

2.5.2.2　莱州湾最大流速变化评估

图 2.78 和图 2.79 分别为莱州湾 2012 年与 2010 年、2012 年与 2000 年相比，流速变化影响等级分布图。从图中可以看出，由于潮汐系统的变化，莱州湾潮流流速变化较大，变化大值区出现在黄河口附近。莱州湾流速影响等级面积统计见表 2.20。莱州湾最大流速变化影响程度评估结果见表 2.21。

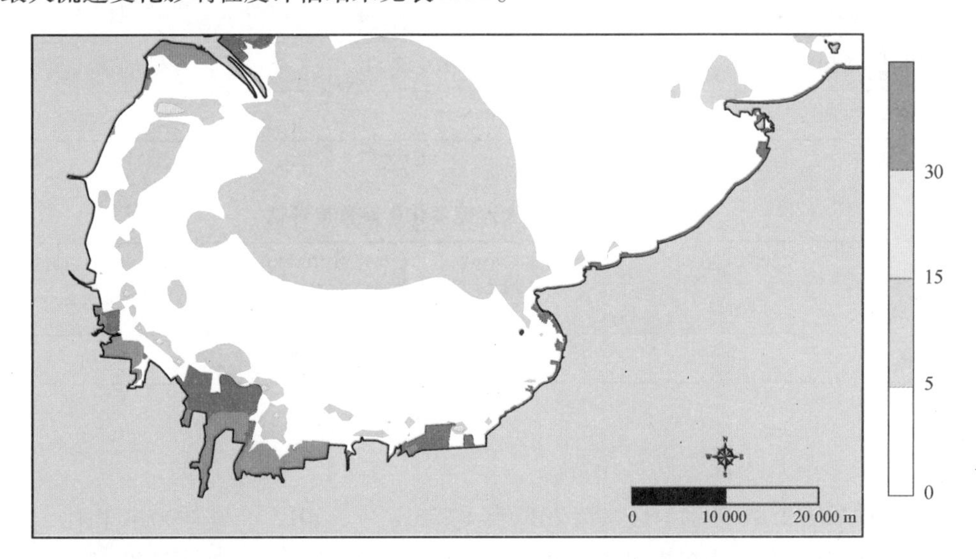

图 2.78　莱州湾 2012 年与 2010 年相比，流速变化影响等级分布（单位：cm/s）

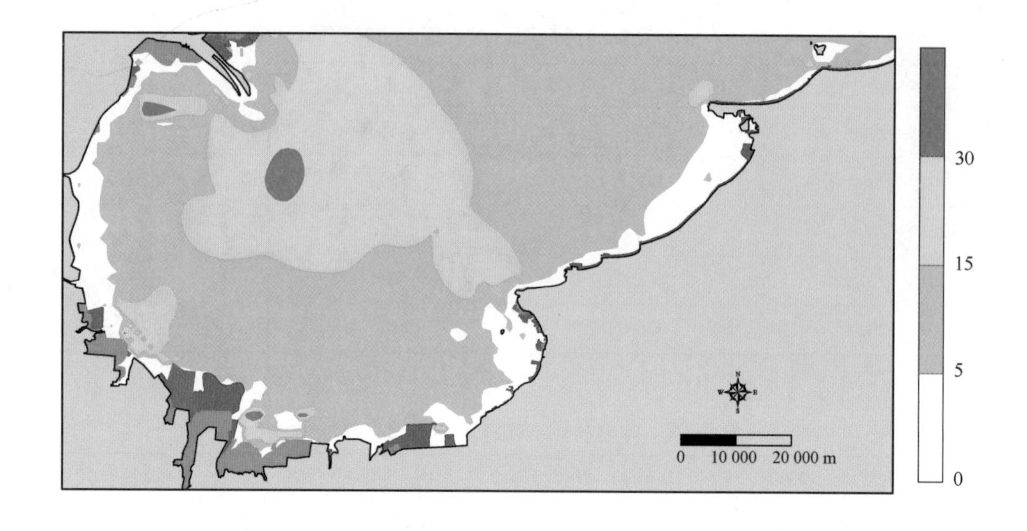

图 2.79　莱州湾 2012 年与 2000 年相比，流速变化影响等级分布（单位：cm/s）

表 2.20　莱州湾集约用海项目对流速影响等级面积统计　单位：km^2

年份	Ⅲ	Ⅱ	Ⅰ
2008—2000	4 104	234	0
2010—2000	5 139	603	0
2010—2008	360	9	0
2012—2010	2 520	18	0
2012—2000	4 503	1 797	73

表 2.21　莱州湾最大流速变化影响程度评估

年份	2000—2008	2008—2010	2010—2012	2000—2012
影响程度值	6 444	450	2 700	29 773
评估等级	Ⅱ	0	Ⅲ	Ⅰ

2.5.2.3　辽东湾最大流速变化评估

图 2.80 和图 2.81 分别为辽东湾 2012 年与 2010 年、2012 年与 2000 年相比，流速变化影响等级分布图。从图中可以看出，由于潮汐系统的变化，辽东湾潮流流速变化较大，变化大值区出现在工程附近。辽东湾流速影响等级面积统计见表 2.22。辽东湾最大流速变化影响程度评估结果见表 2.23。

图 2.80 辽东湾 2012 年与 2010 年相比，流速变化影响等级分布（单位：cm/s）

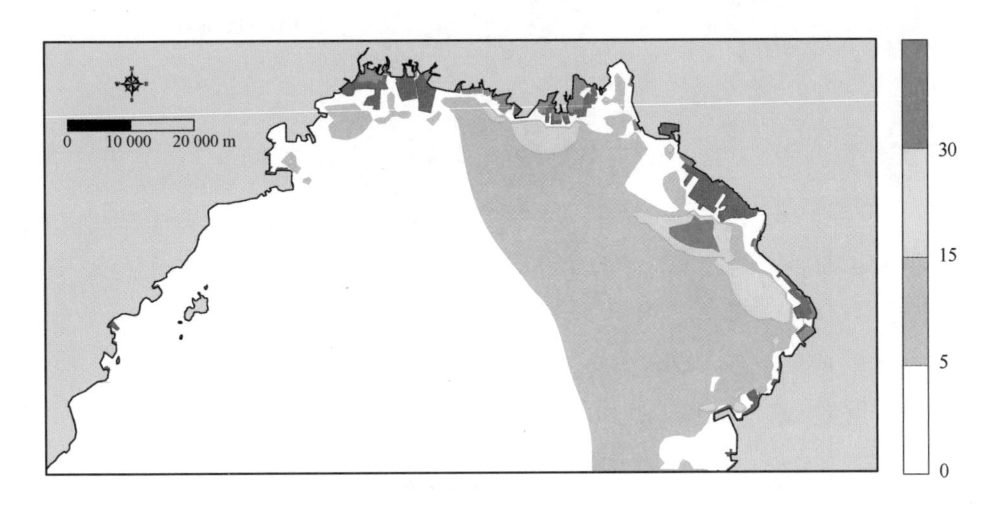

图 2.81 辽东湾 2012 年与 2000 年相比，流速变化影响等级分布（单位：cm/s）

表 2.22 辽东湾集约用海项目对流速影响等级面积统计 单位：km^2

年份	Ⅲ	Ⅱ	Ⅰ
2008—2000	216	9	0
2010—2000	747	27	0
2010—2008	162	0	0
2012—2010	1 143	90	36
2012—2000	2 943	252	49

表 2.23 辽东湾最大流速变化影响程度评估

年份	2000—2008	2008—2010	2010—2012	2000—2012
影响程度值	306	162	5 643	10 363
评估等级	0	0	Ⅱ	Ⅰ

2.5.3 工况年冲淤变化评估

2.5.3.1 渤海湾年冲淤变化评估

图 2.82 和图 2.83 分别为渤海湾 2012 年与 2010 年、2012 年与 2000 年相比，年冲淤变化影响等级分布图。从图中可以看出，由于潮汐系统的变化，渤海湾年冲淤变化较大，变化大值区出现在工程附近。表 2.24 为渤海湾年冲淤影响等级面积统计表。表 2.25 为渤海湾年冲淤变化影响程度评估表。

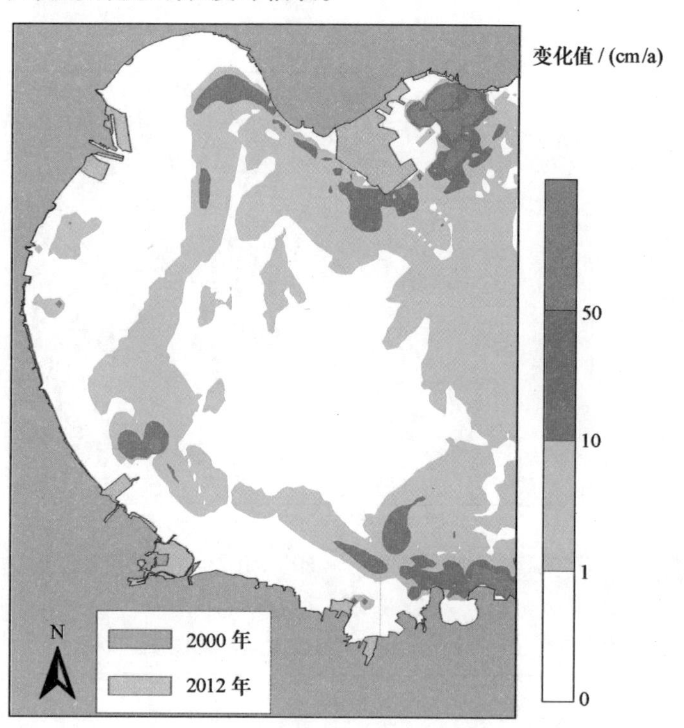

图 2.82 渤海湾 2012 年与 2010 年相比，年冲淤变化影响等级分布（单位：cm/s）

表 2.24 渤海湾集约用海项目对年冲淤影响等级面积统计 单位：km^2

年份	Ⅲ	Ⅱ	Ⅰ
2008—2000	3 208	482	168
2010—2008	3 882	136	1.44
2012—2010	4 340	650	168
2012—2000	4 725	1 328	195

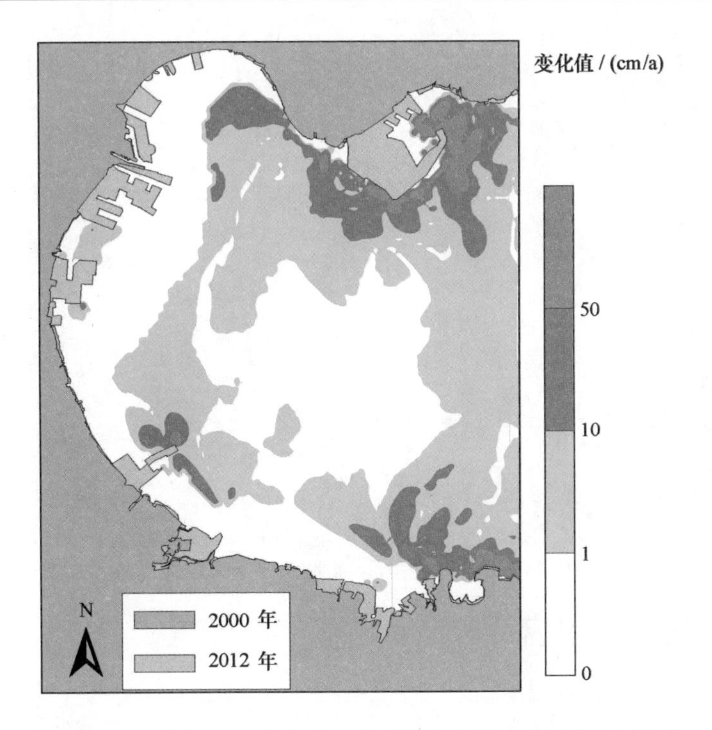

图 2.83　渤海湾 2012 年与 2000 年相比，年冲淤变化影响等级分布（单位：cm/s）

表 2.25　渤海湾年冲淤变化影响程度评估

年份	2000—2008	2008—2010	2010—2012	2000—2012
影响程度值	24 828	5 386	27 640	37 505
评估等级	Ⅰ	Ⅲ	Ⅰ	Ⅰ

2.5.3.2　莱州湾年冲淤变化评估

图 2.84 和图 2.85 分别为莱州湾 2012 年与 2010 年、2012 年与 2000 年相比，年冲淤变化影响等级分布图。从图中可以看出，由于潮汐系统的变化，莱州湾年冲淤变化较大，变化大值区出现在黄河口附近。莱州湾年冲淤影响等级面积统计见表 2.26。莱州湾年冲淤变化影响程度评估见表 2.27。

表 2.26　莱州湾集约用海项目对年冲淤影响等级面积统计　　单位：km^2

年份	Ⅲ	Ⅱ	Ⅰ
2008—2000	1 042	528	62
2010—2008	996	332	18
2012—2010	707	603	63
2012—2000	437	176	321

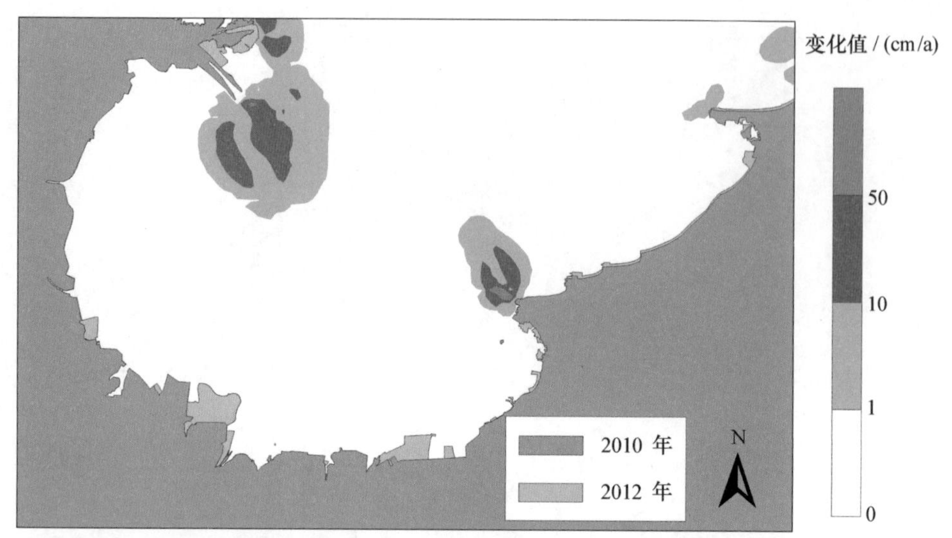

图 2.84 莱州湾 2012 年与 2010 年相比，年冲淤变化影响等级分布（单位：cm/s）

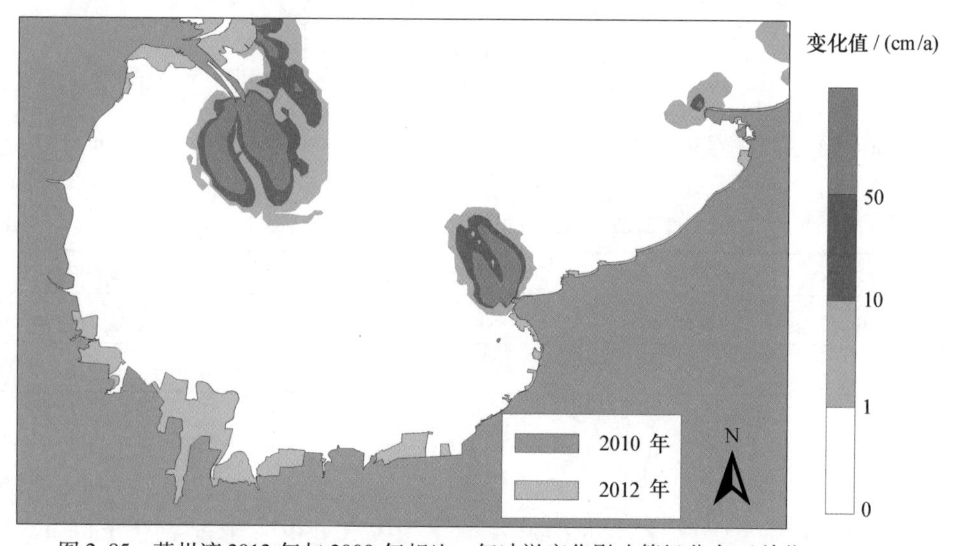

图 2.85 莱州湾 2012 年与 2000 年相比，年冲淤变化影响等级分布（单位：cm/s）

表 2.27 莱州湾年冲淤变化影响程度评估

年份	2000—2008	2008—2010	2010—2012	2000—2012
影响程度值	12 522	6 116	13 037	34 297
评估等级	Ⅱ	Ⅲ	Ⅱ	Ⅰ

2.5.3.3 辽东湾年冲淤变化评估

图 2.86 和图 2.87 分别为辽东湾 2012 年与 2010 年、2012 年与 2000 年相比，年冲淤变化影响等级分布图。从图中可以看出，由于潮汐系统的变化，辽东湾年冲淤变化较大，变化大值区出现在工程附近。辽东湾年冲淤影响等级面积统计见表 2.28。辽东

湾年冲淤变化影响程度评估结果见表2.29。

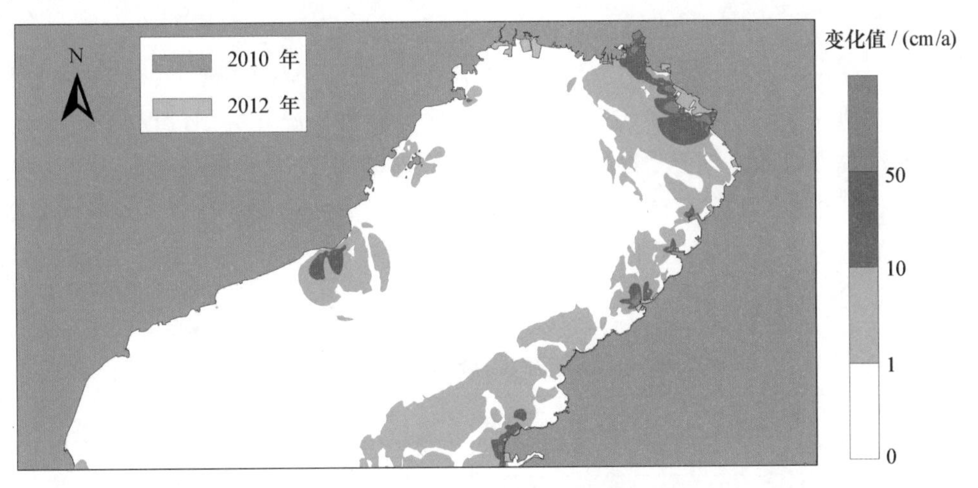

图2.86 辽东湾2012年与2010年相比，年冲淤变化影响等级分布（单位：cm/s）

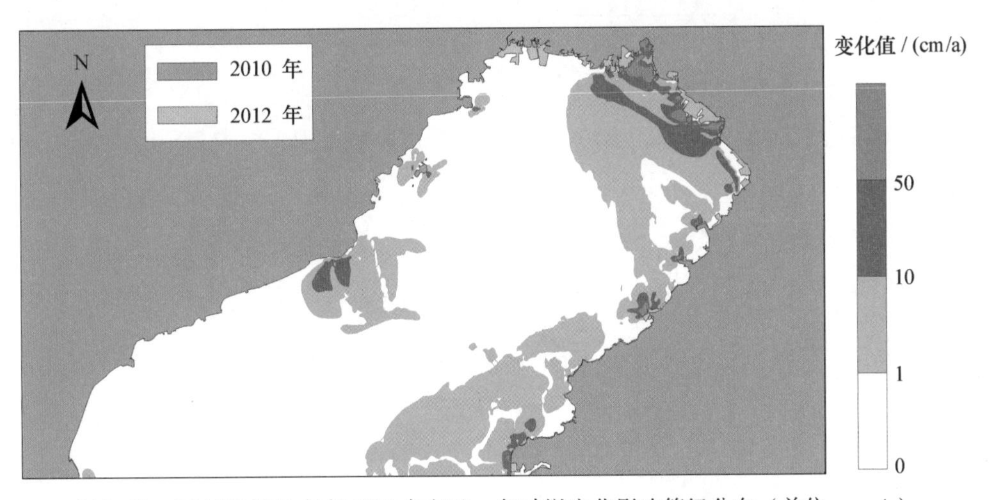

图2.87 辽东湾2012年与2000年相比，年冲淤变化影响等级分布（单位：cm/s）

表2.28 辽东湾集约用海项目对年冲淤影响等级面积统计 单位：km^2

年份	Ⅲ	Ⅱ	Ⅰ
2008—2000	2 998	169	34
2010—2008	2 439	95	15
2012—2010	4 570	594	84
2012—2000	5 340	742	113

表2.29 辽东湾年冲淤变化影响程度评估

年份	2000—2008	2008—2010	2010—2012	2000—2012
影响程度值	8 088	4 889	18 910	24 060
评估等级	Ⅲ	0	Ⅰ	Ⅰ

2.5.4 有效波高变化评估

本项目在水动力影响评价的基础上，探索性地进行了集约用海项目对渤海海浪的影响研究。研究选用 SWAN 模式进行渤海及三大湾多种工况和典型过程的模拟。模拟工况与水动力评估选用的工况相同，分别进行了 2000 年、2008 年和 2010 年三种岸线工况的模拟，每种工况进行台风过程和温带过程多个典型过程的计算，以此为基础建立以有效波高为表征要素的评价指标。最后采用 2000 年、2008 年、2010 年和 2012 年四种岸线工况进行渤海三大湾评价。波浪评价指标见表 2.30。

表 2.30 集约用海项目对有效波高变化影响等级

影响程度（W）	指标范围/m	影响权重（q）
轻（Ⅲ级）	$0.5 > W \geq 0.2$	25
中（Ⅱ级）	$0.8 > W \geq 0.5$	5
重（Ⅰ级）	$W \geq 0.8$	1

2.5.4.1 渤海湾有效波高变化评估

图 2.88 至图 2.91 分别为渤海湾 2012 年与 2010 年、2012 年与 2000 年相比，有效波高变化影响等级分布图。从图中可以看出，由于地形变化引起有效波高发生变化，变化最大值一般在近岸海域。渤海湾有效波高影响等级面积统计见表 2.30 和表 2.31。渤海湾有效波高变化影响程度评估结果见表 2.32。

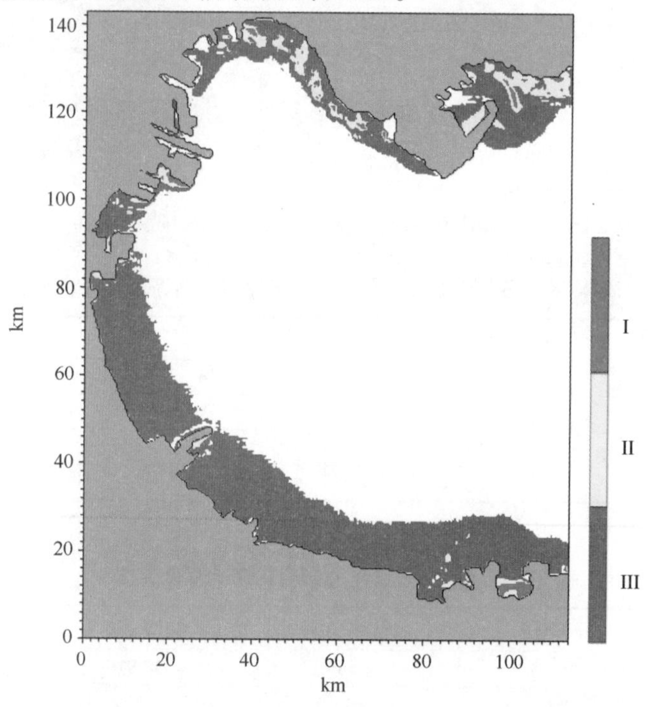

图 2.88 9711 台风过程中，渤海湾 2012 年与 2010 年岸线变化引起的波高变化影响等级

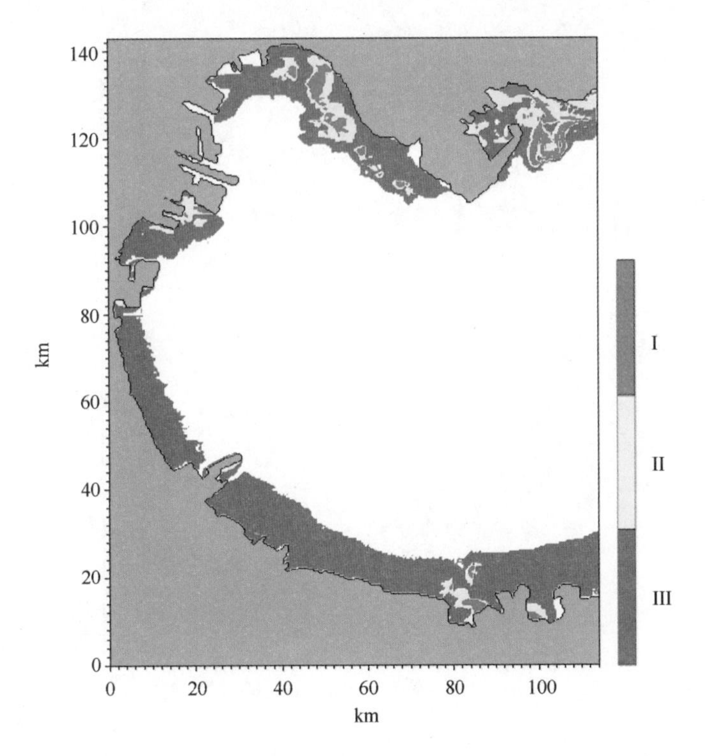

图 2.89 强冷空气过程中，渤海湾 2012 年与 2010 年岸线变化引起的波高变化影响等级

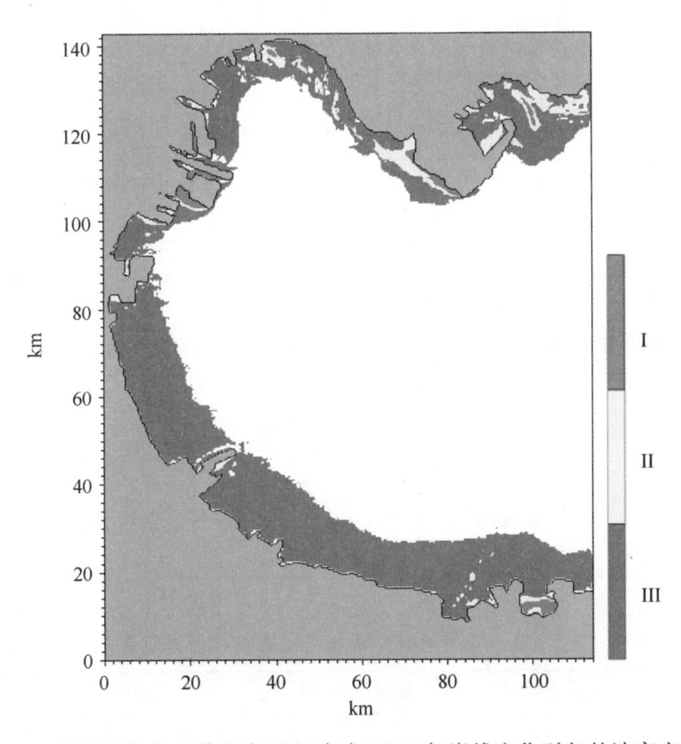

图 2.90 9711 台风过程中，渤海湾 2012 年与 2000 年岸线变化引起的波高变化影响等级

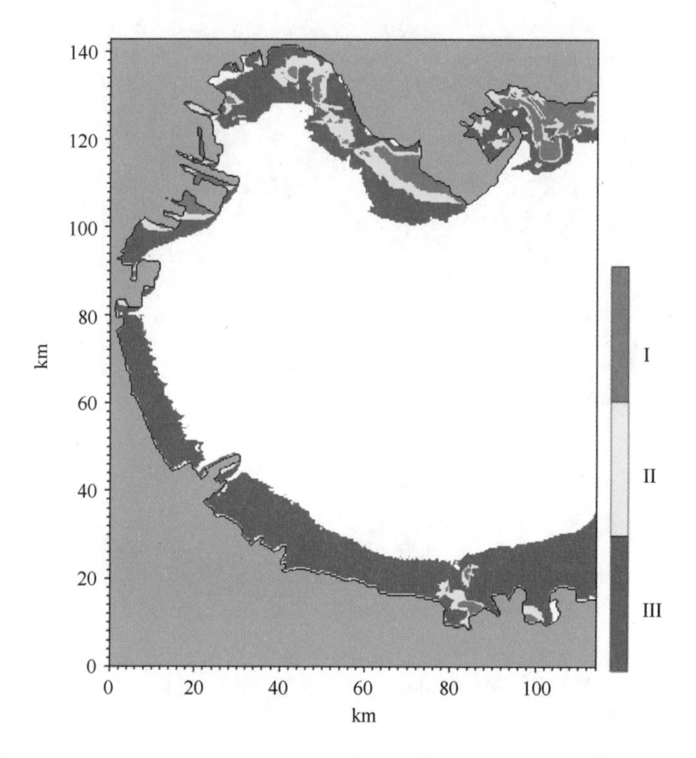

图 2.91 强冷空气过程中，渤海湾 2012 年与 2000 年岸线变化引起的波高变化影响等级

表 2.31 渤海湾各种工况变化所引起的不同波高变化影响范围 单位：km²

海区	计算过程	2008—2000 年			2010—2000 年			2010—2008 年		
		Ⅲ	Ⅱ	Ⅰ	Ⅲ	Ⅱ	Ⅰ	Ⅲ	Ⅱ	Ⅰ
		>0.2 m	>0.5 m	>0.8 m	>0.2 m	>0.5 m	>0.8 m	>0.2 m	>0.5 m	>0.8 m
渤海湾	台风过程	1 171	200	59	1 817	277	87	672	150	66
	冷空气过程	1 924	680	247	2 501	692	291	1 080	227	117

表 2.32 渤海湾 2012 年与 2010 年、2000 年工况变化所引起的不同波高变化影响范围 单位：km²

海区	计算过程	2012—2010 年			2012—2000 年		
		Ⅲ	Ⅱ	Ⅰ	Ⅲ	Ⅱ	Ⅰ
		>0.2 m	>0.5 m	>0.8 m	>0.2 m	>0.5 m	>0.8 m
渤海湾	台风过程	2 643	323	75	2 998	407	123
	冷空气过程	2 672	563	208	2 912	725	341

表 2.33 渤海湾最大波高变化影响程度评估表

年份	2000—2008 年	2008—2010 年	2010—2012 年	2000—2012 年
影响程度值	11 498	5 158	10 689	15 069
评估等级	Ⅱ	Ⅲ	Ⅱ	Ⅰ

2.5.4.2 莱州湾有效波高变化评估

图2.92至图2.95分别为莱州湾2012年与2010年、2012年与2000年相比，有效波高变化影响等级分布图。从图中可以看出，由于地形变化引起有效波高发生变化，变化最大值一般在近岸海域。莱州湾有效波高影响等级面积统计见表2.33和表2.34。莱州湾有效波高变化影响程度评估结果见表2.35。

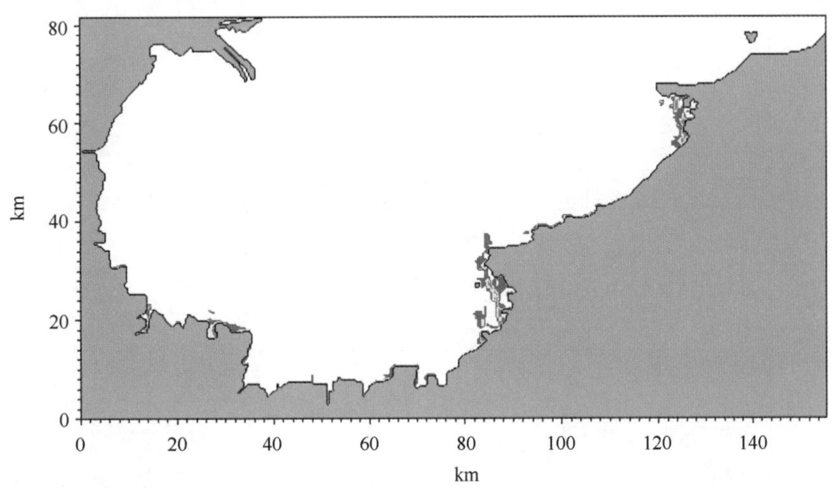

图2.92　9711台风过程中，莱州湾2012年与2010年岸线变化引起的波高变化影响等级

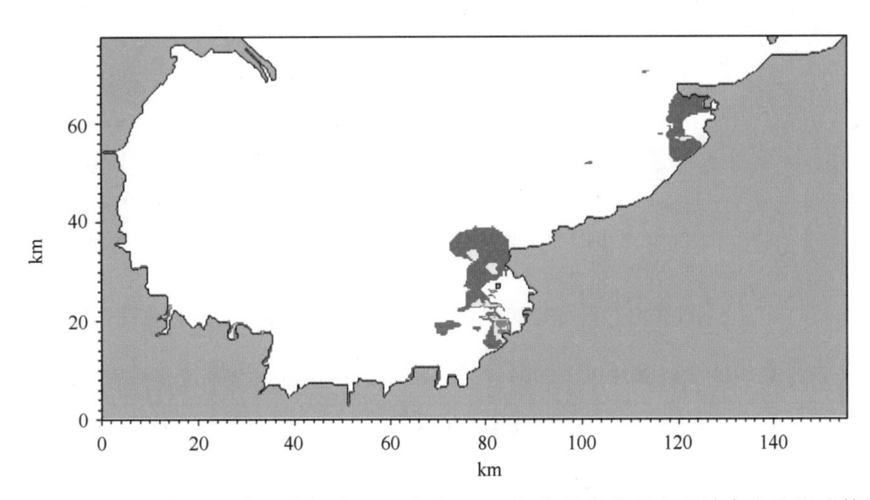

图2.93　强冷空气过程中，莱州湾2012年与2010年岸线变化引起的波高变化影响等级

表2.34　莱州湾各种工况变化所引起的不同波高变化影响范围　　单位：km^2

海区	计算过程	2008—2000年			2010—2000年			2010—2008年		
		Ⅲ	Ⅱ	Ⅰ	Ⅲ	Ⅱ	Ⅰ	Ⅲ	Ⅱ	Ⅰ
		>0.2 m	>0.5 m	>0.8 m	>0.2 m	>0.5 m	>0.8 m	>0.2 m	>0.5 m	>0.8 m
莱州湾	台风过程	352	248	212	395	298	255	127	61	45
	冷空气过程	854	397	241	884	430	278	364	108	47

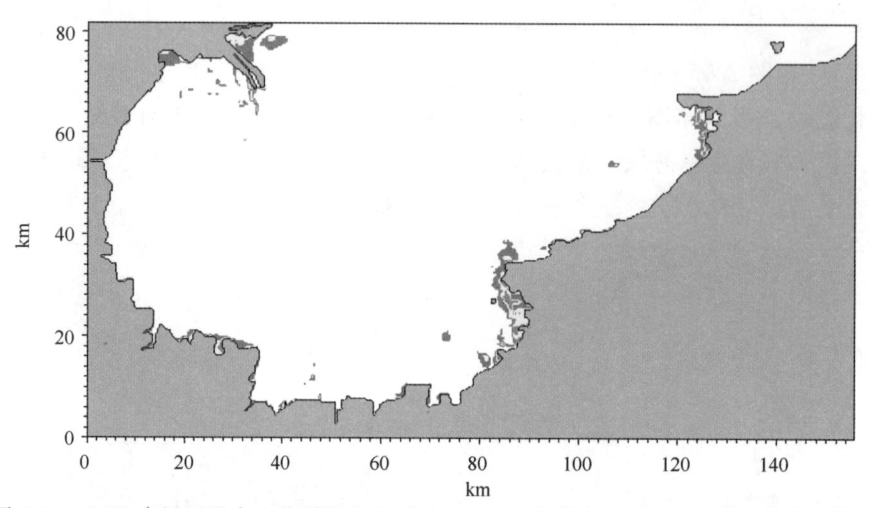

图 2.94　9711 台风过程中，莱州湾 2012 年与 2000 年岸线变化引起的波高变化影响等级

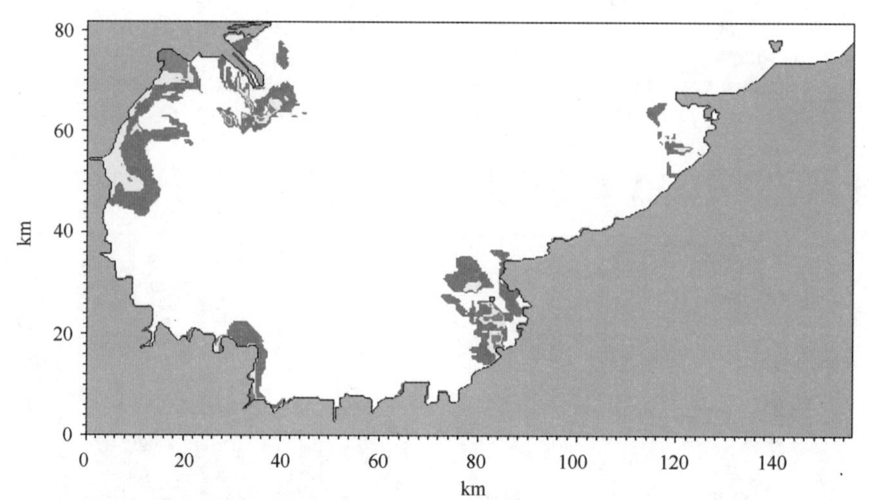

图 2.95　强冷空气过程中，莱州湾 2012 年与 2000 年岸线变化引起的波高变化影响等级

表 2.35　莱州湾 2012 年与 2010 年、2000 年工况变化所引起的不同波高变化影响范围　单位：km^2

海区	计算过程	2012—2010 年			2012—2000 年		
		Ⅲ	Ⅱ	Ⅰ	Ⅲ	Ⅱ	Ⅰ
		>0.2 m	>0.5 m	>0.8 m	>0.2 m	>0.5 m	>0.8 m
莱州湾	台风过程	227	156	129	576	443	384
	冷空气过程	389	137	102	1 001	539	381

表 2.36　莱州湾最大波高变化影响程度评估

年份	2000—2008	2008—2010	2010—2012	2000—2012
影响程度值	8 864	2 079	4 232	13 221
评估等级	Ⅲ	0	0	Ⅱ

2.5.4.3 辽东湾最大波高变化评估

图2.96至图2.99分别为辽东湾2012年与2010年、2012年与2000年相比，最大波高变化影响等级分布图。从图中可以看出，由于地形变化引起最大波高发生变化，变化最大值一般在近岸海域。辽东湾最大波高影响等级面积统计见表2.36和表2.37。辽东湾最大波高变化影响程度评估见表2.38。

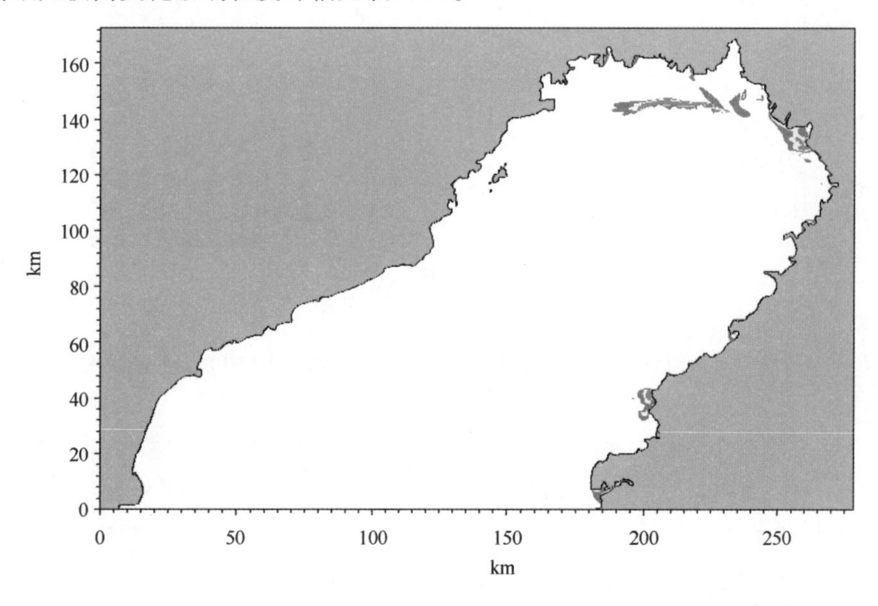

图2.96 1987年气旋过程中，辽东湾2012年与2010年岸线变化引起的波高变化影响等级

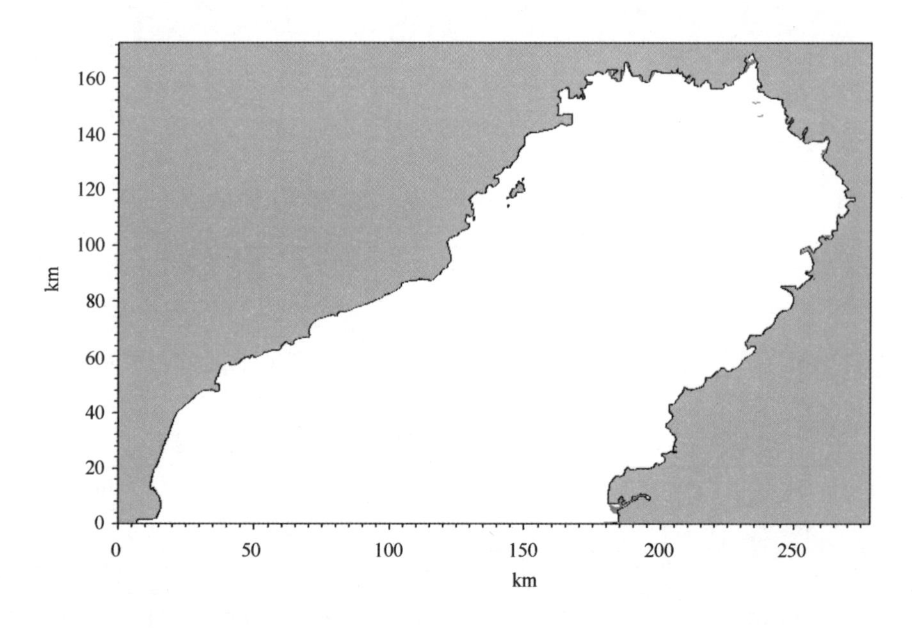

图2.97 2004年气旋过程中，辽东湾2012年与2010年岸线变化引起的波高变化影响等级

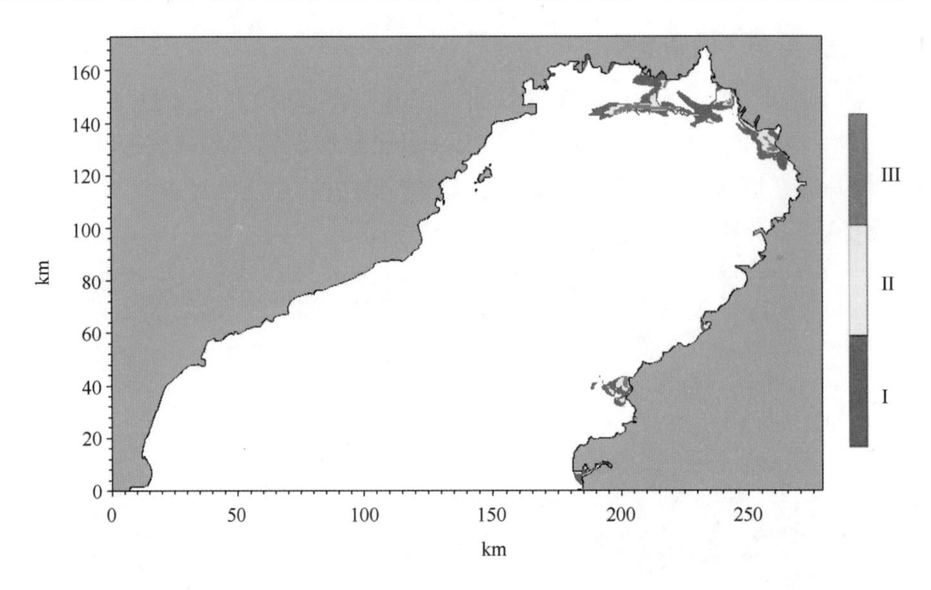

图 2.98 1987 年气旋过程中，辽东湾 2012 年与 2000 年岸线变化引起的波高最大变化分布

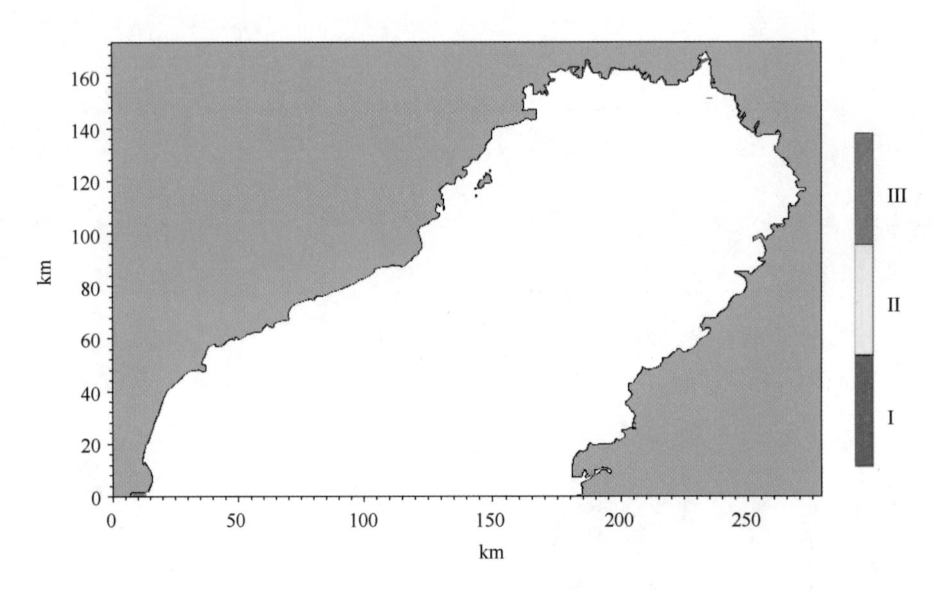

图 2.99 2004 年气旋过程中，辽东湾 2012 年与 2000 年岸线变化引起的波高最大变化分布

表 2.37 辽东湾各种工况变化所引起的不同波高变化影响范围 单位：km^2

海区	计算过程	2008—2000 年			2010—2000 年			2010—2008 年		
		Ⅲ	Ⅱ	Ⅰ	Ⅲ	Ⅱ	Ⅰ	Ⅲ	Ⅱ	Ⅰ
		>0.2 m	>0.5 m	>0.8 m	>0.2 m	>0.5 m	>0.8 m	>0.2 m	>0.5 m	>0.8 m
辽东湾	1987 年气旋过程	143	69	54	235	138	105	101	62	44
	2004 年气旋过程	98	60	48	154	111	85	116	56	35

表 2.38 辽东湾 2012 年与 2010 年、2000 年工况变化所引起的不同波高变化影响范围

单位：km²

海区	计算过程	2012—2010 年			2012—2000 年		
		Ⅲ	Ⅱ	Ⅰ	Ⅲ	Ⅱ	Ⅰ
		>0.2 m	>0.5 m	>0.8 m	>0.2 m	>0.5 m	>0.8 m
辽东湾	1987 年气旋过程	615	359	262	1015	521	373
	2004 年气旋过程	303	225	175	374	304	247

表 2.39 辽东湾最大波高变化影响程度评估

年份	2000—2008	2008—2010	2010—2012	2000—2012
影响程度值	1 838	1 511	8 960	12 945
评估等级	0	0	Ⅲ	Ⅱ

2.5.5 综合评估结果

渤海三大湾各年综合评估指标见表 2.40。由表 2.14 和表 2.40 可知，2012 年渤海湾对水动力影响评价综合指数大于 19，应考虑放弃该工况；辽东湾可作为慎重选择工况，应用其他指标进一步筛选；莱州湾可作为拟选工况。

表 2.40 各年综合评价指数

区域	2000—2008 年	2008—2010 年	2010—2012 年
渤海湾	18.2	10	23.4
莱州湾	7.6	3.8	9
辽东湾	1.2	0	11.6

2.6 小结

本章采用 MIKE 软件建立渤海及渤海湾水动力模型和泥沙模型，研究分析渤海潮汐性质、海流特征、纳潮量和冲淤环境等现状，通过对潮汐、潮流、冲淤三个要素表征量的筛选，建立了以理论高潮面变化值、流速变化值、冲淤厚度变化值等参量作为表征量的综合评价体系，采用特征点法和面积统计法两种方法建立了评价方法，并以辽东湾、渤海湾和莱州湾为研究区域，开展了应用研究。结果表明，2012 年渤海湾对水动力影响评价综合指数大于 19，应考虑放弃该工况；辽东湾可作为慎重选择工况，应用其他指标进一步筛选；莱州湾可作为拟选工况。采用特征点法和面积统计法两种方法各有优劣，特征点法评价过程简洁、容易操作，但受特征点选取难以规范，选取过程人为性过大，将影响最终的评价结论。特别是，在海湾面积较大的情况下（例如渤

海三大湾）特征点的选取更难统一。面积统计法避免了特征点选取过程中的人为因素，采用影响变化面积作为主要的评价因素，评价结果更为客观。但该方法过程较为复杂，在表征量的工程影响程度评价时，需要确定三个等级的指标范围，需要在后续工作中进行大量的数值试验和实际情况进一步的完善和优化。此外，本章还对工程波浪影响进行了初步研究，取得了一些有益成果。

3 集约用海对渤海滨海湿地景观影响评估技术研究及应用[①]

本章通过集约用海类型对滨海湿地的影响分析，研制滨海湿地信息综合提取模型、景观参数遥感反演模型和基于景观格局分析与空间演变规律的滨海湿地景观变化驱动力分析模型，建立集约用海对渤海滨海湿地景观影响的评估指标体系，完成各参数指标的研究与计算工作，并以锦州湾和莱州湾区域为例，开展试点应用研究。

3.1 集约用海类型对滨海湿地的影响分析

按照国海管字〔2008〕273 号《关于印发〈海域使用分类体系〉和〈海籍调查规范〉的通知》（简称《通知》）中，对于海域使用分类和用海类型的定义和分类，集约用海方式可以分为如下 9 类：渔业用海、工业用海、交通运输用海、旅游娱乐用海、海底工程用海、排污倾倒用海、造地工程用海、特殊用海及其他。根据《通知》中对这几种海域使用及用海类型的定义，结合滨海湿地的分类体系，可以归纳出集约用海类型对滨海湿地的影响。

（1）渔业用海包括渔业基础设施、围海养殖、开放式养殖及人工鱼礁养殖等，对滨海湿地的影响主要包括湿地类型（近海及海岸湿地等）的转变、湿地面积的变更以及区域景观参数的变化。

（2）工业用海包括盐业、固体矿产开采、油气开采、船舶工业、电力工业、海水综合利用及其他工业用海，其中盐业及油气开采将影响其湿地类型（近海及海岸湿地、沼泽及沼泽化草甸湿地等）的转变，船舶工业将影响湿地面积的变化及区域景观参数的变化。

（3）交通运输用海包括港口、航道、锚地及路桥用海，其中港口及路桥用海将减少湿地面积（近海及海岸湿地）及影响区域景观参数的变化。

（4）旅游娱乐用海包括旅游基础设施、浴场及游乐场用海，对滨海湿地的影响主要包括湿地类型（近海及海岸湿地、沼泽及沼泽化草甸湿地等）的转变、湿地面积的变更以及区域景观参数的变化。

（5）海底工程用海包含电缆管道用海、海底隧道用海和海底场馆用海，由于在海底进行工程开发，对滨海湿地的影响不大。

---

① 本章由中国科学院遥感与数字地球研究所负责技术研究及应用，国家海洋局北海环境监测中心协助完成。

（6）排污倾倒用海包括污水达标排放用海和倾倒区用海，对滨海湿地的影响主要是倾倒区占用滨海湿地，使得湿地面积减少及区域景观参数的变化。

（7）造地工程用海包括城镇建设填海造地用海、农业填海造地用海及废弃物处置填海造地用海，这些集约用海方式将对滨海湿地的类型产生影响，造成近海及海岸湿地等类型的变更和面积的增减，同时使得滨海区域的景观参数发生变化。

（8）特殊用海及其他用海方式包括科研教学、军事、海洋保护区及海岸防护工程用海，对滨海湿地的影响包括湿地面积的变更以及区域景观参数的变化。

综上所述，按照集约用海对滨海湿地造成的影响，结合遥感技术的特点和优势，建立集约用海对滨海湿地的影响评估技术指标体系，研制滨海湿地信息综合提取模型、景观参数遥感反演模型和基于景观格局分析与空间演变规律的滨海湿地景观变化驱动力分析模型，建立集约用海对滨海湿地影响评估技术方法体系，为环渤海区域开发集约用海提供技术支撑。

3.2 集约用海对滨海湿地影响评估技术方法体系构建

根据归纳出的集约用海类型对滨海湿地的影响，建立评估指标体系。在评估指标体系的指导下，完成各参数指标的研究与计算，并开展试点应用，最终形成评估技术方法体系。

3.2.1 集约用海对滨海湿地的影响评估技术指标体系

集约用海对滨海湿地的影响评估技术指标体系包括参数集建立、评价指标集、综合评价指标和评估结果四部分。

1）参数集建立

参数集包括湿地类型、湿地分布面积、湿地植被覆盖度、景观多样性参数、景观优势度参数、景观破碎度参数和斑块分维数。

2）评价指标集

评价指标集包含湿地类型面积变化、湿地植被覆盖度变化、湿地景观格局参数变化。

3）综合评价指标

综合评价指标包括综合指标建立依据和综合指标内容。综合指标建立依据包括驱动力模型。综合指标内容包括湿地变化类型综合评价指标和景观参数变化综合评价指标。

4）评估结果

集约用海对滨海湿地影响评估结果主要是基于湿地变化类型综合评价结果，景观参数变化综合评估结果作为一个参照指标对评估结果进行验证。评估体系如图 3.1 所示。

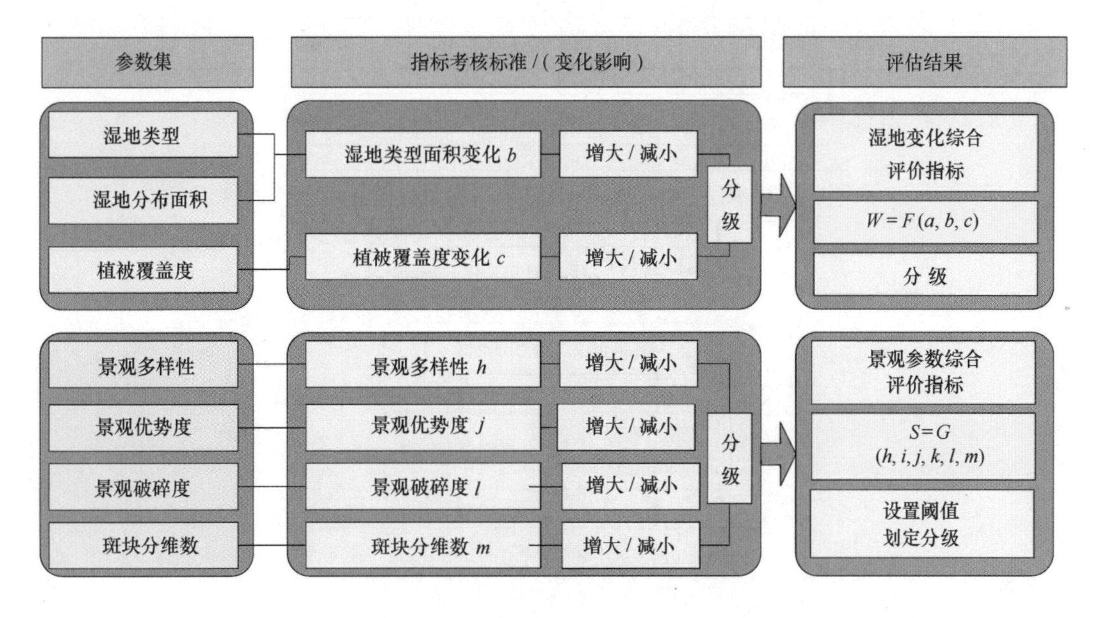

图 3.1 集约用海对滨海湿地的影响评估技术指标体系

3.2.2 集约用海对滨海湿地影响评估指标计算方法

3.2.2.1 滨海湿地信息综合提取模型研究

对于滨海湿地的研究，将采用多种模型同步对滨海湿地信息进行提取，利用模型间的优势互补，尽可能精确地提取渤海湾湿地信息。湿地包含了水体、植被、土壤等主要背景地物的波谱信息，各种地物波谱的贡献率不尽相同，而且随着季节和电磁波谱中波长的变化，贡献率也在发生着有规律的变化。将多源遥感信息综合，能更准确、细致地描绘湿地类型、形状、面积、内部结构等相关特征，通过对不同时间、空间、波谱分辨率以及不同传感器的遥感影像进行综合解译和分类研究，可降低遥感数据自身的多解性，增加湿地信息识别、提取的精度和可靠性。技术流程如图 3.2 所示。

根据遥感影像大致可以确定环渤海地区的土地类型有河床、河漫滩、淤泥质海滩、芦苇沼泽、其他沼泽地、湿草甸、水库/坑塘、海水养殖场、盐场以及居民地、茬地、非湿地植被等。

目前研究中主要用到的其他辅助地学数据有旅游地图、县级行政区划图、Google Earth 上的高分辨率影像以及从文献查阅到的各类滨海湿地类型的地面判读标志，如表 3.1 所示。

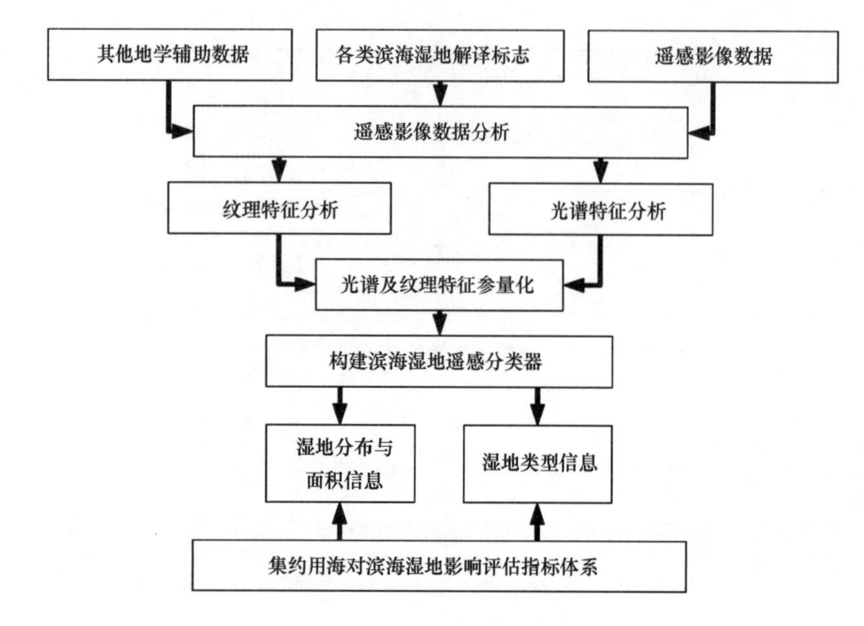

图 3.2 湿地信息提取技术流程

表 3.1 各类滨海湿地类型的地面判读标志

一级分类	二级分类	亚类	影像特征
天然湿地	近海及海岸湿地	近海水域	低潮线到 6 m 水深的区域，主要为海水。色调深蓝色
		淤泥质海滩	滩面平坦，有潮沟分布，泥沙质为主。光滑、细腻的蓝绿色影像，有树枝状、平行状潮沟的暗色影像和陇坎状沙岗的浅色影像特征
		河口及三角洲湿地	河流的入海口及三角洲，扇形分布
	河流湿地	河流湿地	包括河床和低河漫滩，影像纹理明显、色调深蓝色及周边的浅色
	湖泊湿地	湖泊湿地	包括永久性、季节性的咸水湖和淡水湖
	沼泽及沼泽化草甸湿地	沼泽湿地	色调比较暗，地势低洼，植被比较平坦、杂乱，没有庄稼的行垄分布特征
人工湿地	库塘	水库	有明显的人工大坝，边界整齐
		养殖场	有明显的人工痕迹，界线平直、水质比较清晰
		盐场	有明显的人工痕迹，网格界线平直
		卤水池	有明显的人工痕迹，网格界线平直，水体色调浅

在遥感数据选择方面，研究中主要考虑的因素包括研究区范围、研究区分类体系、数据的易获取程度、数据的连续性、图像信噪比等因素，最终选定 Landsat TM/ETM 数

据作为分类数据源。根据各湿地类型对于环境的影响以及在 Landsat TM/ETM 数据上的可分性，研究中实际用的分类体系如表 3.2 所示。

表 3.2 研究中采用的分类体系

一级分类	二级分类	亚类	影像特征
天然湿地	近海及海岸湿地	淤泥质海滩	滩面平坦，有潮沟分布，泥沙质为主
	河流湿地	河床及河漫滩	包括河床和河漫滩，影像纹理明显、色调深蓝色及周边的浅色
	沼泽及沼泽化草甸湿地	芦苇沼泽	植被类型混杂，地势低洼，植被比较平坦、杂乱，没有庄稼的行垄分布特征
		湿草甸	色调比较暗，地势低洼，植被比较平坦、杂乱，没有庄稼的行垄分布特征
人工湿地	库塘	人工水体	有明显的人工痕迹，界线平直
非湿地类型	居民地	居民地	包括城镇和村庄，影像颜色与纹理与其他类别区分较明显
	非湿地植被	非湿地植被	包括旱地、茬地、草地、林地等

研究中依据不同湿地类型在 TM5、TM4、TM3 波段合成的假彩色像片上的颜色，对该实验区遥感图像进行了初步的目视解译，分析各滨海湿地类型的纹理特征和光谱特征，由于多光谱数据的地物辨识特征波段有限，所以该算法通过构建特征波段库，以增加地物特征波段，提高地物分类精度。经过分析实验，目前确定可以用于滨海湿地信息提取的特征指标包括 TM 数据 1 ~5 波段和第 7 波段、植被指数、缨帽变换 3 个分量、水体指数、改进的水体指数、建筑指数、主成分变换前 3 个分量和 MNF 变换前 4 个分量。具体如表 3.3 所示。

表 3.3 用于滨海湿地类型识别分类中的指标参数

序号	特征波段	可提取信息
1	TM 波段 1	
2	TM 波段 2	敞水区、养殖场、浮水植物和裸滩地在 TM2 、TM3 波段上具有很好的分离度；TM2 与 TM3 波段有利于将水分饱和的地表与黑色的地物如有机质含量高的黑色土壤、沥青路面、屋顶等分开
3	TM 波段 3	敞水区、养殖场、浮水植物和裸滩地在 TM2 、TM3 波段上具有很好的分离度；TM2 与 TM3 波段有利于将水分饱和的地表与黑色的地物如有机质含量高的黑色土壤、沥青路面、屋顶等分开
4	TM 波段 4	城镇用地、旱地、挺水植物和水田在 TM4 、TM5 波段上具有很好的分离度；TM4 对于植物叶的结构特征敏感，该波段反映了植物反射近红外光线的能力；从 TM4 上可以反映植物的生活力、叶面积指数和生物量等信息

续表

序号	特征波段	可提取信息
5	TM 波段 5	城镇用地、旱地、挺水植物和水田在 TM4 、TM5 波段上具有很好的分离度；TM5 波段对地表土壤和植物组织中的水分具有很高的敏感性，利用 TM5 波段可以将各种湿地类型与非湿地类型分开
6	TM 波段 7	用于识别水体
7	缨帽变换亮度分量	反映不同类型地物的反射率大小
8	缨帽变换绿度分量	主要用于识别绿色植被
9	缨帽变换湿度分量	主要用于识别水体
10	归一化植被指数 = （TM4 - TM3）/（TM4 + TM3）	用于植被提取
11	改进的归一化差异水体指数 = （TM2 - TM5）/（TM2 + TM5）	用于快速精确地提取水体
12	归一化建筑指数 = （TM5 - TM4）/（TM5 + TM4）	用于建筑物提取
13	形状指数 = 面积^2/周长	表现水体形状的规则程度，可以用来区分不同类型水体
14	主成分分析第一主成分	用于区分不同水体及水体与其他地物
15	主成分分析第二主成分	用于区分城市/淤泥质海滩与其他地物
16	主成分分析第三主成分	用于区分河流
17	MNF 变换第一分量	与其他波段组合可以突出非湿地植被与水体
18	MNF 变换第二分量	与 MNF 第一分量组合可以很好地区分不同水体
19	MNF 变换第三分量	用于区分居民地与其他地物
20	MNF 变换第四分量	与其他波段组合突出地物间对比度

确定分类所用特征波段后，通过比较决策树、最大似然、光谱角度制图与支持向量机等分类方法，研究决定采用分类结果较为稳定的一种改进最大似然分类方法，并通过对分类结果进行单类滤波去噪，提高分类精度，以进行后续景观参数的计算。以 2010 年东营市数据为例，分类精度如表 3.4 所示。

表 3.4　分类精度

采用算法	总体精度	Kappa 系数
直接用最大似然方法	84.794 6%	0.818 2
本研究中的改进算法	89.698 1%	0.876 9

从表 3.4 可知，改进后的算法与原算法相比，精度提高约 5%，改进后算法精度达到 89% 以上，可以满足后续应用需求。

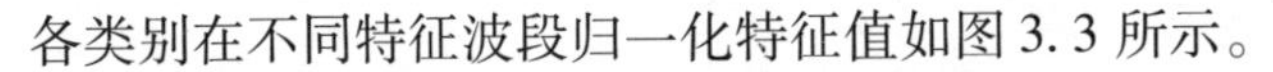

各类别在不同特征波段归一化特征值如图 3. 3 所示。

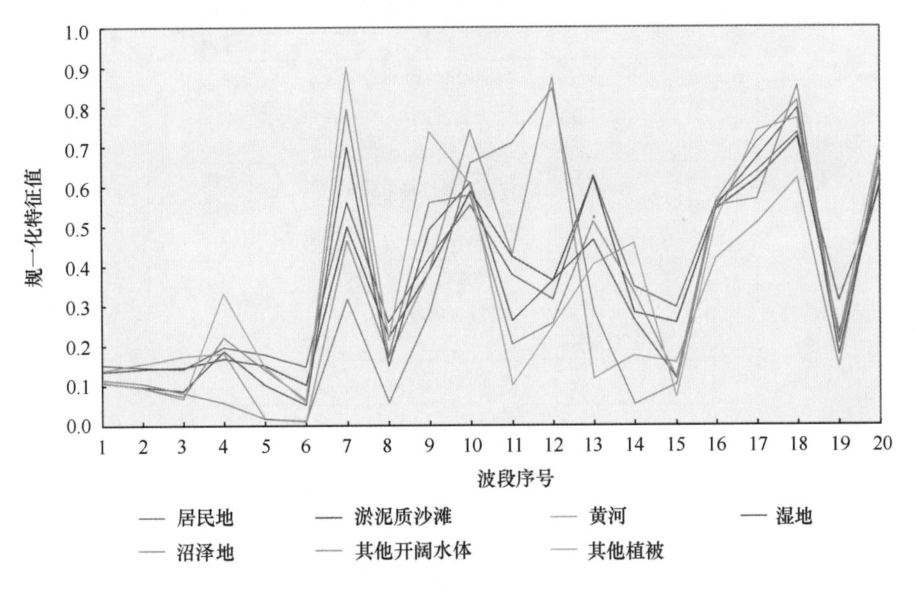

图 3. 3 各类别在不同特征波段归一化特征值

基于该算法的滨海湿地信息提取模型如图 3. 4 所示。

3. 2. 2. 2 景观格局参数遥感反演模型研究

景观格局参数计算是一个确定性过程，需要用到上述提取的滨海湿地信息遥感结果，无其他因素影响，因此，景观格局参数的精度只与滨海湿地信息遥感提取结果有关，而上述过程中滨海湿地信息遥感提取精度优于 89%，因此景观格局参数计算结果的精度优于 89%。

1）景观类型提取

滨海湿地景观格局类型提取研究中，首先需要根据研究目的，结合各种地面调查数据或其他资料，对获得的遥感数据进行影像合成与分析处理，然后把经过分类处理的影像数据进行结构简化，将其转换成可用于具体分析过程的基础数据或图件，最后以面向用户的原则将其进入景观格局分析模型中，借助数量分析手段进行景观类型提取的探讨。

景观类型信息提取详细技术流程如图 3. 5 所示。在进行景观类型信息提取的过程中，采用基于改进的最大似然分类方法，并结合 Arcgis 空间数据分析功能对研究区的景观类型进行提取。

2）多样性参数

对滨海湿地景观多样性分析中，景观多样性指数采用下列 Shannon - Wiener 指数计算：

$$H = -\sum_{n=1}^{k} P_k \ln(P_k)$$

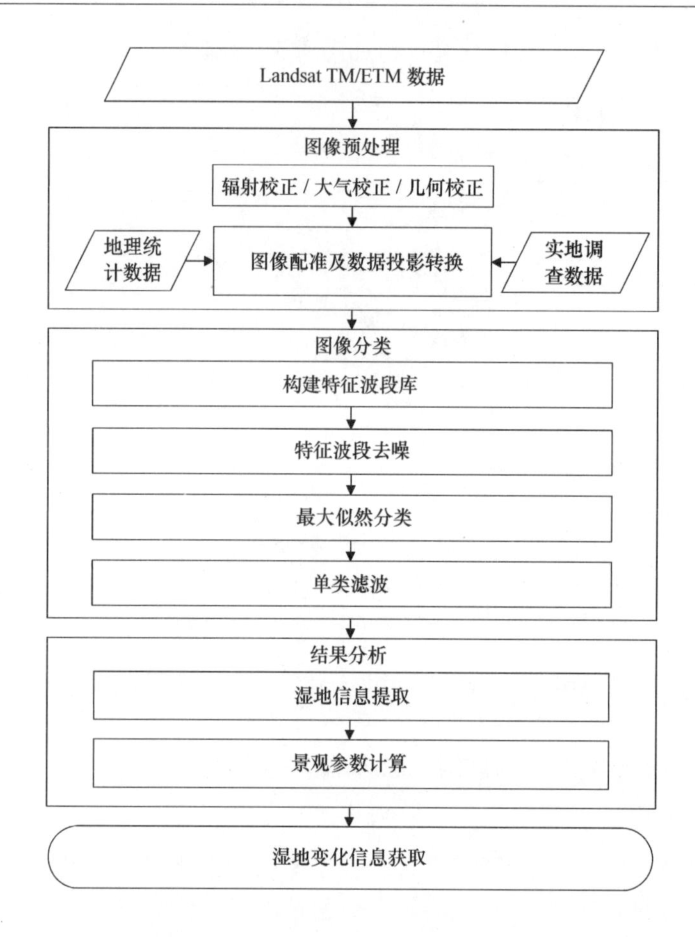

图 3.4　基于改进最大似然分类的滨海湿地信息提取模型

式中，H 是景观多样性指数；P_k 为景观类型 k 占整个景观的面积比；n 是景观中的类型数。当各类景观的面积比例相等时 H 达到最大，即 $H_{max}=\ln(n)$。通常随着 H 增加，景观结构组成的复杂性也趋于增加，景观多样性增强。

同时，辅助计算优势度指数，为分析景观多样性服务。湿地景观多样性分析主要流程见图 3.6。

3）优势度参数

优势度指数表示景观多样性对最大多样性的偏离程度，或描述景观由少数几个主要的景观类型控制的程度。优势度指数越大，则表明偏离程度越大，即组成景观各类型所占比例差异大，或者说某一种或少数景观类型占优势；优势度小表明偏离程度小，即组成景观的各种景观类型所占比例大致相当，优势度为 0，表明组成景观各种景观类型所占比例相等；景观完全均质，即由一种景观类型组成，计算公式为：

$$D = H_{max} + \sum_{k=1}^{m} (P_k)\log_2(P_k)$$

其中，$H_{max}=\log_2(m)$；P_k 为 k 种景观占总面积的比；m 为景观类型总数；H_{max} 为研究

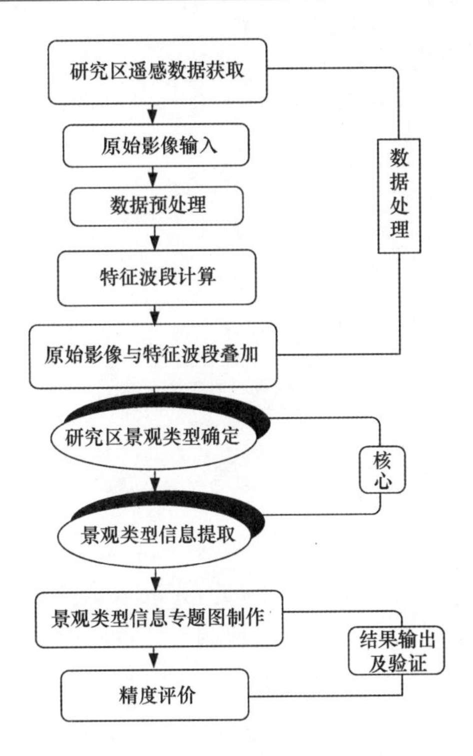

图 3.5 景观类型信息提取流程

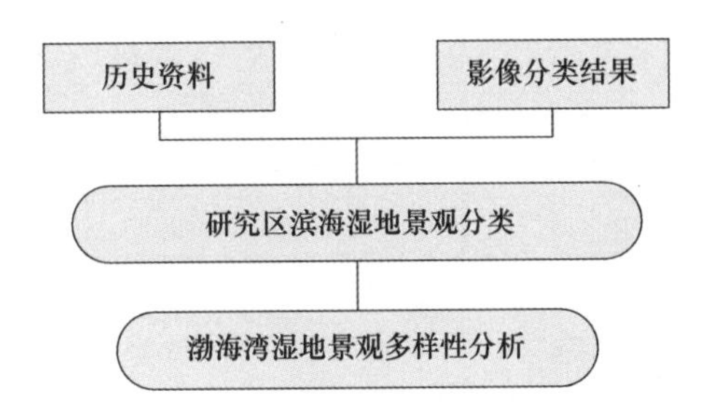

图 3.6 湿地景观多样性分析流程

区各类型景观所占比例相等时，景观拥有的最大多样性指数。

4）破碎度参数

景观破碎度 C 是指景观被分割的破碎程度，它在一定程度上反映了人为活动对景观的干扰强度，这与自然资源保护密切相关。景观的破碎化和斑块面积的不断缩小，说明适于生物生存的环境在减少，它将直接影响到物种的繁殖、扩散、迁移和保护。C 值越大，景观破碎化程度越大。其计算公式为：

$$C = \sum n_i / A$$

其中，C 为景观的破碎度；$\sum n_i$ 为各景观中所有景观类型的斑块总数；A 为景观的总面积。

具体技术流程见图 3.7。

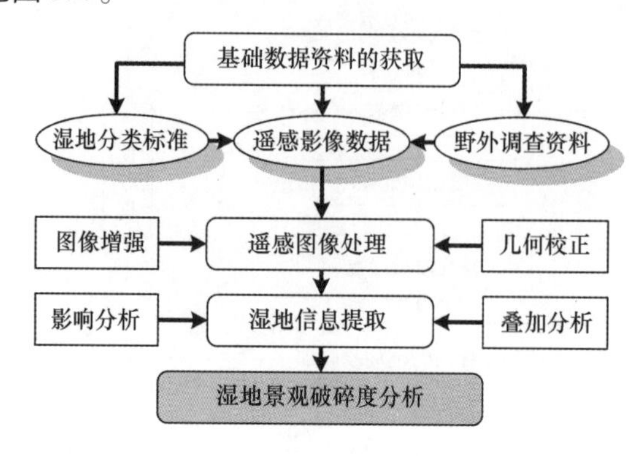

图 3.7 滨海湿地景观破碎度参数计算流程

5）斑块分维数参数

将遥感数据与相对应年份的地形图配准，完成数据格式转换、投影坐标转换、几何精校正和图切割等预处理之后，结合实地调查，对图像属性进行处理，得到所需要的景观斑块分维数。具体流程如图 3.8 所示。

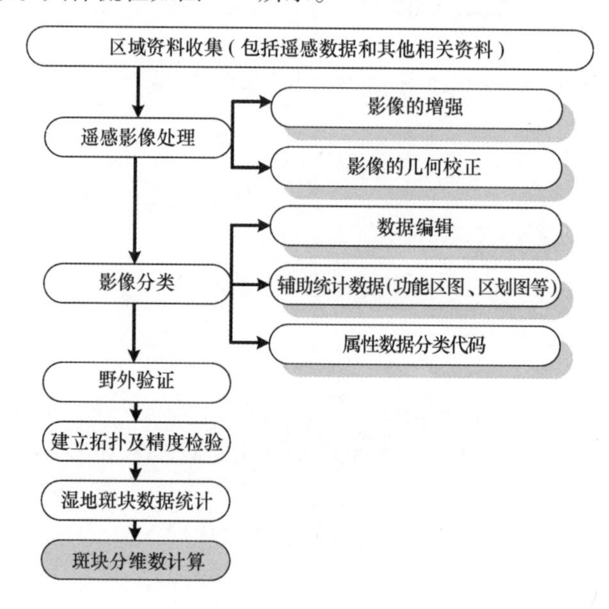

图 3.8 滨海湿地斑块分维数参数计算流程

3.2.2.3 滨海湿地景观变化驱动力分析模型

利用滨海湿地信息综合提取模型获得的土地利用分类图数据，按照图 3.9 所示的滨海湿地景观变化驱动力分析模型技术路线，用景观生态学中常用的 Logistic 逐步回归模型对滨海湿地景观空间变化进行驱动力定量分析。Logistic 逐步回归模型是以集约用海区域湿地空间分布变化图为因变量，分析影响区域内湿地景观空间格局变化的因子，并给出它们的定量关系，从而全面把握影响集约用海区域湿地景观变化因果关系。

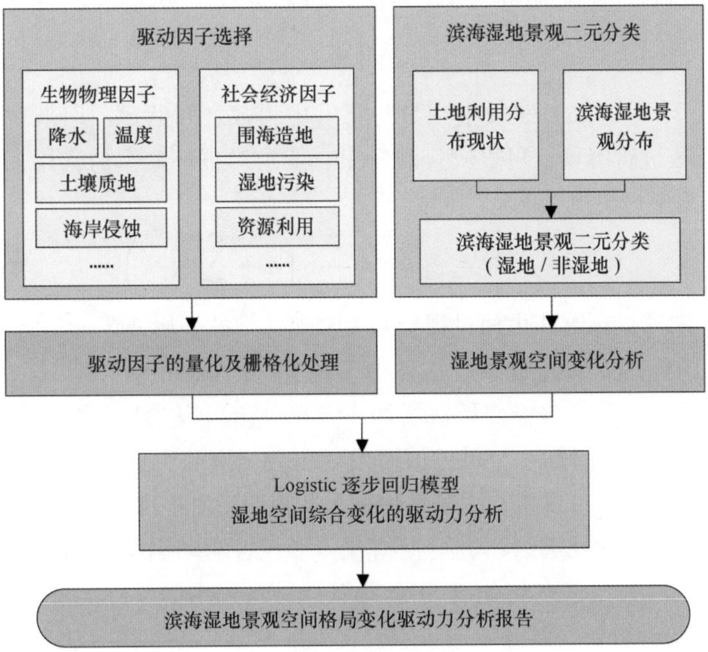

驱动因子选择
生物物理因子
降水 温度
土壤质地
海岸侵蚀
……
社会经济因子
围海造地
湿地污染
资源利用
……
滨海湿地景观二元分类
土地利用分布现状
滨海湿地景观分布
滨海湿地景观二元分类（湿地/非湿地）
驱动因子的量化及栅格化处理
湿地景观空间变化分析
Logistic 逐步回归模型
湿地空间综合变化的驱动力分析
滨海湿地景观空间格局变化驱动力分析报告

图 3.9 滨海湿地景观空间格局变化驱动力分析模型技术路线

1）Logistic 逐步回归模型

Logistic 回归模型是一种对二分类或多分类因变量进行回归分析时经常采用的统计方法，与线性回归不同，Logistic 回归模型是一种非线性模型，普遍采用的参数估计方法是最大似然估计法。Logistic 逐步回归方法基于数据的抽样，可以筛选出对事件发生与否影响较为显著的因素，同时剔除不显著的因素，并能为每个显著的因素产生回归系数，这些系数通过一定的权重运算法则被解释为生成特定景观类别的变化概率。

根据 Logistic 回归建模的要求，某事件在一组自变量 X_n 作用下所发生的结果用指示变量 Y 表示，本书中 Y 表示滨海湿地是否发生变化，其赋值规则为：

$$Y = \begin{cases} 1, \text{湿地发生变化} \\ 0, \text{湿地不发生变化} \end{cases}$$

记滨海湿地发生变化的概率为 P，不发生变化的概率为（$1-P$），则相应的回归模型为：

$$\ln\left(\frac{P}{1-P}\right) = \alpha + \sum_{k=1}^{k=n} \beta_k X_k$$

式中，X_k 为解释变量；α 是常数项；β_k 为回归系数；n 为参与分析的解释变量的总个数。

发生事件的概率是一个由解释变量 X_k 构成的非线性函数，表达式如下：

$$P = \frac{\exp\left(\alpha + \sum_{k=1}^{k=n} \beta_k X_k\right)}{1 + \exp\left(\alpha + \sum_{k=1}^{k=n} \beta_k X_k\right)}$$

发生比率（odds ratio）是发生频数与不发生频数之间的比，用来对各种自变量的Logistic回归系数进行解释，可以较直观看出自变量对事件概率的作用，运用在本研究中可反映出各因子对湿地影响程度的差异：

$$\text{odds}(P) = \frac{P}{1 - P} = \exp\left(\alpha + \sum_{k=1}^{k=n} \beta_k X_k\right)$$

Logistic回归模型预测能力通过得到最大似然估计的表格来评价，它包括回归系数、回归系数估计的标准差、回归系数估计的 Waldχ2 统计量和回归系数估计的显著性水平。正的回归系数值表示解释变量每增加一个单位值时发生比会相应增加，相反，当回归系数为负值时说明增加一个单位值时发生比会相应减少。Waldχ2 统计量表示在模型中每个解释变量的相对权重，用来评价每个解释变量对事件变化概率的贡献力。

将所有因子空间化处理后，进行栅格化，形成各驱动因子的栅格图，将它们与因变量的栅格数据利用ArcGIS转化成SPSS统计软件可识别的文件类型。用SPSS统计软件进行Logistic统计分析，滨海湿地景观变化为因变量，各解释变量为自变量。模型的总体显著性用Hosmer－Lemeshow适合优度来检验，用Waldχ2 统计量检验每个变量的显著性。采用ROC方法对因子的解释能力进行检验，当ROC >0.75时方可认为所确定的驱动因子具有较好的解释能力。

2）驱动因子选择与量化

依据目前国内外研究学者对湿地景观变化驱动力分析结果以及Logistic回归模型特点，结合研究区实际情况，从生物物理因子与社会经济因子两个方面考虑，建立滨海湿地景观驱动力分析因子体系，并对这些因子进行量化处理，建立适用于Logistic回归模型的栅格型解释变量，并及时收集整理研究区内解释变量数据。由于研究的时间区段较短，生物物理因素能够发挥作用的能力相对较低。

在选择驱动力因子时更多地考虑了一些社会经济因子，考虑的影响滨海湿地发育的驱动力因子包括：人口与国民经济发展、河流径流、海岸侵蚀、围海造地、城市和港口开发、养殖业发展、湿地污染、海岸侵蚀和资源开发8个因子。

（1）人口与经济。

区域内人口的快速增长和国民经济的飞速发展给生态环境带来了巨大的压力，人口膨胀和经济过度发展将可能造成湿地资源的过度开发，从而加速湿地的退化。

（2）海岸侵蚀。

海岸侵蚀会严重改变湿地基底土壤理化属性，且这种改变是不可逆转的，严重影响湿地生态系统的稳定性。气候变暖导致的绝对海面上升，导致海水入侵，使得土壤含盐量增加，湿地面积萎缩。

（3）围海造地。

近海湿地一旦被围就切断了其与海水的直接联系，从而造成湿地水质类型和性质从根本上发生改变，进而改变湿地植被生境，加速湿地退化。

（4）建设用地扩张。

城市扩建与开发及其他海岸工程的实施会导致湿地被切割为一个个小的斑块，这将严重损坏原有湿地生态系统的整体性，从而破坏湿地。

（5）河流径流。

对于湿地植被局地生境，河流径流在携带大量泥沙增加湿地营养元素的同时，也能够为湿地提供足够的水源，区域内河网丰富程度将会影响湿地植被的生境状况。

（6）湿地污染。

滨海湿地是陆源污染物和海洋污染物交汇的地区，未经处理或者处理未达标的陆源污水汇集在滨海湿地范围内，导致海水富营养化，引发各种海洋灾害，进而破坏湿地景观。

（7）海水养殖。

海水养殖迅速发展，占用大量的滩涂资源，部分直接对岸线湿地进行围垦，减少了湿地面积。

（8）资源开发。

因围垦、水库建设和砍伐，红树林等湿地植被大量砍伐，容易造成水土流失，湿地面积大量减少，严重破坏了湿地生态系统稳定性。

依据前述所选择的参与分析的驱动力因子，结合 Logistic 逐步回归模型特点，针对这些因子设计栅格化的解释变量，如表 3.5 所示。

表 3.5　滨海湿地空间综合变化驱动力分析解释变量

因素	解释变量	单位	数据类型
人口与经济	人口密度分布	人/km^2	分类型
	人均 GDP 增长	/	分类型
海岸侵蚀	距海岸侵蚀区距离	km	连续型
围海造地	距围填海区域距离	km	连续型
建设用地扩张	距新增居民地距离	km	连续型
	距新增工地与交通建设用地距离	km	连续型
河流径流	距区域内主要河流距离	km	连续型
海水养殖	海水养殖面积变化率	/	分类型
湿地污染	单位面积耕地累积化肥施用量	t/km^2	分类型
资源开发	距新增耕地区距离	km	连续型
	距新增人工水体距离	km	连续型
	距退化林地区距离	km	连续型

3.3 锦州湾集约用海对滨海湿地影响评估

为了验证研究所提出的集约用海对滨海湿地的影响评估技术指标体系的有效性，以及滨海湿地信息综合提取模型和滨海湿地遥感景观参数提取模型的适用范围，选择锦州湾区域的凌海市大有临海经济产业区作为技术试点区（图 3.10）。

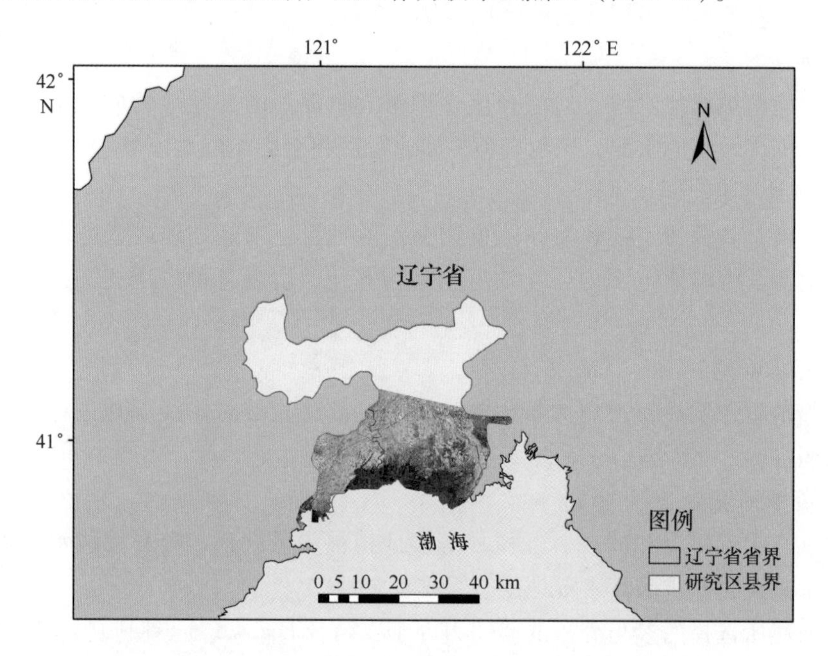

图 3.10 研究区地理位置示意图与 Landsat8 遥感影像
（2013 年，RGB 对应 OLI 654 波段）

凌海大有临海经济产业区位于凌海市南部，是辽宁省“五点一线”沿海经济带重点支持区域，产业区发展实施“错位发展”和“产业集群”双战略。“五点一线”沿海经济带不单是引来投资、承接船业转移，更是珍惜和保护最后开发的海岸线，充分发挥后发优势的科学发展新道路，旨在培育新的增长带，形成沿海带动腹地、腹地支撑沿海的开放和发展新格局，走出一条发展较快、资源节约、环境保护的新路子，带动和促进辽宁老工业基地全面振兴。

以凌海大有临海经济产业区为例，通过集约用海过程对滨海湿地与景观的影响评估技术研究，利用遥感信息技术，针对海洋开发利用对滨海湿地与景观的影响评估需求，快速、宏观地获取集约用海对滨海湿地与景观影响监测评估指标与专题产品，分析滨海湿地与景观变化的驱动力原因，为国家海洋管理部门集约用海、优化空间布局、调整产业结构提供决策依据和技术支撑。

为了有效提取凌海大有临海经济产业区湿地信息，研究采用的分类体系见表 3.6，研究中采用基于最大似然的分类方法，通过计算特征指标，增加有效波段，来提高滨海湿地信息提取精度。

表 3.6　滨海湿地类型

一级分类	二级分类	具体类别
天然湿地	河流湿地	河床及河漫滩
	近海及海岸湿地	淤泥质海滩
	沼泽及沼泽化草甸湿地	芦苇沼泽
人工湿地	库塘湿地	人工水体

3.3.1　基于锦州湾集约用海区的滨海湿地影响信息提取方法应用

3.3.1.1　凌海大有临海经济产业区滨海湿地信息综合提取

为了比较集约用海前后凌海市滨海湿地的变化情况，同时根据遥感图像质量、云量等信息，研究选取2009年7月15日和2013年7月26日两景影像进行数据预处理，经反射率计算、图像裁剪后，计算用于分类的特征波段，后采用基于最大似然分类方法对图像进行分类，并对分类结果进行去噪等分类后处理，得到分类结果（图3.11），并统计集约用海前后各滨海湿地类型信息，为评估集约用海对滨海湿地影响提供依据。

根据分类结果，对凌海大有临海经济产业区2009年和2013年滨海湿地信息进行了统计，结果见表3.11。图3.12为研究区各湿地类型面积比例变化图，人工水体与海滩的分布变化如图3.13所示，从图中可以看出，研究区内人工水体减少和淤泥质海滩面积的增加，主要是由于人类对海水的利用造成泥沙的重新堆积和分布所致。

表 3.7　2009年与2013年凌海大有临海经济产业区各滨海湿地类型面积及在研究区所占面积比

类型	面积/km^2		在研究区所占面积比（%）	
	2009年	2013年	2009年	2013年
1 天然湿地	114.87	184.99	8.01	12.91
1.1 河流湿地	10.55	10.58	0.74	0.74
1.1.1 河床及河漫滩	10.55	10.58	0.74	0.74
1.2 近海及海岸湿地	33.42	63.46	2.33	4.43
1.2.1 淤泥质海滩	33.42	63.46	2.33	4.43
1.3 沼泽及沼泽化草甸湿地	70.90	110.95	4.94	7.74
1.3.1 芦苇沼泽	70.90	110.95	4.94	7.74
2 人工湿地	212.76	141.05	14.84	9.84
2.1 库塘湿地	212.76	141.05	14.84	9.84
2.1.1 人工水体	212.76	141.05	14.84	9.84

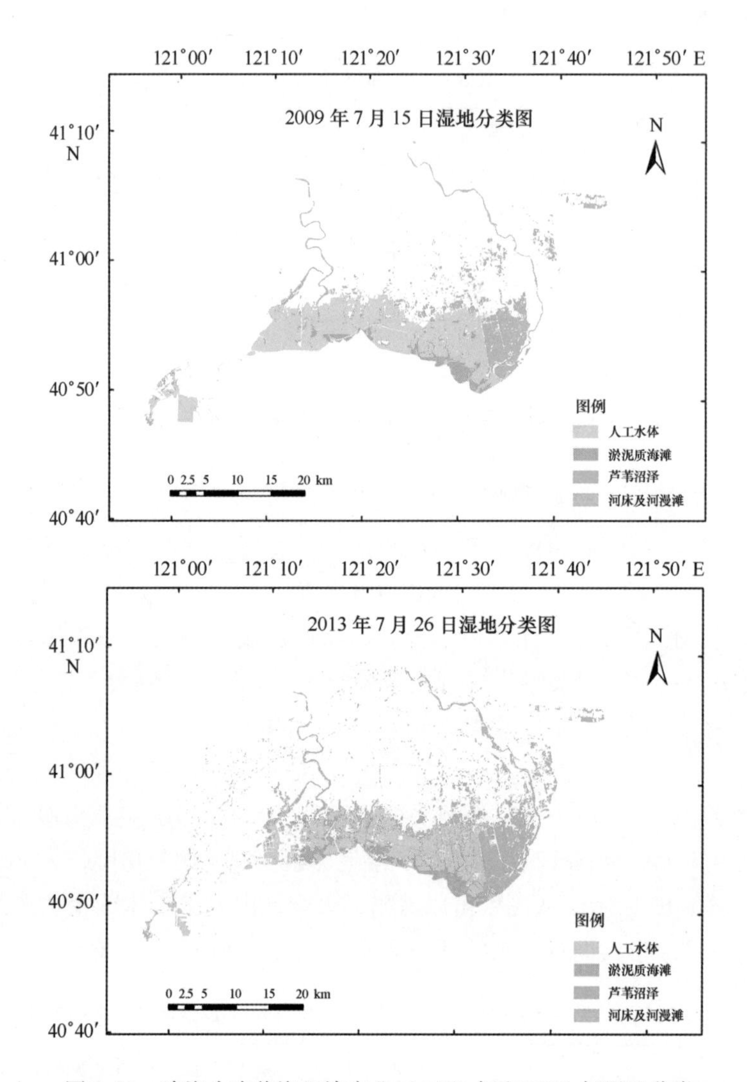

图 3.11 凌海大有临海经济产业区 2009 年和 2013 年湿地分类

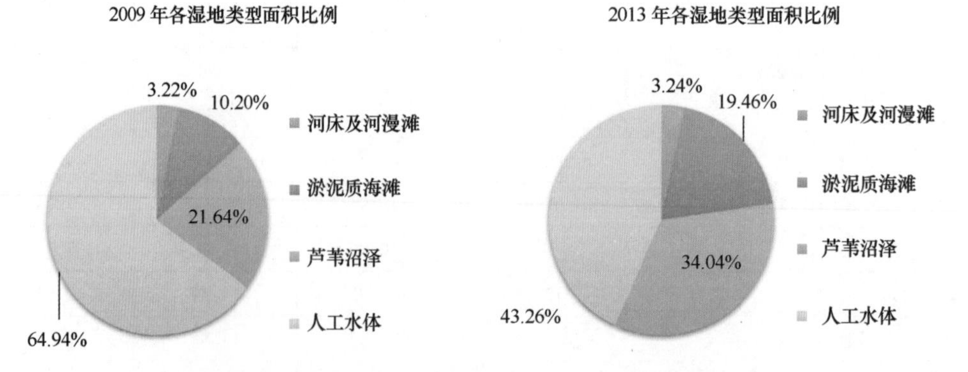

图 3.12 凌海大有临海经济产业区 2009—2013 年湿地类型面积比例变化

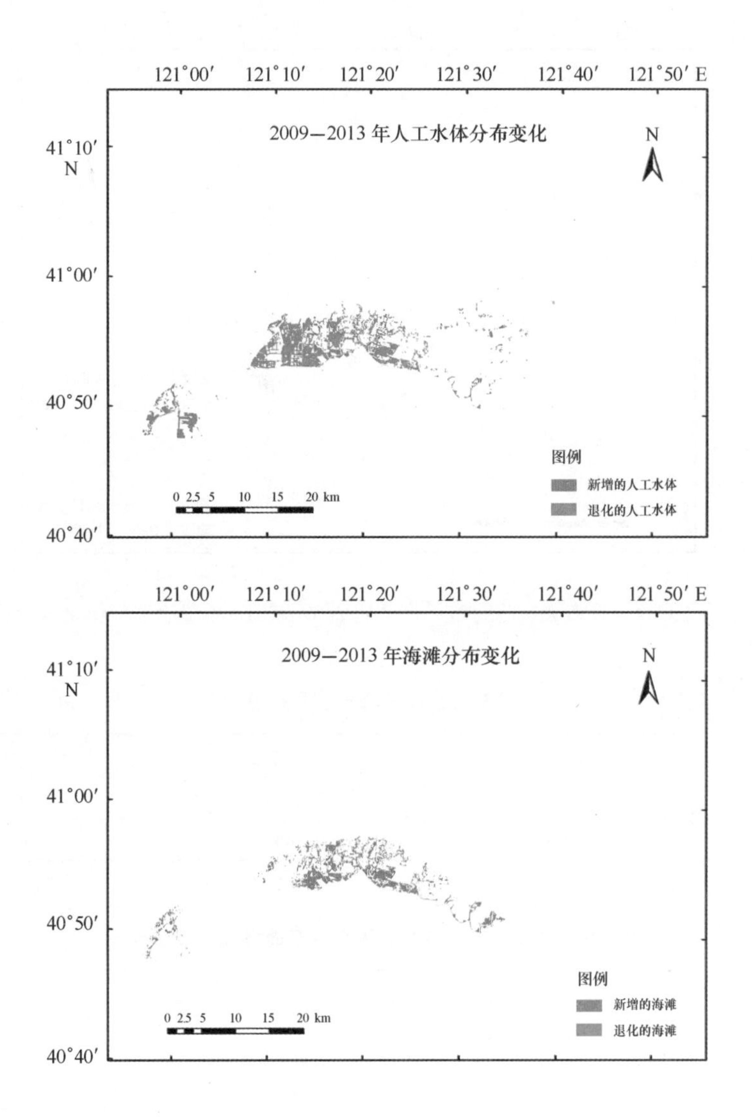

图 3.13 凌海大有临海经济产业区 2009—2013 年人工水体与海滩分布变化

凌海大有临海经济产业区 2009—2013 年湿地类型变化分布如图 3.14 所示，从中可以看出，研究区南部非湿地向天然湿地类型转变较多，沿海地区主要为人工湿地向非湿地和天然湿地的转变，二者的转变比例相当，其他地区湿地类型无明显变化。

3.3.1.2 凌海大有临海经济产业区滨海湿地景观参数提取

利用得到的凌海大有临海经济产业区滨海湿地信息数据，计算得到的凌海大有临海经济产业区滨海湿地景观参数见表 3.8 和表 3.9。

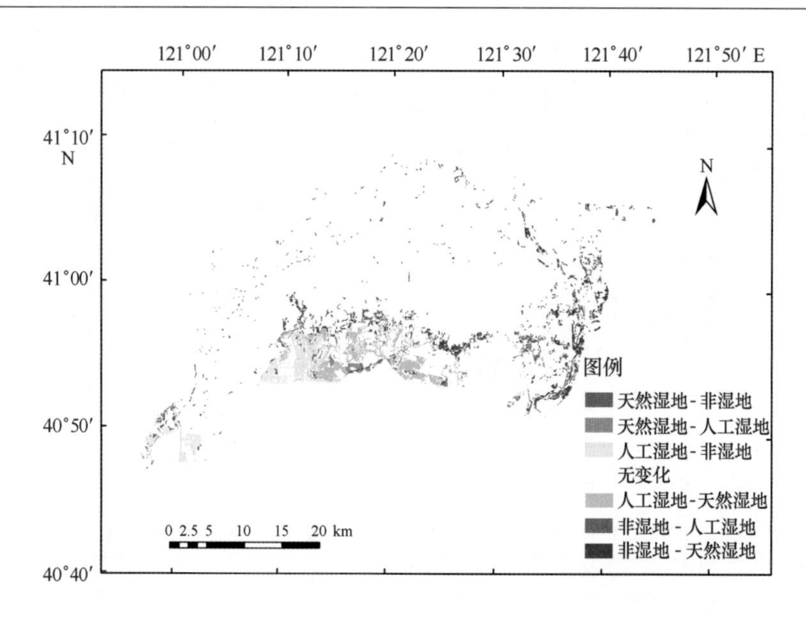

图 3.14 凌海大有临海经济产业区 2009—2013 年湿地类型变化

表 3.8 2009 年与 2013 年景观多样性、景观优势度和景观均匀度

年份	景观多样性	景观优势度	景观均匀度
2009	1.159 1	0.912 7	0.486 7
2013	1.260 2	0.766 8	0.551 6

表 3.9 2009 年与 2013 年各滨海湿地类型景观参数

类型	景观分离度		景观破碎度		景观斑块分维数	
	2009 年	2013 年	2009 年	2013 年	2009 年	2013 年
1 天然湿地						
1.1 河流湿地						
1.1.1 河床及河漫滩	8.61	8.59	2.18	2.17	1.323 5	1.323 3
1.2 近海及海岸湿地						
1.2.1 淤泥质海滩	11.37	7.65	12.06	10.37	1.322 6	1.367 8
1.3 沼泽及沼泽化草甸湿地						
1.3.1 芦苇沼泽	6.65	7.57	8.76	17.72	1.328 6	1.390 7
2 人工湿地						
2.1 库塘湿地						
2.1.1 人工水体	1.73	2.85	1.77	3.20	1.262 3	1.329 6

3.3.1.3　凌海大有临海经济产业区滨海湿地影响驱动力分析

利用凌海大有临海经济产业区滨海湿地遥感分类结果，分析滨海湿地退化的原因，查清引起湿地退化的主要驱动因子。从图 3.15 和土地利用类型转移矩阵对比（表 3.10），可以明显地看出，试验区内湿地退化主要发生在沿海集约用海开发区域，湿地大多退化成居民地，可见，该地区湿地退化的主要驱动因子为城镇化建设，即集约用海过程中推动发展的快速城镇化建设使得湿地大面积减少。

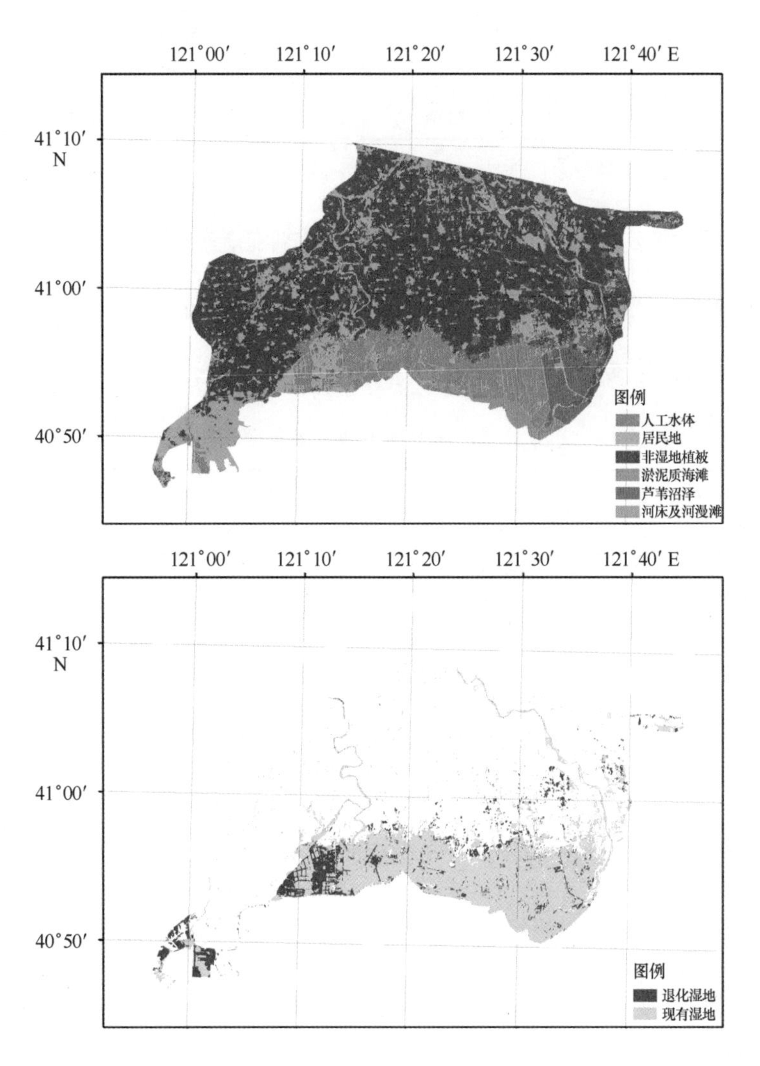

图 3.15　凌海大有临海经济产业区 2013 年土地利用/分类（上图）和该区域湿地退化区域分布（下图）

表 3.10 凌海大有临海经济产业区 2009—2013 年土地利用类型转移矩阵

2013 年 \ 2009 年	人工水体	居民地	非湿地植被	淤泥质海滩	芦苇沼泽	河床及河漫滩	总计
人工水体	127.7	2.2	1.7	8.5	0.9		141.0
居民地	38.0	183.2	86.3	4.0	1.9	0.2	313.5
非湿地植被	0.7	40.7	738.5	0.1	13.6		793.5
淤泥质海滩	40.5	1.9	0.6	20.1	0.1		63.4
芦苇沼泽	5.5	11.5	38.6	0.7	54.3	0.2	110.9
河床及河漫滩		0.1	0.3			10.1	10.6
总计	212.4	239.6	866.0	33.4	70.9	10.5	1 432.9

3.3.2 基于锦州湾集约用海区的滨海湿地影响综合评估方法应用

3.3.2.1 集约用海对凌海大有临海经济产业区滨海湿地影响综合评估

集约用海前后湿地类型面积变化评价见表 3.11。

表 3.11 滨海湿地类型面积变化评价

类别名称	增加/减少	面积变化/km^2	比例（%）	等级
1 天然湿地	增加	30.07	90.11	影响较大
1.1 河流湿地	增加	0.03	0.24	影响较小
1.1.1 河床及河漫滩	增加	0.03	0.24	影响较小
1.2 近海及海岸湿地	增加	30.04	89.87	影响较大
1.2.1 淤泥质海滩	增加	30.04	89.87	影响较大
2 人工湿地	减少	-71.72	33.71	影响一般
2.1 库塘湿地	减少	-71.72	33.71	影响一般
2.1.1 水库、坑塘	减少	-71.72	33.71	影响一般

集约用海前后凌海大有临海经济产业区滨海湿地植被覆盖度变化评价如表 3.12 所示。

表 3.12 滨海湿地类型植被覆盖度变化评价

类别名称	变化前植被覆盖度 2009 年	变化后植被覆盖度 2013 年	植被覆盖度变化值	等级
1.3 沼泽及沼泽化草甸湿地				
1.3.1 芦苇沼泽	0.620 038	0.674 653	8.808 3%	影响一般

在对滨海湿地景观格局参数变化进行指标考核时，主要统计集约用海前后湿地景观格局参数的数值，计算增大/减小百分比，计算公式如下：

$$变化百分比 = \frac{集约用海后湿地景观格局参数 - 集约用海前湿地景观格局参数}{集约用海前湿地景观格局参数} \times 100\%$$

通过计算得到的凌海大有临海经济产业区滨海湿地景观参数见表3.13和表3.14。

表3.13　2009年与2013年凌海市景观多样性、景观优势度和景观均匀度变化评价

项目	景观多样性	景观优势度	景观均匀度
2009年	1.159 1	0.912 7	0.486 7
2013年	1.260 2	0.766 8	0.551 6
变化百分比（%）	8.72	-15.99	13.33
等级	影响较大	影响较大	影响较大

表3.14　2009年与2013年各滨海湿地类型景观分离度、景观破碎度和斑块分维数变化评价

类型	景观分离度	景观破碎度	斑块分维数
1 天然湿地			
1.1 河流湿地			
1.1.1 河床及河漫滩	影响较小	影响较小	影响较小
1.2 近海及海岸湿地			
1.2.1 淤泥质海滩	影响一般	影响一般	影响一般
1.3 沼泽及沼泽化草甸湿地			
1.3.1 芦苇沼泽	影响一般	影响较大	影响一般
2 人工湿地			
2.1 库塘湿地			
2.1.1 人工水体	影响较大	影响较大	影像较大

3.3.2.2　集约用海对凌海大有临海经济产业区滨海湿地影响评估结果

从凌海大有临海经济产业区集约用海前后滨海湿地统计和湿地类型的面积变化来看，湿地面积总体变化不大。但是从湿地类型的面积变化来看，淤泥质海滩和芦苇沼泽均明显增加，与之相对应的是人工水体的大幅减少，其他湿地类别面积均无明显变化；从湿地变化分布区域来看，内陆湿地面积增加较多，滨海湿地面积有所减少。

从凌海大有临海经济产业区集约用海前后滨海湿地景观参数可知，研究区景观多样性和均匀度有较明显的改善。从各湿地类别的具体景观参数及其分布范围可以看出，淤泥质海滩在人类活动影响下破碎化程度有所降低，说明集约用海对滨海地区湿地类型转变有重要影响。湿地中芦苇沼泽植被覆盖度有所增加，同时造成破碎化和斑块分维数也均有增加，说明人类活动对湿地中内陆植被类型影响也较大。从景观参数来看，集约用海项目实施后人类活动对部分景观的干扰程度加大，但在集约用海的同时也实施了对湿地景观的保护。从集约用海前后湿地退化区域空间分布特征分析，湿地退化的主要驱动力为城镇化建设，居民地的快速扩张，使得大面积滨海湿地减少。

综上所述，评估结果表明集约用海工程对研究区滨海湿地生态环境影响较大，今后在发展海洋经济的同时，应注重维持和保护滨海湿地的生态环境。

3.4 莱州湾集约用海对滨海湿地影响评估

为了进一步验证所建立的集约用海对滨海湿地的影响评估技术指标体系的有效性，以及滨海湿地信息综合提取模型和滨海湿地遥感景观参数提取模型的适用范围，选择莱州湾区域作为潍坊滨海新城和龙口湾海洋装备制造业集聚区技术试点应用区。

莱州湾区域的潍坊滨海新城和龙口湾海洋装备制造业集聚区均为山东半岛蓝色经济区规划“两城七区”之一，根据国务院批复的山东省政府《山东半岛蓝色经济区发展规划》，潍坊滨海新城的发展重点是海洋化工业、临港先进制造业、绿色能源产业、房地产业、海上机场等，功能定位是海上新城；龙口湾海洋装备制造业集聚区的发展重点是海洋工程装备制造业、临港化工业、能源产业、物流业，功能定位是以海洋装备制造为主的先进制造业集聚区。蓝色经济区建设的重要特征是生态环保，而相对于单宗分散用海，集中集约用海规模较大，在局部海域对于生态环境的影响相对较大，为此必须高度重视对海洋生态环境的影响，并采取适当的工程技术措施控制、减轻和消除负面影响。

以潍坊滨海新城和龙口湾海洋装备制造业集聚区为例（图3.16），通过集约用海过程对滨海湿地与景观的影响评估技术研究，利用遥感信息技术，针对海洋开发利用对滨海湿地与景观的影响评估需求，快速、宏观地获取集约用海对滨海湿地与景观影响监测评估指标与专题产品，分析滨海湿地与景观变化的驱动力原因。

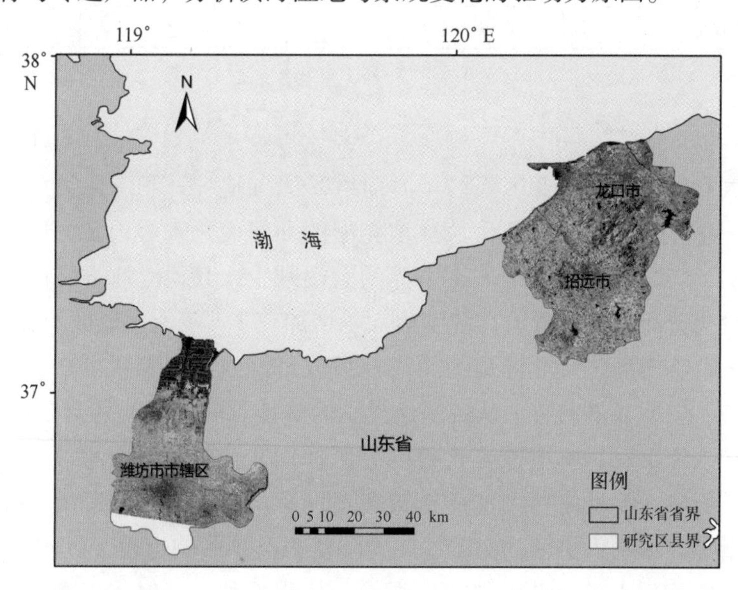

图3.16 研究区地理位置示意图与Landsat8遥感影像（2013年，RGB对应OLI 654波段）

为了有效提取研究区湿地信息，研究采用的分类体系见表3.15，研究中采用基于最大似然的分类方法，通过计算特征指标，增加有效波段，来提高滨海湿地信息提取精度。

表3.15　滨海湿地类型

一级分类	二级分类	具体类别
天然湿地	近海及海岸湿地	淤泥质海滩
	沼泽及沼泽化草甸湿地	芦苇沼泽
人工湿地	库塘湿地	人工水体

3.4.1　基于莱州湾集约用海区的滨海湿地影响信息提取方法应用

3.4.1.1　研究区滨海湿地信息综合提取

为了比较集约用海前后滨海湿地的变化情况，同时根据遥感图像质量、云量等信息，研究分别选取潍坊海上新城2007年5月14日和2013年5月30日以及龙口湾海洋装备制造业集聚区2009年7月15日和2013年6月8日各两景影像进行数据预处理，经反射率计算、图像裁剪后，计算用于分类的特征波段，后采用基于最大似然分类方法对图像进行分类，并对分类结果进行去噪等分类后处理，得到分类结果（图3.17和图3.18），并统计集约用海前后各滨海湿地类型信息（图3.19），为评估集约用海对滨海湿地影响做准备。

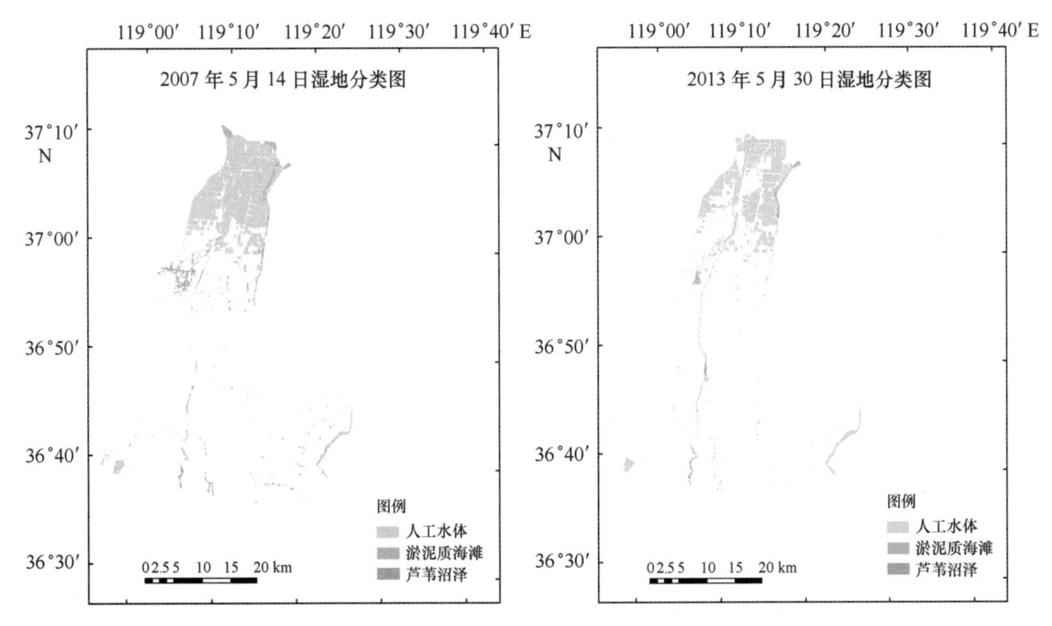

图3.17　潍坊滨海新城湿地分类

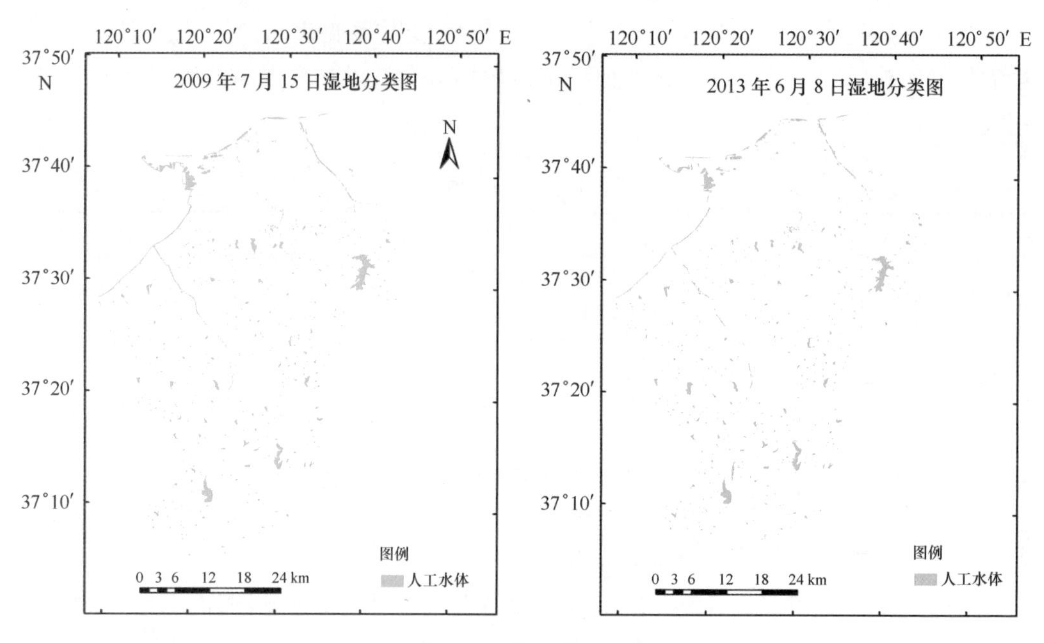

图 3.18　龙口湾海洋装备制造业集聚区湿地分类

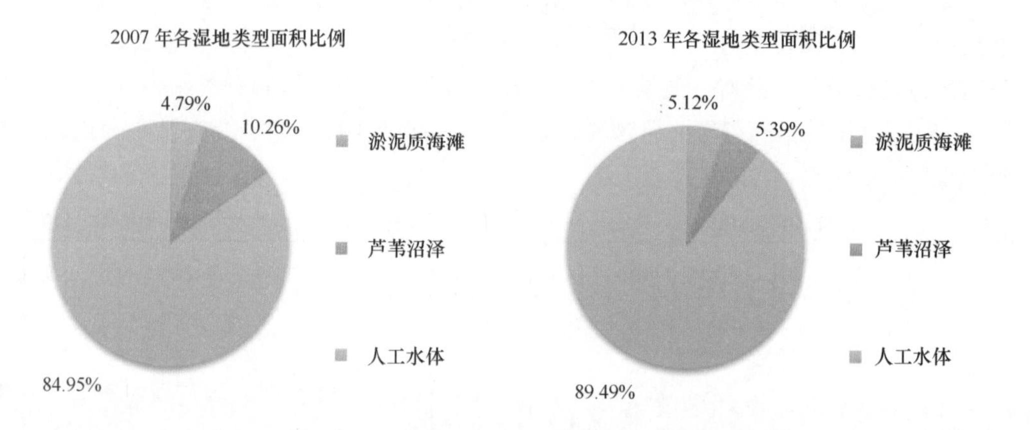

图 3.19　潍坊海上新城 2007—2013 年湿地类型面积比例变化

根据分类结果，对研究区滨海湿地信息进行统计，见表 3.16 和表 3.17。其中，潍坊海上新城研究区人工水体与海滩的分布变化如图 3.20 所示，从图中可以看出，明显内陆人工水体减少，天然海滩分布变化不大。龙口湾海洋装备制造业集聚区内滨海湿地类型只有人工水体，其分布变化见图 3.21，从图中可以看出，该区域内湿地受集约用海建设影响不大，湿地类型无明显变化。潍坊海上新城 2007—2013 年湿地类型变化分布见图 3.22，从图中可以看出，内陆地区北部人工湿地向非湿地类型转变较多，沿海地区主要为天然湿地向非湿地和人工湿地的转变。

表 3.16 2007 年与 2013 年潍坊海上新城各滨海湿地类型面积及在研究区所占面积比

类型	面积/km^2		在研究区所占面积比（%）	
	2007 年	2013 年	2007 年	2013 年
1 天然湿地	33.45	15.84	2.30	1.09
1.1 近海及海岸湿地	10.64	7.72	0.73	0.53
1.1.1 淤泥质海滩	10.64	7.72	0.73	0.53
1.2 沼泽及沼泽化草甸湿地	22.81	8.12	1.57	0.56
1.2.1 芦苇沼泽	22.81	8.12	1.57	0.56
2 人工湿地	188.88	134.85	13.00	9.29
2.1 库塘湿地	188.88	134.85	13.00	9.29
2.1.1 人工水体	188.88	134.85	13.00	9.29

表 3.17 2009 年与 2013 年龙口湾海洋装备制造业集聚区各滨海湿地类型面积及在研究区所占面积比

类型	面积/km^2		在研究区所占面积比（%）	
	2009 年	2013 年	2007 年	2013 年
1 天然湿地	0	0	0.00	0.00
1.1 近海及海岸湿地	0	0	0.00	0.00
1.1.1 淤泥质海滩	0	0	0.00	0.00
1.2 沼泽及沼泽化草甸湿地	0	0	0.00	0.00
1.2.1 芦苇沼泽	0	0	0.00	0.00
2 人工湿地	57.90	53.92	2.50	2.33
2.1 库塘湿地	57.90	53.92	2.50	2.33
2.1.1 人工水体	57.90	53.92	2.50	2.33

3.4.1.2 研究区滨海湿地景观参数提取

利用得到的滨海湿地信息数据，计算得到的潍坊海上新城滨海湿地景观参数见表 3.18 和表 3.19；龙口湾海洋装备制造业集聚区滨海湿地景观参数见表 3.20 和表 3.21。

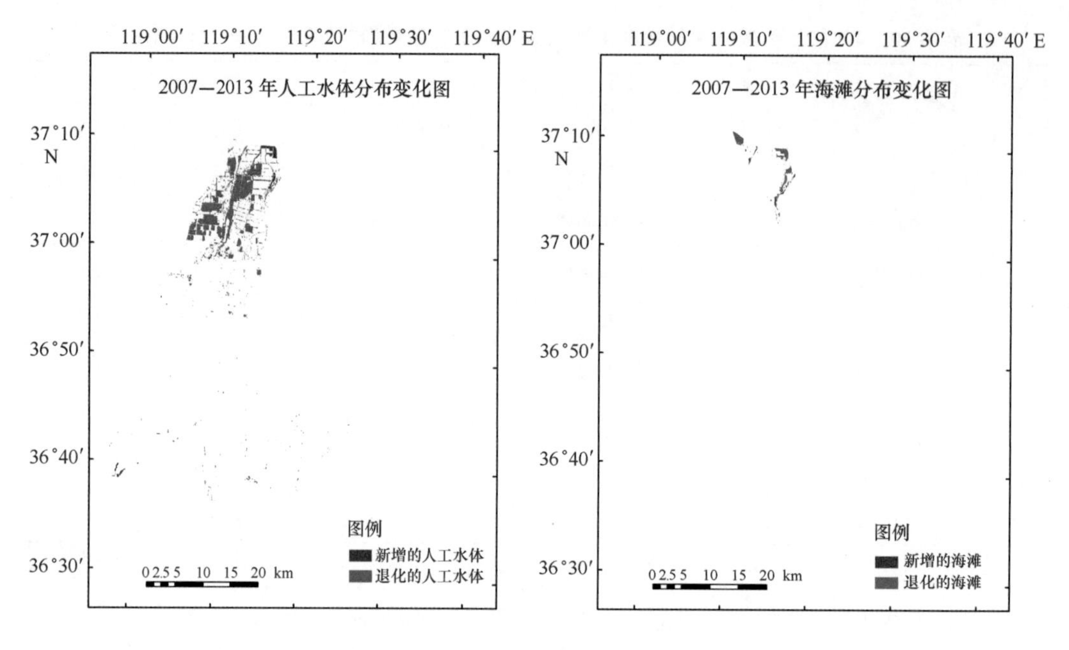

图 3.20　潍坊市海上新城 2007—2013 年人工水体与海滩分布变化

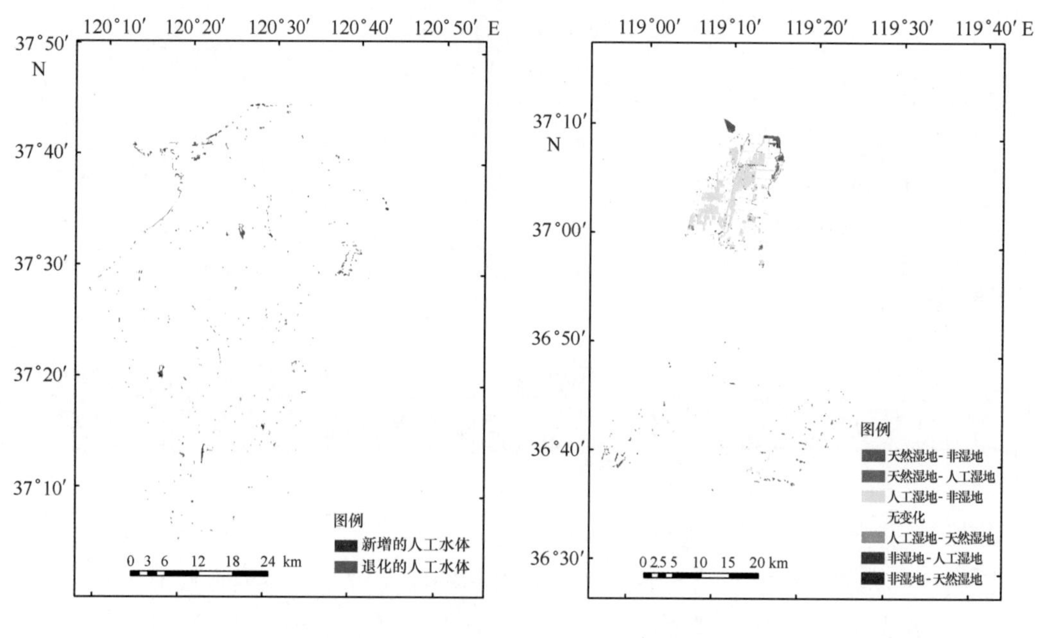

图 3.21　龙口湾海洋装备制造业集聚区 2009—2013 年人工水体分布变化

图 3.22　2007—2013 年潍坊海上新城湿地类型变化

表 3.18　2007 年与 2013 年潍坊海上新城景观多样性、景观优势度和景观均匀度

年份	景观多样性	景观优势度	景观均匀度
2007	1.066 7	0.782 9	0.571 1
2013	0.957 3	0.940 8	0.502 6

表 3.19　2007 年与 2013 年潍坊海上新城湿地类型景观参数

类型	景观分离度		景观破碎度		景观斑块分维数	
	2007 年	2013 年	2007 年	2013 年	2007 年	2013 年
1 天然湿地						
1.1 近海及海岸湿地						
1.1.1 淤泥质海滩	15.620 1	41.092 6	7.143 9	35.900 7	1.212 5	1.345 9
1.2 沼泽及沼泽化草甸湿地						
1.2.1 芦苇沼泽	23.289 2	46.992 7	34.057 1	49.397 2	1.394 3	1.382 4
2 人工湿地						
2.1 库塘湿地						
2.1.1 人工水体	1.319 7	2.811 3	0.905 3	2.936 7	1.259 5	1.305 2

表 3.20　2009 年与 2013 年龙口湾海洋装备制造业集聚区景观多样性、景观优势度和景观均匀度

年份	景观多样性	景观优势度	景观均匀度
2009	0.594 0	0.727 9	0.383 6
2013	0.539 9	0.806 1	0.327 1

表 3.21　2009 年与 2013 年龙口湾海洋装备制造业集聚区湿地类型景观参数

类型	景观分离度		景观破碎度		景观斑块分维数	
	2007 年	2013 年	2007 年	2013 年	2007 年	2013 年
2 人工湿地						
2.1 库塘湿地						
2.1.1 人工水体	13.292 4	13.455 9	17.666 9	16.859 5	1.369 4	1.365 5

3.4.1.3　研究区滨海湿地退化影响驱动力分析

利用潍坊海上新城滨海湿地遥感分类结果，分析滨海湿地退化的原因，寻找引起湿地退化的主要驱动因子。从图 3.23 和土地利用类型转移矩阵对比（表 3.22），可以明显地看出，试验区内湿地退化主要发生在沿海集约用海开发区，湿地大多退化成居民地，可见，该地区湿地退化的主要驱动因子为城镇化建设，即集约用海过程中推动发展的快速城镇化建设使得湿地大面积减少。

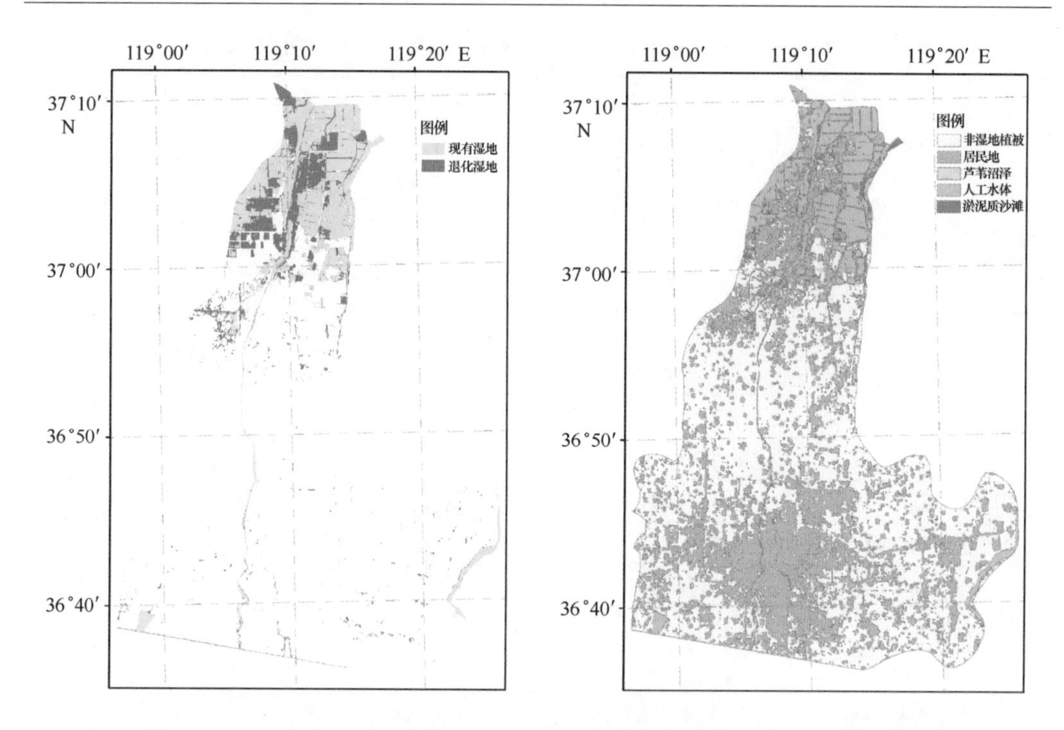

图 3.23 2007—2013 年潍坊海上新城滨海湿地退化区域空间分布（左图）和 2013 年该区域土地利用分类（右图）

表 3.22 2007—2013 年潍坊海上新城土地利用/分类变化转移矩阵

2013 年 \ 2007 年	非湿地植被	居民地	芦苇沼泽	人工水体	淤泥质沙滩	总计
非湿地植被	664.0	152.3	11.7	13.7	0.7	842.4
居民地	100.9	301.6	4.1	48.0	3.7	458.3
芦苇沼泽	3.2	0.8	3.5	0.4	0.2	8.1
人工水体	2.8	4.7	3.5	120.3	3.5	134.8
淤泥质沙滩	0.1	0.3	0.1	5.7	1.6	7.8
总计	771.0	459.7	22.9	188.1	9.7	1 451.4

利用龙口湾海域装备制造业滨海湿地遥感分类结果，分析滨海湿地退化的原因，寻找引起湿地退化的主要驱动因子。从图 3.24 和土地利用类型转移矩阵对比（表 3.23），可以明显地看出，由于实验区内湿地类型极为稀少，湿地所占面积少，全部为人工湿地，其退化也比较少，集约用海内湿地保护较好，湿地无明显变化。

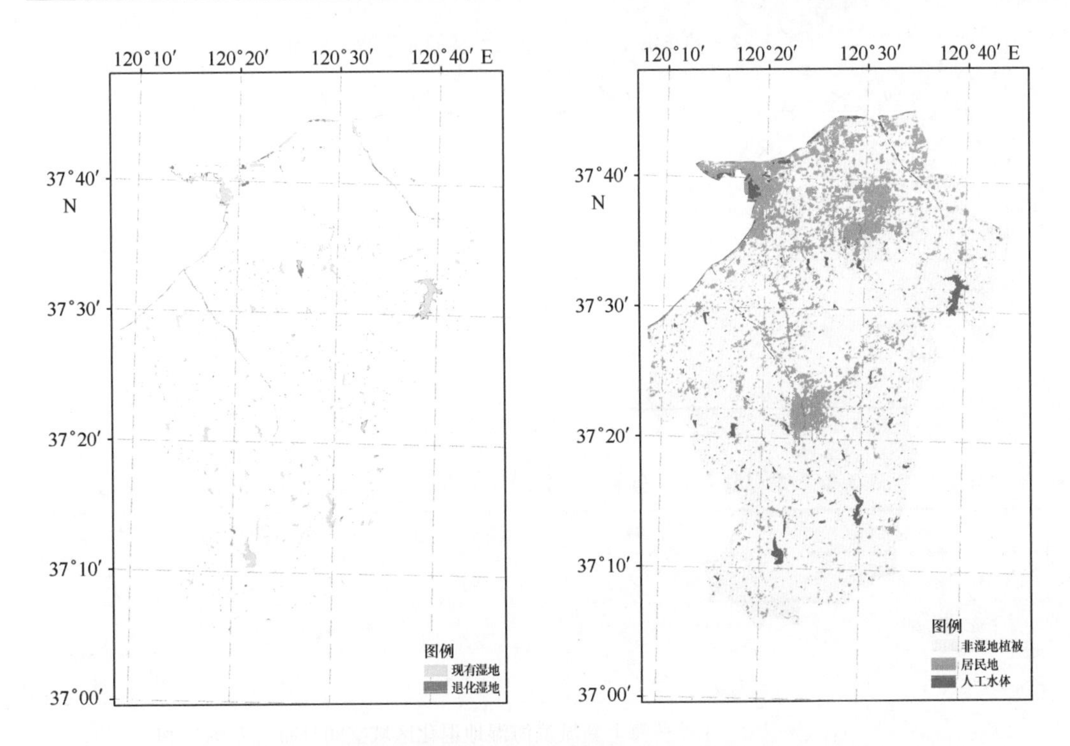

图3.24 2009—2013年龙口湾海域装备制造业集聚区滨海湿地退化区域空间分布（左图）和2013年该区域土地利用分类（右图）

表3.23 2009—2013年龙口湾海域装备制造业集聚区土地利用类型转移矩阵

2013年 \ 2009年	非湿地植被	居民地	人工水体	总计
非湿地植被	1 758.5	59.1	6.8	1 824.4
居民地	134.7	295.9	3.4	434.0
人工水体	7.1	6.7	43.7	57.5
总计	1 900.2	361.8	53.9	2 315.9

3.4.2 基于莱州湾集约用海区的滨海湿地影响综合评估方法应用

3.4.2.1 集约用海对研究区滨海湿地影响综合评估

集约用海前后湿地类型面积变化评价结果见表3.24和表3.25。

表 3.24　潍坊海上新城滨海湿地类型面积变化评价

类别名称	增加/减少	面积变化/km^2	比例（%）	等级
1 天然湿地				
1.1 近海及海岸湿地				
1.1.1 淤泥质海滩	减少	-2.93	27.47	影响一般
2 人工湿地				
2.1 库塘湿地				
2.1.1 水库、坑塘	减少	-54.04	28.61	影响一般

表 3.25　龙口湾海洋装备制造业集聚区滨海湿地类型面积变化评价

类别名称	增加/减少	面积变化/km^2	比例（%）	等级
2 人工湿地				
2.1 库塘湿地				
2.1.1 水库、坑塘	减少	-3.98	6.87	影响较小

集约用海前后潍坊海上新城湿地植被覆盖度变化评价如表 3.26 所示。

表 3.26　潍坊海上新城滨海湿地类型植被覆盖度变化评价

类别名称	变化前植被覆盖度 2007 年	变化后植被覆盖度 2013 年	植被覆盖度变化值（%）	等级
1.2 沼泽及沼泽化草甸湿地				
1.2.1 芦苇沼泽	0.511 744	0.575 751	12.507 6	影响较大

潍坊海上新城研究区滨海湿地景观参数见表 3.27 和表 3.28；龙口湾海洋装备制造业集聚区滨海湿地景观参数见表 3.29 和表 3.30。

表 3.27　2007 年与 2013 年潍坊海上新城景观多样性、景观优势度和景观均匀度变化评价

项目	景观多样性	景观优势度	景观均匀度
2007 年	1.066 7	0.782 9	0.571 1
2013 年	0.957 3	0.940 8	0.502 6
变化百分比（%）	-10.26	20.17	-11.99
等级	影响较大	影响较大	影响较大

表 3.28 2007 年与 2013 年潍坊海上新城各滨海湿地类型景观分离度、景观破碎度和斑块分维数变化评价

类型	景观分离度	景观破碎度	斑块分维数
1 天然湿地			
1.1 近海及海岸湿地			
1.1.1 淤泥质海滩	影响较大	影响较大	影响较大
1.2 沼泽及沼泽化草甸湿地			
1.2.1 芦苇沼泽	影响较大	影响一般	影响较小
2 人工湿地			
2.1 库塘湿地			
2.1.1 人工水体	影响较大	影响较大	影响一般

表 3.29 2009 年与 2013 年龙口湾海洋装备制造业集聚区景观多样性、景观优势度和景观均匀度变化评价

项目	景观多样性	景观优势度	景观均匀度
2009 年	0.594 0	0.727 9	0.383 6
2013 年	0.539 9	0.806 1	0.327 1
变化百分比（%）	-9.11	10.74	-14.73
等级	影响较大	影响较大	影响较大

表 3.30 2009 年与 2013 年龙口湾海洋装备制造业集聚区各滨海湿地类型景观分离度、景观破碎度和斑块分维数变化评价

类型	景观分离度	景观破碎度	斑块分维数
2 人工湿地			
2.1 库塘湿地			
2.1.1 人工水体	影响较小	影响较小	影响较小

3.4.2.2 集约用海对研究区滨海湿地影响评估结果

从研究区集约用海前后滨海湿地统计数据来看，潍坊海上新城研究区湿地面积总体大幅减少。从潍坊海上新城研究区湿地类型的面积变化来看，造成湿地面积较少的主要原因是人工水体的减少，芦苇沼泽和淤泥质海滩也有一定程度的减少；从潍坊海上新城研究区湿地变化分布区域来看，湿地面积的减少主要位于滨海区域，内陆湿地面积变化不大。龙口湾海洋装备制造业集聚区研究区内湿地类型仅有人工水体一种，总体面积有所减少，但减少幅度不大。

从研究区集约用海前后滨海湿地景观参数来看，潍坊海上新城研究区景观优势度增加，相应的多样性和均匀性有所减少。结合各湿地类别的具体景观参数以及其分布范围可以看出，淤泥质海滩在人类活动影响下呈现破碎化趋势，同时沿海区域盐场和养殖场减少，说明集约用海对滨海地区湿地向非湿地转变有重要影响。湿地中芦苇沼泽植被覆盖度有所增加，破碎化程度也有所增加，说明人类活动对湿地中内陆植被类型影响较大。从景观参数来看，集约用海后，人类对部分景观的干扰程度加大，在集约用海的同时仍需要加强对湿地景观的保护。龙口湾海洋装备制造业集聚区景观优势度有所减少，相应的多样性和均匀性有所减少，但人工水体的破碎度和分维数无明显变化，说明人类活动对此研究区内湿地类型影响较小。从湿地减少的驱动力因子来看，龙口湾由于湿地覆盖面积较少，集约用海活动对湿地影响很小，可以忽略不计。而潍坊海上新城区域内，湿地退化主要是由于城镇化推进，建设用地大面积占用原有湿地区域，造成湿地较大幅度退化。

综上所述，评估结果表明集约用海对潍坊海上新城研究区影响较大，对龙口湾海洋装备制造业集聚区影响较小，这表明集约用海工程对研究区内滨海湿地生态环境的影响程度是不相同的，今后在发展海洋经济的同时，应该慎重考虑由此引发的对滨海湿地的破坏，平衡不同地区的影响，注重维持和保护滨海湿地的生态环境，从而达到经济与环境协调发展的目的。

3.5 小结

本章通过集约用海类型对滨海湿地的影响分析，研制滨海湿地信息综合提取模型、景观参数遥感反演模型和基于景观格局分析与空间演变规律的滨海湿地景观变化驱动力分析模型，建立了集约用海对渤海滨海湿地景观影响的评估指标体系，包括参数集中的湿地类型、湿地分布面积、湿地植被覆盖度、景观多样性参数、景观优势度参数、景观破碎度参数和斑块分维数，评价指标集中的湿地类型面积变化、湿地植被覆盖度变化、湿地景观格局参数变化。锦州湾和莱州湾区域集约用海对滨海湿地影响评价结果表明，锦州湾区域的凌海大有临海经济产业区集约用海对滨海湿地生态环境影响较大，莱州湾区域的潍坊海上新城建设对滨海湿地影响较大，而龙口湾海洋装备制造业集聚区对湿地影响较小，为此，需要今后在发展海洋经济的同时，注重维持和保护滨海湿地的生态环境。

4　集约用海对渤海海洋资源影响评估技术研究及应用[①]

本章通过分析集约用海对港口、航道、旅游、渔业、空间和其他资源的综合影响程度，根据海洋资源特点，建立了集约用海对渤海海洋资源影响评估的指标和方法模型，并以天津滨海新区、曹妃甸、潍坊滨海新城、龙口高端产业聚集区等集约用海为例开展了应用研究。

4.1　评价指标体系构建原则

利用层次分析模型建立集约用海对海洋资源影响评价指标体系，需要着重考虑系统的层次结构以及相关要素，选取既具有典型代表意义同时又可以全面反映集约用海对海洋资源影响的特征指标。构建评价指标体系需要遵循下列几项原则。

1）能够反映集约用海开发活动的区域性影响

集约用海的影响范围不仅仅局限于围填区域，而是在大尺度范围内对海洋资源造成影响，改变沿海区域的土地利用格局、自然景观和海洋资源状况。集约用海开发活动对海洋资源影响评价多从集约用海对围填区域周围海洋资源的现状和预测进行分析评价，缺乏大范围区域性角度的综合评估判断，因此在选取集约用海对海洋资源影响评价指标时要选择能够宏观地反映集约用海对海洋资源造成影响的指标来进行评价。

2）能够反映集约用海对海域的累积性影响

集约用海可能直接改变围填区域的潮流运动特性，造成泥沙冲淤变化，可能对围填区域防洪和航运造成影响。随着集约用海项目的增多，众多集约用海对海洋资源的影响逐渐反映出累积性效应，即某个集约用海实施后出现的资源效应不是该集约用海工程单独造成的，而是多个集约用海开发活动对海洋资源影响的累积效果的体现。因此，集约用海对海洋资源的评价要考虑多个集约用海的累积影响，选取能够体现累积性集约用海效应的评价指标。

3）能够反映集约用海的关键性影响

集约用海对海洋资源影响因素众多，要注重选择能够反映集约用海对海洋资源影响的主要特征及状况的评价指标。虽然评价指标体系已经逐渐从单一性的物理化学参数发展到多方位体现自然—经济—社会系统的评价指标，但是评价指标的选择不仅要

---

① 本章由中国海洋大学负责技术研究，国家海洋局天津海洋环境监测中心站和河北农业大学分别负责天津滨海新区区域和曹妃甸区域应用研究，国家海洋局北海环境监测中心协助完成。

对评价区域的现状进行深度的理解，取得基本的数据和资料，还要对评价区域相关的动态过程有足够的认识，因此选择适宜的评价指标具有较大难度且缺乏评判标准。

集约用海开发活动对海洋资源的影响具有复合性和长期性的特点，复合性即负面影响不仅体现在一个方面或某个部分，而是多方面的负面影响会同时发生；长期性即集约用海开发活动的影响会在长时间内存在，不易消除。因此，建立评价指标体系对集约用海开发活动对海洋资源的影响进行评价时，需要选择能够体现集约用海的区域性影响和累积效应，能够反映海洋资源受影响的关键方面的评价指标。

4）可操作性原则

从评价的目的出发，尽可能选取能够很好反映集约用海对海洋资源影响的具有可比性而且易于获得的指标，且评价指标数据能够统计得到，计算方法可行。

5）层次性原则

集约用海对海洋资源影响评价是一个复杂的巨大系统，它又可以分解为低一层次的若干个小的子系统，子系统又可以由更下一层次的子系统构成。这样复杂的层次关系可以一直划分，直到具体的集约用海对海洋资源影响的因素。评价指标体系应根据评价的目的和详尽程度划分出不同层次。

6）动态性原则

集约用海对海洋资源影响是一个具有明显的动态特征的过程，用于度量和描述集约用海对海洋资源影响的评价指标体系应该能综合反映海洋资源在不同的集约用海实施阶段和背景下的状态以及未来变化的趋势。

除此之外，还要注意生态优先，科学发展的原则。生态优先原则首先为人类活动强度和方式在时空尺度上定义了一个范围，在宏观开发战略上把注重生态开发的模式放在首要位置；海陆统筹，以海定陆的原则，综合考虑海洋、陆地的资源特点，系统考察海洋、陆地的经济和社会功能，在综合评价海洋、陆地资源承载力、社会经济发展的潜力基础上，实现海洋和陆地开发的协调；综合分析，突出重点的原则，综合识别和分析集约用海开发活动对海洋资源的影响。

4.2 评价指标体系建立

4.2.1 集约用海对海洋资源影响评价指标体系建立

集约用海对港口、航道、旅游、渔业、空间和其他资源的影响评价需要进行不同层次、定性和定量多种不同指标的综合影响程度的对比分析，涉及多方案和/或多目标的决策分析，根据海洋资源特点，合理选择海洋资源评价指标。通过分析集约用海对环渤海区域海洋资源的影响，主要选取港口、航道、旅游、渔业、空间和其他资源。采用专家咨询方式，进行指标筛选，构建了环渤海区域对海洋资源影响评价指标体系（表4.1）。

表 4.1　环渤海区域集约用海对海洋资源影响评价指标体系

目标层	一级指标	二级指标
集约用海对海洋资源影响	港口、航道资源	适合建港岸线利用率
		海湾纳潮量减少率（港口、航道水域减少率）
		最大流速变化率
		港口吞吐量年增长率
	旅游资源	景观岸线损失率
		游客人数年增长率
	渔业资源	经济鱼类资源量变化率
		甲壳类资源量变化率
		底栖贝类资源量变化率
		大型藻类资源量变化率
	空间资源	海域空间利用率
		滩涂空间损失率
	其他资源	矿产资源损失率
		能源变化率

4.2.2　港航资源指标选取

集约用海改变了围填区域的地形地貌，进而改变了围填区域的潮流运动特性，造成泥沙冲淤以及污染物迁移规律的变化，并且改变了水动力条件，造成侵淤状况的变化，减弱了水环境容量和污染物扩散能力，加快了污染物在海底积聚，会导致港口、航道淤积。虽然集约用海对港航自然资源影响较大，但集约用海建设后，拉动了地方的经济增长，同时带来了经济效益。通过上述影响分析，港口、航道资源选取的评价指标见表 4.2。

表 4.2　港口、航道资源指标

一级指标层	二级指标层
港口、航道资源	适合建港岸线利用率
	海湾纳潮量减少率（港口、航道水域减少率）
	最大流速变化率
	港口吞吐量年增长率

港口、航道资源指标相关定义如下。

4.2.1.1　适合建港岸线利用率

适合建港岸线利用率是指集约用海中占用的适合建港孤自然岸线与规划用海区域

内的总岸线之比。

适合建港岸线利用率计算公式：

$$l_i = \frac{L_i}{L} \times 100\%$$

式中，l_i 为适合建港岸线利用率；L_i 为集约用海中占用的适合建港的岸线长度（km）；L 为集约用海规划的总岸线长度（km）。

4.2.1.2　海湾纳潮量

海湾纳潮量是指河口湾或袋状海湾内，介于高、低潮位之间的蓄纳潮水的空间。海湾纳潮量减少率是指集约用海后纳潮量比集约用海前纳潮量的减少率。若为开敞式水域，选取指标港口、航道水域减少率，港口、航道水域减少率为集约用海前后占用的港口、航道水域面积占集约用海前海域水域面积比。

通常采用的纳潮量计算公式：

$$W = \frac{1}{2}(S_1 + S_2)H$$

式中，S_1、S_2 分别为平均高、低潮潮位下的水域面积（m^2）；H 为其对应的潮差（m）。

遥感图像成像时间并非海湾高潮或者低潮时刻。因此，一般情况下由解译图上测出的水域面积 S 并不能直接替换公式中的 S_1 或 S_2 计算纳潮量。需要依据解译获得的水域面积，利用潮位订正的方法求出 S_1 和 S_2。潮位订正的方法有线性内插法和等价圆法，根据渤海三个海湾和两种潮位订正方法的特点，应选择线性内插法作为潮汐订正的方法。

线性内插潮位订正方法将任意海湾的面积分为随潮位变化和不随潮位变化的两部分，即：

$$S = f(h) + b$$

式中，$f(h)$ 为以潮高 h 为自变量的函数，不同海湾 $f(h)$ 的函数形式会有所差别；b 为不随潮位变化的常数。将 $f(h)$ 作泰勒级数展开，根据实际情况需要，保留合适的级数近似。线性内插法是以一级（线性）近似，海湾面积 S 可表示为：

$$S = b + kh$$

式中，b、k 为待定系数；h 为潮高（m）。

由遥感卫星图像提取两个不同潮时的水域面积，利用组成方程组直接求解或者利用最小二乘法便可求出系数 b 和 k，从而获得水域面积 S 与潮高 h 的关系式的具体表示式。代入不同潮高 h，即可计算获得不同潮位下海湾的水域面积。为了使具体表达式与实际情况接近，选用的卫星图像成像时刻应尽量接近海湾平均高潮潮位或平均低潮潮位。

4.2.1.3　最大流速变化率

最大流速变化率是指集约用海区域最大流速改变值与集约用海前流速值之比。

根据数值模拟，选取集约用海前后水动力场流速变化最大的点为特征点，对比集约用海前后特征点流速大小变化。

最大流速变化率计算公式：

$$v_i = \frac{V - V_i}{V} \times 100\%$$

式中，v_i 为最大流速变化率；V_i 为集约用海前特征点最大流速值（m/s）；V 为集约用海后最大流速值（m/s）。

4.2.1.4　港口吞吐量年增长率

港口吞吐量年增长率是指集约用海实施过程中港口吞吐量的年变化率。数据主要来源于历年港口统计年鉴。

港口吞吐量年均增长率计算公式：

$$t = \frac{T_i}{nT_j}$$

式中：t 为港口吞吐量年均增长率；T_i 为集约用海后的港口吞吐量（t）；n 为集约用海工程实施过程年限；T_j 为集约用海前的港口年吞吐量（t）。

4.2.3　旅游资源指标选取

集约用海开发活动对旅游资源的影响主要是集约用海对自然景观资源的破坏，在长期的各种自然力量的作用下，海岸、滩涂湿地、沙滩、海岛等海洋要素形成了不同海洋区域各具特色的自然风貌和海洋景观，潜在的美学价值和经济价值巨大，是海洋赋予人类的宝贵礼物。集约用海实施后，海洋自然景观被楼宇、工厂、港口、岸堤等人工建筑所取代，海岸、沙滩、海岛、滩涂湿地和靠近海岸地山体等在集约用海开发活动过程中被破坏，蜿蜒曲折的自然海岸线被人工岸线所取代，很多具有重要历史价值和美学价值的海洋景观被永久性破坏。集约用海造成海洋自然景观受损的案例很多。例如，福建省兴化湾集约用海造成滩涂湿地景观减少、景观的自然属性急剧下降，景观的破碎化程度加剧；大连的小窑湾顶沙嘴、浮渡河口是非常具有旅游价值的海洋自然景观资源，但是在集约用海后均受到了不同程度的破坏。中国南方海域的红树林海岸和珊瑚礁海岸，不仅是非常珍贵的具有特色的海洋生态系统，也是重要的海洋自然景观，但是由于不合理的集约用海造地和过度砍伐，沿海区域的天然红树林的消失面积已高达70%，其海洋自然景观价值几乎消失。与此同时，集约用海同时为旅游资源带来了效益，带来了国内外旅游人数的增加，给当地的发展带来了巨大的经济效益。为此，旅游资源评价指标选取两个指标：景观岸线变化率和游客人数年增长率，见表4.3。

表4.3　旅游资源指标

一级指标层	二级指标层
旅游资源	景观岸线变化率
	游客人数年增长率

旅游资源指标相关定义如下。

4.2.3.1 景观岸线变化率

景观岸线变化率是指集约用海占用的景观岸线与集约用海前区域内景观岸线长度之比。海岸景观是指在海陆交界处具有观赏价值的自然景色和人工景物，主要包括海岸及海上景观地貌、历史文化古迹（历史遗迹、建筑遗址、石窟石刻）等旅游景点地貌。数据来源主要采取遥感数据和现场监测相结合。

景观岸线损失率计算公式：

$$r_i = \frac{R_i}{R_j}$$

式中，r_i 为景观岸线损失率；R_i 为集约用海占用的景观岸线长度（km）；R_j 为集约用海前区域内的景观岸线长度（km）；其中海上景观被占用时按周长计为岸线景观长度（km）。

4.2.3.2 游客人数年增长率

游客人数年增长率是指集约用海实施中游客人数年变化率。数据可选取《中国海洋统计年鉴》、《山东统计年鉴》、《河北经济统计年鉴》和《辽宁统计年鉴》，统计年鉴中统计了历年各地区游客人数。

游客人数年增长率计算公式：

$$k = \frac{K_i}{nK_j}$$

式中，k 为游客人数年均增长率；K_i 为集约用海后的游客人数；n 为集约用海工程实施过程年限；K_j 为集约用海前的年游客人数。

4.2.4 渔业资源指标选取

由于利用沿海滩涂进行集约用海开发活动，满足社会经济发展对土地的需求，天然滨海湿地面积大大减少，生物多样性迅速减少，集约用海开发活动引起的滨海湿地面积的减少，对近海海域海洋生物生存环境影响严重，极大地破坏了海洋生物的栖息环境，造成海洋生物的多样性和生物密度下降，渔业养殖产量减少，许多重要的海洋经济生物鱼、虾、蟹、贝等的产卵、育苗场消失，海洋渔业资源遭到严重的损害。同时滨海湿地作为鸟类的栖息地也被削弱，生物多样性极大地下降。另外集约用海开发活动期间，工程区域的鱼类生存环境遭到很大破坏，严重破坏了鱼类的栖息环境和洄游规律，另外，疏浚回填区的贝类生物和部分底栖动物也可能遭到掩埋致死，进而导致渔场外移和海水增养殖产量的降低。

渔业资源是指具有开发利用价值的鱼、虾、蟹、贝、藻和海兽类等经济动植物的总体。渔业资源评价指标选取 4 个指标：经济鱼类资源量变化率、甲壳类资源量变化率、浅海贝类资源量变化率和大型藻类资源量变化率，见表 4.4。

表 4.4 渔业资源指标

一级指标层	二级指标层
渔业资源	经济鱼类资源量变化率
	甲壳类资源量变化率
	浅海底栖贝类资源量变化率
	大型藻类资源量变化率

渔业资源指标相关定义如下。

4.2.4.1 经济鱼类资源量变化率

经济鱼类资源量变化率是指集约用海过程中大黄鱼、小黄鱼、鲅鱼、带鱼、鳀鱼等鱼类资源量变化率。

经济鱼类资源量变化率计算公式：

$$d_i = \frac{D_j - D_i}{D_j}$$

式中，d_i 为经济鱼类资源量变化率；D_i 为集约用海后经济鱼类资源量（t）；D_j 为集约用海前经济鱼类资源量（t）。

4.2.4.2 甲壳类资源量变化率

甲壳类资源量变化率是指集约用海过程中对虾、鹰爪虾、三疣梭子蟹等甲壳类资源量损失率。

甲壳类资源量变化率计算公式：

$$c_i = \frac{C_j - C_i}{C_j}$$

式中，c_i 为甲壳类资源量变化率；C_i 为集约用海后甲壳类资源量（t）；C_j 为集约用海前甲壳类资源量（t）。

4.2.4.3 浅海底栖贝类资源量变化率

浅海底栖贝类资源量变化率指集约用海过程中菲律宾蛤仔、毛蚶、魁蚶等贝类资源量变化率。

浅海底栖贝类资源量变化率计算公式：

$$y_i = \frac{Y_j - Y_i}{Y_j}$$

式中，y_i 为浅海贝类资源量变化率；Y_i 为集约用海后贝类资源量（t）；Y_j 为集约用海前贝类资源量（t）。

4.2.4.4 大型藻类资源量变化率

大型藻类资源量变化率指集约用海过程中海带、龙须菜等其他渔业资源损失率。

大型藻类资源量变化率计算公式：

$$f_i = \frac{F_j - F_i}{F_j}$$

式中，f_i 为大型藻类资源量变化率；F_i 为集约用海后其他渔业资源量（t）；F_j 为集约用海前其他渔业资源量（t）。

4.2.5 空间资源指标选取

滨海滩涂湿地的开发具有利用空间大、成本低和收益大的特点，从20世纪50年代起，滩涂就成为我国进行集约用海开发活动的主要依托空间。近年来，随着我国沿海地区社会经济的发展，对土地资源的需求日趋强烈，滩涂湿地进一步成为拓展土地空间的重要依托，大规模的集约用海开发活动造成了大量的滩涂湿地资源迅速消失。集约用海过程中占用了大量的海域空间，围垦的陆域面积显著增加，导致了空间资源的变化。空间资源评价指标选取海域空间利用率和滩涂空间损失率。

空间资源指标相关定义如下。

4.2.5.1 海域空间利用率

海域空间利用率指集约用海实施中占用的海域面积与集约用海区域海湾面积之比。

海域空间利用率计算公式：

$$h = \frac{H_i}{H_j}$$

式中，h 为海域空间利用率；H_i 为集约用海占用的海域面积（km^2）；H_j 为集约用海总面积（km^2）。

4.2.5.2 海岸线变化率

集约用海实施后海岸线（包括人工岸线和自然岸线）的长度与集约用海前海岸线长度的比值。

海岸线变化率计算公式：

$$m = \frac{M_i}{M_j}$$

式中，m_i 为海岸线变化率；M_i 为集约用海实施后的海岸线长度（km）；M_j 为集约用海前的海岸线长度（km）。

4.2.6 其他资源指标选取

用海类型涉及集约用海工程、海上堤坝工程、跨海桥梁工程、海底管道、海洋矿产资源勘探开发及其附属工程、海洋可再生能源资源的开发利用工程等多种类型。其他资源评价指标选取2个指标：矿产资源损失率和能源资源变化率。

指标定义如下。

4.2.6.1 矿产资源损失率

矿产资源损失率指围填海区域内主要矿产资源年产量变化。

矿产资源损失率计算公式：

$$u = \frac{U_j - U_i}{U_j}$$

式中，u 为矿产资源损失率；U_i 为集约用海前矿产资源产量（t）；U_j 为集约用海后矿产资源产量（t）。

4.2.6.2　能源资源变化率

能源资源变化率是指围填海区域内主要能源资源年产量变化。

能源资源变化率计算公式：

$$p = \frac{P_j - P_i}{P_j}$$

式中，p 为能源资源变化率；P_i 为集约用海前能源资源量（kW）；P_j 为集约用海后能源资源量（kW）。

4.2.7　集约用海对海洋资源影响指标分类

为了使评价指标之间具有可比性，需要将每个评价指标的原始数据进行归一化处理，采用极差标准化方法将各评价指标值转换成0～1之间的评价指数，使评价指标无量纲化。根据各个指标对海洋资源的影响效果，可分为效益型指标和成本型指标（表4.5），其中效益型指标指有利于海洋资源利用的指标，数值越大越好；成本型指标指不利于海洋资源利用的指标，数值越小越好。根据两类影响，对各种指标采用不同的标准化方法。

表4.5　环渤海区域集约用海对海洋资源影响评价指标的分类

目标层	准则层	指标层
海洋资源影响程度	成本型	海湾纳潮量减少率（港口、航道水域减少率）
		最大流速变化率
		景观岸线变化率
		经济鱼类资源量变化率
		甲壳类资源量变化率
		浅海底栖贝类资源量变化率
		大型藻类资源量变化率
		矿产资源损失率
		能源资源变化率
		海岸线变化率
	效益型	适合建港岸线利用率
		港口吞吐量年增长率
		游客人数年增长率
		海域空间利用率

效益型指标标准化方法：

$$Y = \frac{X - X_{min}}{X_{max} - X_{min}}$$

式中，Y 为标准化指标；X 为原始指标值；X_{max} 为效益型指标的最大值；X_{min} 为效益型指标的最小值。

成本型指标标准化方法：

$$Y = 1 - \frac{X - X_{min}}{X_{max} - X_{min}}$$

式中，Y 为标准化指标；X 为原始指标值；X_{max} 为成本型指标的最大值；X_{min} 为成本型指标的最小值。标准化后所有指标取值在 0 ~ 1 之间。

4.3 评价指标权重确定

集约用海对港口、航道、旅游和空间资源的影响的评价需要进行不同层次、定性和定量多种不同指标的综合影响程度的对比分析，涉及多方案和/或多目标的决策分析，层次分析法和模糊综合评价方法是一种解决该类问题较可行、有效的方法。该方法将要评价系统的有关影响要素分解成若干层次，并以同一层次的各种要素按照上一层要素为准则，进行两两判断比较并计算出各要素的权重。

首先是建立层次结构模型，即将问题所包含的因素分层，用层次框图描述层次的递阶结构和因素的从属关系。本书将其划分为最高层、中间层和最低层。最高层表示要解决的集约用海对港口、航道、旅游和空间资源的影响程度问题的目标。中间层为实现总目标而采取的策略、准则等。当上一层次的元素与下一层次的所有元素都有联系时称完全的层次关系；也可只与下一层次的部分元素有联系，此时称不完全的层次关系。各层次间也可以建立子层次，子层次从属于主层次中某个元素，又与下一层次的元素有联系。

其次是构造判断矩阵，即以 A 表示目标；u_i 表示评价因素；$u_i \in U$（$i=1, 2, \cdots, m$）；u_{ij}表示 u_i 对 u_j 的相对重要性数值即标度（$j=1, 2, \cdots, m$），而判断矩阵的标度值由专家评判法得出。标度值及其含义如表 4.6 所示。

表 4.6 判断矩阵标度及其含义

标度 u_{ij}	含义
1	表示 u_i 与 u_j 比较，具有同等重要性
3	表示 u_i 与 u_j 比较，u_i 比 u_j 稍微重要
5	表示 u_i 与 u_j 比较，u_i 比 u_j 明显重要
7	表示 u_i 与 u_j 比较，u_i 比 u_j 强烈重要
9	表示 u_i 与 u_j 比较，u_i 比 u_j 极端重要
2，4，6，8	上述两相邻判断的中值
倒数	表示 u_i 与 u_j 比较得 u_{ij}，则 u_j 与 u_i 比较得 $u_{ji} = \frac{1}{u_{ij}}$

由上述标度值的意义得到判断矩阵 P（也称之为 $A-U$ 判断矩阵）：

$$P=\begin{bmatrix} u_{11} & u_{12} & \cdots & u_{1m} \\ u_{21} & u_{22} & \cdots & u_{2m} \\ \vdots & \vdots & & \vdots \\ u_{m1} & u_{m2} & \cdots & u_{mm} \end{bmatrix}$$

在确定判断矩阵基础上，再进行重要性排序计算，即由 $A-U$ 矩阵，求出最大特征值所对应的特征向量。所求单位特征向量即为各评价因素的权重，也就是所设定目标优先等级的权重。本书采用和积法计算：

①将判断矩阵每一列归一化：$\overline{u_{ij}}=\frac{u_{ij}}{\sum_{k=1}^{m}u_{kj}}$，$(i,j=1,2,\cdots,m)$；

②每一列经归一化后的判断矩阵按行相加：

$$\overline{w_i}=\sum_{j=1}^{m}\overline{u_{ij}}，(i=1,2,\cdots,m)；$$

③对向量 $\bar{w}=(\overline{w_1},\overline{w_2},\cdots,\overline{w_m})$ 做归一化处理：

$$w_i=\frac{\overline{w_i}}{\sum_{j=1}^{m}\overline{w_j}}，(i=1,2,\cdots,m)；$$

即得所求权向量：$w=(w_1,w_2,\cdots,w_m)$

④计算最大特征值：$\lambda_{\max}=\frac{1}{m}\sum_{i=1}^{m}\frac{(Pw^T)_i}{w_i}$。

⑤检验。

对判断矩阵进行一致性检验，使用公式：

$$CR=\frac{CI}{RI}，CI=\frac{1}{m-1}(\lambda_{\max}-m)$$

其中，CR 为判断矩阵的随机一致性比率；CI 为判断矩阵的一般一致性指标；RI 为判断矩阵的平均随机一致性指标。

在对评价指标分指标进行分析时用到德尔菲法，在德尔菲法中进行三轮的问卷打分，每次不少于 15 人。对相对重要性指标的数据处理和表达，德尔菲法主要应用于评价和预测。所以经常会遇到预测事件实现的先后，评价事物质量的优劣，评价在实现特定目标的过程中一些手段、途径或条件的地位的主次等情况。而各个专家对于这类问题的意见通常用数字（即评分——相对评分或绝对评分）来表达，这样就存在一个数据处理问题。经过数据处理以后，这类先后、优劣、主次的结果，都可以用评分数值（比如十分制、百分制、名次等）来表示相对重要性，通常采用专家意见的集中程度和协调程度等指标来衡量。

德尔菲法中专家意见的集中程度可以有下列几种常用的表示方法。

4.3.1　评分加权算数平均值

组织者先将全部专家对所有评价对象的评分值用表列出，见表4.7。

表4.7　评价对象相对重要性评分法

专家＼对象	1	2	^…	j	…	n
1	C_{11}	C_{12}	…	C_{1j}	…	C_{1n}
2	C_{21}	C_{22}	…	C_{2j}	…	C_{2n}
…	…	…	…	…	…	…
I	C_{i1}	C_{i2}	…	C_{ij}	…	C_{in}
…	…	…	…	…	…	…
M	C_{m1}	C_{m2}	…	C_{mj}	…	C_{mn}

注：C_{ij}是i专家对j对象的评分，其中，m表示专家的人数，n表示评价对象数。

根据表4.7，各对象所得评分的算术平均值可按下式求出：

$$C_i = \frac{1}{m'}\sum_{j=1}^{m'} C_R C_{ij}$$

式中，C_i为第i个评价指标专家打分的加权算术平均值；C_{ij}为专家j对评价指标i的打分值；C_R为专家权威程度，为专家咨询问卷收回份数。在评分采用十分制或百分制的情况下（当然也可以采用其他分制），算术平均值的值为0～10分或0～100分，值越大则该对象（方案、技术、产品）的相对重要性越大。

4.3.2　变异系数

变异系数是衡量专家评价相对离散程度的重要指标，它反映的是专家对对象相对重要性评价的协调程度，亦即专家评价的一致程度。

$$\sigma_i = \sqrt{D_i} = \sqrt{\frac{1}{m_i}\sum_{i=1}^{m_i}(C_{ij} - C_i)^2}$$

$$V_i = \frac{\sigma_i}{C_i}$$

式中，σ_i为评价指标i的标准差，为专家对评价指标i的均方差；C_{ij}为专家j对评价指标i的打分值；m_i为对评价指标i打分的专家总人数；V_i为评价指标i的变异系数；C_i为第i个评价指标专家打分的加权算术平均值。

由上式可见，变异系数V_j是全部专家对j对象评价的标准差与算术平均值之比，V_j值越小，说明专家意见的协调程度越高，即一致性越好。

4.3.3 信度分析

肯德尔 W 系数又称肯德尔和谐系数，是表示多列等级变量相关程度的一种方法，它适用于两列以上等级变量。

肯德尔和谐系数计算：

$$W = \frac{\sum R_i^2 - \frac{\left(\sum R_i^2\right)^2}{N}}{\frac{1}{12}K^2(N^3 - N)}$$

式中，W 为肯德尔和谐系数；K 为专家总人数；N 为调查表中评价指标个数；R_i 为第 i 个指标评分。

分析步骤：应用 spss 软件，Analyze ⟶Nonparametric Tests ⟶K Related Sample ⟶所有变量移入 Test Variables ⟶选择 Kendalls W。

4.3.4 信度检验

当专家人数在 3 ~ 20 人之间，评价指标数大于 8 时，将肯德尔和谐系数 W 的值转换为值，再进行检验，自由度为 df，专家打分人数为 n。查 χ^2 表，求得的 W 达到极显著水平，来确定评分者评定等级的一致性。

本书通过采用层次分析法和德尔菲法相结合的方法进行集约用海对海洋资源影响评价指标权重的确定。利用层次分析法确定资源受集约用海影响程度不同，将集约用海区域分为三类：第一类，主要受影响资源为港口、航道资源；第二类，主要受影响资源为旅游资源；第三类，主要受影响资源为渔业增殖资源。第一类主要受影响资源为港口、航道资源，集约用海影响最大的指标为港口、航道资源指标。而在港口、航道海域也有旅游资源，从而达到港口和旅游兼顾的功能。因此旅游指标作为其次重要的指标。但是在港口、航道海域进行大规模养殖的情况较为少见，渔业资源指标的权重相对较轻。

第一类主要受影响资源为港口、航道资源。首先构建层次结构矩阵，以主要受影响资源为港口、航道资源，根据专家打分获得指标两两比较的结构矩阵见表 4.8。

表 4.8 主要受影响资源为港口、航道资源的判断矩阵

评价指标	港口、航道资源	旅游资源	渔业资源	空间资源	其他资源
港口、航道资源	1	4	3	4	5
旅游资源	1/4	1	1/2	1	2
渔业资源	1/3	2	1	2	3
空间资源	1/4	1	1/2	1	2
其他资源	1/5	1/2	1/3	1/2	1

求矩阵的特征向量和特征根可得：

特征向量 $V1$ =（0. 479 46，0. 119 94，0. 210 10，0. 119 94，0. 070 56）；特征根 $D1$ =5. 051 68；一次性指标 CI = 0. 0129 2；随机一次性指标 RI = 1. 12；一次性比率 CR =0. 011 53。满足判断矩阵一致性要求。主要受影响资源为港口、航道资源，其权重值见表 4. 9。

表 4. 9 主要受影响资源为港口、航道资源的权重值 %

评价指标	港口、航道资源	旅游资源	渔业资源	空间资源	其他资源
各指标权重	47. 95	11. 99	21. 01	11. 99	7. 06

第二类主要受影响资源为旅游资源，集约用海影响最大的指标为旅游资源指标。首先构建层次结构矩阵，以主要受影响资源为旅游资源，根据专家打分获得指标两两比较的结构矩阵见表 4. 10。

表 4. 10 主要受影响资源为旅游资源的判断矩阵

评价指标	港口、航道资源	旅游资源	渔业资源	空间资源	其他资源
港口、航道资源	1	1/3	1/2	2	3
旅游资源	3	1	1. 5	3	4
渔业资源	2	2/3	1	2	3
空间资源	1/2	1/3	1/2	1	2
其他资源	1/3	1/4	1/3	1/2	1

求矩阵的特征向量和特征根可得：特征向量 $V1$ =（0. 173 17，0. 378 51，0. 257 09，0. 118 68，0. 072 56）；特征根 $D1$ =5. 098 62；一次性指标 CI =0. 024 66；随机一次性指标 RI =1. 12；一次性比率 CR =0. 022 01，满足一致性要求。主要受影响资源为旅游资源的权重值见表 4. 11。

表 4. 11 主要受影响资源为旅游资源的权重值 %

评价指标	港口、航道资源	旅游资源	渔业资源	空间资源	其他资源
各指标权重	17. 32	37. 85	25. 71	11. 89	7. 26

第三类主要受影响资源为渔业资源。集约用海影响最大的指标为渔业资源指标。首先构建层次结构矩阵，主要受影响资源为渔业资源，根据专家打分获得指标两两比较的结构矩阵见表 4. 12。

表 4.12　主要受影响资源为渔业资源的判断矩阵

评价指标	港口、航道资源	旅游资源	渔业资源	空间资源	其他资源
港口、航道资源	1	1/2	1/3	2	3
旅游资源	2	1	1/2	4	5
渔业资源	3	2	1	5	6
空间资源	1/2	1/4	1/5	1	2
其他资源	1/3	1/5	1/6	1/2	1

求矩阵的特征向量和特征根可得：特征向量 $V1 =$ （0.151 36，0.277 72，0.432 74，0.083 90，0.054 27）；特征根 $D1 = 5.054\ 78$；一次性指标 $CI = 0.013\ 70$；随机一次性指标 $RI = 1.12$；一次性比率 $CR = 0.012\ 23$，主要受影响资源为渔业资源的权重值见表 4.13。

表 4.13　主要受影响资源为渔业资源的权重值　%

评价指标	港口、航道资源	旅游资源	渔业资源	空间资源	其他
各指标权重	15.14	27.77	43.27	8.39	5.43

利用德尔菲法计算指标体系的二级指标权重，第一轮专家咨询问卷发放 20 份，收回 16 份；第二轮发放 16 份，收回 14 份；第三轮专家咨询发放问卷 14 份，收回 14 份。根据调查结果确定的专家意见积极系数 K、肯德尔和谐系数 W、换算的卡方 χ^2 和可信概率 P 的值见表 4.14。

表 4.14　调查结果统计

系数	第一轮数据	第二轮数据	第三轮数据
K	80.0%	87.5%	100%
W	0.064	0.103	0.237
χ^2	12.19	18.32	21.06
P	<0.25	<0.10	<0.10

根据统计结果可知，第一轮专家咨询的专家积极系数为 80.0%，表明专家积极性较高。进行可信分析，$\chi^2 > \chi^2_{(19)0.25}$，表明专家意见比较分散。第二轮专家咨询的专家积极系数为 87.5%，表明专家积极性更高。进行可信分析，$\chi^2 > \chi^2_{(19)0.1}$，表明专家意见已基本一致。第三轮专家咨询的专家积极系数为 100%，表明评分者评定的等级一致性很高，集约用海工程对海洋资源影响评价指标的调查咨询结果可信度较高。集约用海对海洋资源影响评价指标综合权重值见表 4.15。

表 4.15 集约用海对海洋资源影响评价指标综合权重值

目标层	一级指标	二级指标	权重值（%）
集约用海对海洋资源影响	港口、航道资源	适合建港岸线利用率	32
		海湾纳潮量减少率（港口、航道水域减少率）	22
		最大流速变化率	16
		港口吞吐量年增长率	30
	旅游资源	景观岸线变化率	56
		游客人数年增长率	44
	渔业资源	经济鱼类资源量变化率	16
		甲壳类资源量变化率	28
		底栖贝类资源量变化率	42
		大型藻类资源量变化率	14
	空间资源	海域空间利用率	45
		海岸线变化率	55
	其他资源	矿产资源损失率	35
		能源变化率	65

4.4 评价方法与等级划分

4.4.1 评价方法

评价得分计算公式为：

$$I = \sum_{i=1}^{n} A_i \times U_i$$

式中，I 为集约用海对海洋资源影响程度的定量化得分；A_i 为各大类指标的权重；$\sum_{i=1}^{n} A_i = 1$；U_i 为各大类评价指标，其中：

$$U_i = \sum_{j=1}^{n} A_j \times V_i$$

式中，A_j 为各小类指标的权重；$\sum_{j=1}^{n} A_j = 1$；V_i 为各小类评价指标标准值。

4.4.2 评价工作等级划分

集约用海对海洋资源的影响评价等级划分为 3 级（表 4.16），其中，集约用海对海洋资源的影响评价比较理想的得分是 0.6 ~ 1，表示集约用海对海洋资源影响可接受；集约用海对海洋资源的影响评价在 0.4 ~ 0.6 时，表示集约用海对海洋资源影响有条件接受；集约用海对海洋资源的影响评价在 0.0 ~ 0.4 时，表示集约用海对海洋资源影响不可接受。

表 4.16 环渤海区域集约用海对海洋资源影响程度判据

I	0.0～0.4	0.4～0.6	0.6～1.0
影响程度	较大	一般	较小
接受程度	不可接受	有条件接受	可接受

4.5 天津滨海新区集约用海对海洋资源影响评价

天津滨海新区雄踞环渤海经济圈的核心位置，直接面向东北亚和迅速崛起的亚太经济圈，置身于世界经济的整体之中，内陆腹地广阔，区位优势明显，产业基础雄厚，增长潜力巨大，是我国参与经济全球化和区域经济一体化的重要窗口。党的十六届五中全会和十届全国人大四次会议将天津滨海新区纳入国家“十一五”总体发展战略。2006 年 5 月 26 日国务院下发的《关于推进滨海新区开发开放有关问题的意见》（国发〔2006〕20 号），明确了天津滨海新区的功能定位为：“依托京津冀、服务环渤海、辐射‘三北’、面向东北亚，努力建设成为我国北方对外开放的门户、高水平的现代制造业和研发转化基地、北方国际航运中心和国际物流中心，逐步成为经济繁荣、社会和谐、环境优美的宜居生态型新城区。”目前天津滨海新区实施的区域建设用海规划包括：《天津临港工业区二期工程区域建设用海总体规划》、《天津南港工业区区域建设用海规划》、《天津临港工业区二期工程区域建设用海总体规划》等，规划批准填海面积 8 997 hm^2。

4.5.1 评价指标选择及权重确定

据统计，2007 年天津市海域使用总面积约 238.4 km^2，其中以港口、航道为主的交通运输用海面积最大，为 161.2 km^2；其次为填海项目用海面积 45.3 km^2；渔业用海面积 15.7 km^2；排污倾废用海面积 8.2 km^2；旅游娱乐用海面积 0.7 km^2；特殊用海面积 5.7 km^2；工矿用海面积 1.6 km^2。现在，天津市集约用海功能区主要包括：北疆电厂、天津滨海信息产业创新园、中心渔港、滨海旅游区、天津港、临港经济区、南港工业区。各功能区的功能划分情况以及天津市已利用海岸线情况（表 4.17）都表明天津市集约用海主要是以港口、航道为主，因此属于第一类主要用海（主要受影响资源为港口、航道资源）。其评价指标权重见表 4.18 和表 4.19。

表 4.17 天津市已利用海岸线情况（截至 2010 年，天津市海洋局统计资料）

序号	用海项目名称	占用海岸线长度/m	所属地区	用海类型
1	天津港港池	23 393.532 9	塘沽	港口用海
2	南疆一期和下游局吹泥场	3 322.191 7	塘沽	港口用海
3	南疆二期围埝	1 252.622 6	塘沽	港口用海
4	东疆港区	12 226.244 3	塘沽	港口区
5	南疆南围埝工程	3 648.519 9	塘沽	港口用海

续表

序号	用海项目名称	占用海岸线长度/m	所属地区	用海类型
6	南港工业区	10 000	大港	港口用海
7	泰达北区填海造陆	4 444.008	塘沽	港口用海
8	临港产业区	6 975.086	塘沽	港口用海
9	洒金坨村东养虾池	2 332.995 1	汉沽	海水养殖
10	洒金坨村西养虾池	1 245.447 4	汉沽	海水养殖
11	营城镇大神堂村虾塘	1 006.750 3	汉沽	海水养殖
12	张洪义虾池 1 ~2	375.952 8	大港	海水养殖
13	康金山虾池	213.183 9	大港	海水养殖
14	程汝峰虾池	1 096.841 3	大港	海水养殖
15	杨军虾池	988.174 8	大港	海水养殖
16	水产增殖站	1 124.000 4	大港	海水养殖
17	马棚口二村虾池 1	1 052.256 7	大港	海水养殖
18	马棚口二村虾池 2	2 683.158 7	大港	海水养殖
19	马棚口一村虾池	1 700.321 9	大港	海水养殖
20	洒金坨养殖区规划	4 777.518 1	汉沽	渔业用海
21	中心渔港	2 008.442 7	汉沽	渔业用海
23	中心渔港航道	—	汉沽	渔业用海
24	马棚口一村虾池	2 333.922 8	大港	渔业用海
25	国际游乐港	2 364.187 3	汉沽	旅游用海
26	海滨浴场	2 633.944 9	塘沽	旅游用海
27	东方游艇会	1 984.497 7	汉沽	旅游娱乐
28	驴驹河生活旅游区规划	8 310.328 8	塘沽	旅游娱乐
29	临港工业	2 981.696 8	塘沽	工业、填海
30	大港油田第一作业区导堤	1 508.210 1	大港	工矿用海
31	大港电厂泵站取水口	—	大港	其他用海
32	大港电厂引水渠	301.997 5	大港	其他用海
33	独流减排泥场等	903.994	大港	其他用海
34	海河口	2 431.494 5	塘沽	其他用海
35	北疆电厂引水渠	283.321 4	汉沽	其他用海
36	永定新河口排泥场	1 247.381	塘沽	其他用海
37	永定新河泄洪区	16 962.460 6	塘沽	泄洪区
38	海河泄洪区	4 207.071 5	塘沽	泄洪区
39	独流减河泄洪区	1 002.213 3	大港	泄洪区
40	子牙新河泄洪区	7 393.683 4	大港	泄洪区

表 4.18　主要受影响资源为港口、航道资源权重值

评价指标	港口、航道资源	旅游资源	渔业资源	空间资源	其他资源
各指标权重（%）	48	12	21	12	7

表 4.19　渤海湾区域集约用海对海洋资源影响二级评价指标权重值

目标层	一级指标	二级指标	权重值（%）
集约用海对海洋资源影响	港口、航道资源	适合建港岸线利用率	32
		海湾纳潮量减少率（港口、航道水域减少率）	22
		最大流速变化率	16
		港口吞吐量年均增长率	30
	旅游资源	景观岸线变化率	65
		游客人数年均增长率	35
	渔业资源	经济鱼类资源量变化率	15
		甲壳类资源量变化率	20
		底栖贝类资源量变化率	47
		大型藻类资源量变化率	18
	空间资源	海域空间利用率	57
		海岸线变化率	43
	其他资源	矿产资源变化率	46
		能源资源变化率	54

4.5.2　评价指标数据量化

4.5.2.1　对港口、航道资源的影响指标

1）适合建港岸线利用率

表4.20为截至2010年天津市港口沿海岸线利用情况。根据适合建港岸线利用率定义，由表4.20可以看出适合建港占用的自然岸线截至2010年为41 km，而天津滨海新区的岸线总长为153.669 km，因此天津市适合建港岸线总利用率为26.68%，为效益型指标。

表 4.20　天津市港口沿海岸线利用情况规划　单位：km

岸线名称	岸线起讫点	规划港口岸线				已利用港口岸线	
		占用自然岸线长度	形成港口岸线长度	深水岸线	预留港口岸线	已利用岸线长度	深水岸线
北塘岸线	塘汉交界—永定新河口北侧	1.0	9.8	9.8	4.6	0.0	0
东疆岸线	永定新河南侧—北疆杂货码头东侧	0.0	16.8	16.8	0.0	2.7	2.7
北疆岸线	北疆杂货码头东侧—海河船闸	13.3	21.2	21.2	0.0	15.2	15.2
南疆岸线	海河船闸—南疆铁路桥下游	1.0	26.2	26.2	8.0	9.9	9.9
临港工业区岸线	大沽排污河口—津沽二线延长线	7.5	23.6	23.6	0.0	0.5	0.5

续表

岸线名称	岸线起讫点	规划港口岸线				已利用港口岸线	
		占用自然岸线长度	形成港口岸线长度	深水岸线	预留港口岸线	已利用岸线长度	深水岸线
临港产业区岸线	津沽二线延长线—海滨浴场以南 1.7 km 处	9.6	37.0	37.0	14.1	1.9	1.9
大港岸线	独流减河南治导线—子牙新河口北 2.0 km 处	8.6	31.1	31.1	21.7	0.0	0.0
小计		41	165.7	165.7	48.4	30.2	30.2

注：截至 2010 年，天津市海洋局提供。

2）纳潮量减小率（港口、航道水域减小率）

孟伟庆等（2012）在天津滨海新区集约用海的生态环境影响分析中对天津滨海新区段 1979 年以来纳潮量变化统计见表 4.21。从表 4.21 可知，2004 年集约用海前的纳潮量为 2 168.06 $\times 10^8$ m^3，2010 年纳潮量为 1 916.04 $\times 10^8$ m^3，则前后纳潮量减少百分比为 11.6%。

表 4.21 1979—2010 年以来纳潮量变化统计

年份	1979	1993	2004	2009	2010
纳潮/（$\times 10^8$ m^3）	2 220.38	2 190.21	2 168.06	2 086.75	1 916.04
与 1979 年相比纳潮减少比例（%）	—	1.36	2.36	6.02	13.71

3）最大流速变化率

根据数值模拟结果，渤海湾涨急时潮流场流向基本是 W—WSW 向，在渤海湾北部潮流由西向流转为北西向流，最大流速发生在曹妃甸附近海域，流速值约为 72 cm/s。渤海湾落急时潮流场流向基本为 E—ENE 向，在渤海湾北部潮流由南东向流转为东向流，最大流速值为 70 cm/s。渤海湾天津集约用海区域海流基本属于往复流，涨潮流主流向 NW，落潮流主流向 SE，涨潮流流速大于落潮流流速。由岸边向外海随着水深的增加，最大流速逐渐增大。围填海工程前后，天津海域海水流速和流向的变化均主要集中在沿岸海域，其中，海水流速变化最大可达 0.3 m/s 以上，主要集中在南部南港和临港附近海域，由于围填海工程的建设，导致海水流速减小，而北部的北疆电厂、中心渔港附近部分海域围填海工程后，流速略有增大，流速最大增大值在 0.1 m/s 左右，东疆港和滨海旅游区附近海域海水流速也略有变化，随着远离海岸，流速的变化逐渐减小。可见，集约用海前后渤海湾最大流速变化率为 -41.67%，属于成本型指标。

4）港口吞吐量年均增长率

根据《中国港口统计年鉴》港口吞吐量年均增长率数据分析，从表 4.22 可知，从 2004 年集约用海开始到 2011 年港口吞吐量年均增长率为 17.1%。

表 4.22　2004—2011 年天津港口吞吐量　单位：$\times 10^4$ t

年份	2004 年	2005 年	2006 年	2007 年	2008 年	2009 年	2010 年	2011 年
吞吐量	20 619	24 044	25 759	30 946	35 593	38 111	41 325	45 338

4.5.2.2　对旅游资源的影响指标

1）景观岸线变化率（湿地面积变化率）

鉴于缺少对天津市集约用海前后景观岸线的统计，以滨海新区湿地面积变化代替景观岸线变化作为衡量景观资源变化的量。从统计数据来看（图 4.1），滨海新区湿地总面积 1979 年为 206 931.42 m²，占滨海新区总面积的 59.9%（总面积为 3 455.5 km²），最高为 1993 年的 227 052.63 m²，占滨海新区总面积的 65.7%，是 1979 年的 1.09 倍，增加比例不是很大。整体上虽然滨海新区湿地面积很大，但除滨海湿地外，主要以人工湿地为主，自然湿地所占比重低。从面积上看，滨海新区湿地面积变化不大，2004—2008 年的 4 年间略有减少，是由于人工填海造成的。因此，我们将 2004 年与 2008 年间滨海湿地面积的变化作为集约用海前后景观资源的变化，因此，集约用海前后湿地面积变化率约为 91%，为成本型指标。

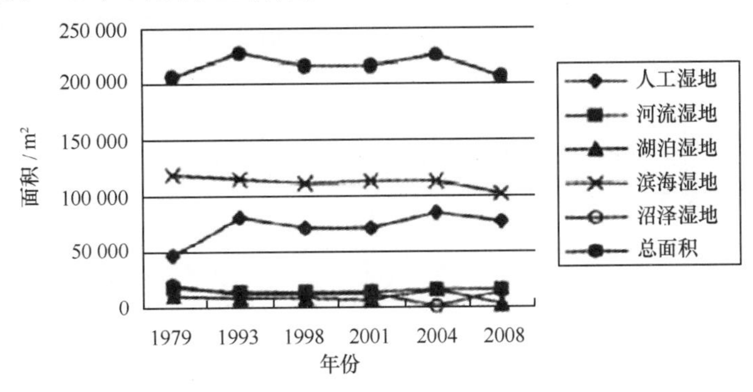

图 4.1　滨海新区湿地面积的变化

2）游客人数年增长率

游客人数年增长率是指集约用海实施前后游客每年数量之比。由《中国旅游业统计公报》得到天津年接待入境旅游人数。从表 4.23 可知从 2004 年集约用海开始到 2011 年，考虑集约用海前 2005 年和集约用海后 2011 年的旅客人数为特定年份，计算旅客人数年增长率为 21.1%。

表 4.23　2004—2011 年天津接待入境旅游人次　单位：万人次

年份	2004 年	2005 年	2006 年	2007 年	2008 年	2009 年	2010 年	2011 年
旅游人次	61.59	74.01	88.06	103.23	122.04	141.02	166.07	200.44

4.5.2.3 对渔业资源的影响指标

渔业资源指标包含4个指标：经济鱼类资源量变化率、甲壳类资源量变化率、浅海底栖贝类资源量变化率、大型藻类资源量变化率。鉴于天津滨海海域大型藻类资源较少，选用“其他渔业资源”指标替代“大型藻类资源”指标，其他渔业资源包括乌贼、鱿鱼、章鱼、海蜇等。

由《渔业统计年鉴》可以得到2004年至2011年海水捕捞鱼种和海水养殖产量，见表4.24和表4.25。由表中可由每年的渔业资源各种鱼类总和计算出各种鱼类的年平均变化率，其中，经济鱼类资源量变化率为38.6%，甲壳类资源量变化率为4.0%，浅海底栖贝类资源量变化率为68.2%，其他渔业资源量变化率为77.4%。

表4.24 2005—2011年渔业资源海水捕捞产量变化 单位：t

年份	海水捕捞总量	经济鱼类	甲壳类	贝类	其他鱼类
2004	37 975	17 031	5 760	3 868	11 316
2005	38 038	16 860	4 593	8 249	8 336
2006	32 827	17 470	3 680	4 572	7 105
2007	30 185	14 718	2 759	5 959	6 749
2008	18 777	9 186	2 603	4 522	2 466
2009	16 458	8 572	2 766	3 892	1 228
2010	15 754	8 349	2 780	2 624	2 001
2011	17 051	10 242	2 218	3 066	1 525

表4.25 2005—2011年渔业资源海水养殖产量变化 单位：t

年份	海水养殖总量	经济鱼类	甲壳类	贝类	其他鱼类
2004	10 613	1 741	7 965	0	482
2005	10 925	1 502	8 913	0	500
2006	16 457	1 738	14 719	0	0
2007	14 215	2 193	11 541	0	481
2008	14 082	1 592	12 334	0	156
2009	14 067	2 142	11 925	0	0
2010	14 212	2 952	11 260	0	0
2011	13 305	3 454	9 846	0	5

4.5.2.4 对空间资源的影响指标

1）海域空间利用率

2000—2012年天津市围填海面积统计结果见表4.26，其中2008—2010年、2010—2011年是天津市围填海活动最剧烈的两个时期，围填海面积分别为130.64 km^2 和

104.47 km^2，2000—2005 年、2005—2008 年和 2011—2012 年天津围填海活动相对缓慢，围填海面积分别为 34.87 km^2、43.68 km^2 和 37.41 km^2。天津市的海域面积约为 3 000 km^2，2000—2012 年总的围填海面积为 351.07 km^2，根据定义，集约用海海域空间利用率约为 11.7%，为效益型指标。

表 4.26　2000—2012 年天津市围填海面积统计　　单位：km^2

年度	2000—2005	2005—2008	2008—2010	2010—2011	2011—2012
面积	34.87	43.68	130.64	104.47	37.41

2）海岸线变化率

1983 年开始的天津市海岸带和海涂资源综合调查，以 1983 年 1∶50 000 地形图为底图，对经国家测绘总局批准认可的海岸线进行量算，并经过 1985 年、1986 年两次修订，于 1986 年报经国家测绘局批准确定天津市海岸线的长度为 153.334 km（自涧河口至歧口）。根据 2002 年国务院批准的陆域勘界津冀省际线北界，153.334km 含涧河口至目前津冀省际线北界之间的 2.4 km，1983 年调查结果实际应为 153.334 - 2.4 = 150.934 km。1983 年调查的海岸线 150.934 km 由于没有确定的资料，这里我们认为是大陆岸线。现在的大陆岸线较 1983 年增长 2.266（153.200 - 150.934）km，虽然大陆岸线增加的绝对长度不大，但岸线走向和利用情况却发生了很大的变化。

2002 年区域用海海岸线：与 1983 年的历史状况相比，2002 年北部汉沽区境内的海岸线随着一连串产业开发活动（由南到北依次临海新城的围海建设、妈祖经贸园的围海建设、中心渔港、信息产业创新基地和北疆电厂）的进行已发生了很大的变化。而海岸线变化最大的部分是天津港岸线，从 1983 年的 24.57 km 增加到现在的 38.83 km，岸线增加长度约 14.26 km，增幅达 58%。大港区境内的岸线变动主要是因为 20 年来大港区大规模开展的围海养殖活动，使大港北部地区的海岸线向海推进了约 2 km，形成围垦潮间带面积达 2.34 km^2。

2005 年区域用海海岸线：汉沽区出现一个八卦滩滨海旅游区，岸线增加 0.516 km；塘沽区天津港岸段，随着天津港南疆港区的进一步拓宽和延长工程使岸线增加 0.852 km以及临港工业区的围填海建设使岸线增加 11.716 km；大港区南港工业区开始小区域围建，使得岸线长度增加约 1.075 km，3 个区域岸线总增加长度为 14.159 km。

2008 年区域用海海岸线：岸线变化主要发生在汉沽区和塘沽区，汉沽区由于与塘沽相邻区域天津港东疆港区的围海建设以及修建人工海挡和海防路过程中对原本较曲折的岸线进行了“裁弯取直”，使这一段岸线更为平滑，据测算，这一地区约有 4.39 km 的岸线被“裁弯取直”；塘沽区天津港东疆港区的围填海建设使岸线长度直接增加 26.151 km，对区域初始岸线造成了巨大变化，3 个区域岸线总增加长度为 21.761 km。

2010 年区域用海海岸线：汉沽区由于北疆电厂、中心渔港和中新生态城的围填海建设使汉沽区岸线大大延长，岸线比 2008 年直接增加 30.721 km；塘沽区天津港东疆邮轮母港与北疆港区港池资源也进一步扩大和浚深以及南疆港区进一步围填海拓宽和延长等工程的实施，使塘沽区天津港岸线长度迅猛增加到 84.256 km，比 2008 年增加了 26.774 km；与此同时，临港工业区、临港产业区的飞速围填海建设使岸线长度达到 54.993 km，2008 年时临港工业区初始建成区域岸线仅为 11.716 km，临港工业区和产业区段 2010 年岸线长度比 2008 年增加 25.216 km；大港区由于南港工业区的围填海建设，占用原始岸线 10 km，新增人工岸线 12.868 km，使得大港区岸线长度增加 2.868 km，3 个区域岸线总增加长度为 85.579 km。

根据表 4.27 可知，2000—2010 年间天津市沿海岸线共增加了 121.499 km，相对于 1983 年 150.934 km 的岸线长度，增幅达 80.5%，根据定义，集约用海前后海岸线变化率为 80.5%，为成本型指标。

表 4.27 2000—2010 年遥感影像显示不同时间区间岸线变化情况一览表

时间	变化区域	岸线长度变化	资料来源
2000—2005 年	汉沽区、塘沽区和大港区	汉沽区增加 0.516 km，塘沽区增加 12.568 km，大港区增加 1.075 km，总体增加 14.159 km	中国科学院遥感与数字地球研究所卫星遥感解译数据
2005—2008 年	汉沽区和塘沽区	汉沽减少 4.39 km，塘沽区增加 26.151 km，总体增加 21.761 km	
2008—2010 年	汉沽区、塘沽区和大港区	汉沽区增加 30.721 km，塘沽区增加 51.990 km，大港区增加 2.868 km，总体增加 85.579 km	

4.5.2.5 对其他资源的影响指标

天津市其他资源主要包括海盐、淡水与油气资源。天津市海岸带是海盐生产的理想场所，拥有 390 km^2 盐田，加之年蒸发量大、风多等优越的气候条件，对海盐生产十分有利。每年海盐产量达 200×10^4 t 以上。长芦盐区是我国最大的海盐生产基地之一，为海洋化工的发展提供了原料来源。天津市海水利用具有一定基础，目前淡化水量为 6 000 m^3/d，替代淡水量为 0.3×10^8 m^3。天津市海岸带拥有丰富的石油、天然气资源。探明石油地质储量为 $21\ 789\times10^4$ t，探明天然气地质储量为 623.56×10^8 m^3。鉴于缺少矿产资源与能源资源在集约用海前后的统计资料，因此分别用海洋海盐产业产值（亿元）与油气产业产值（亿元）来代替两者作为二级指标。

1）矿产资源变化率

1996—2005 年间天津市海盐产业产值年际变化并不明显，将 1996—1999 年海盐产业年均产值作为集约用海前矿产资源量（5.97 亿元），2000—2005 年海盐产业年均产值作为集约用海后矿产资源量（5.783 3 亿元），根据定义，集约用海前后矿产资源变化率为 14.06%，为成本型指标。

2）能源资源变化率

从2001年起，油气产业产值增长迅速。同样，我们将1996—1999年油气产业年均产值作为集约用海前能源资源量（33.737 5亿元），2000—2005年油气产业年均产值作为集约用海后能源资源量（154.388 3亿元），根据定义，集约用海前后能源资源变化率为78.15%，为成本型指标。

4.5.3　集约用海对海洋资源影响评价

由上述分析得到的天津市集约用海对海洋资源影响的成本型指标有：海湾纳潮量减少率、最大流速变化率、景观岸线变化率、经济鱼类资源量变化率、甲壳类资源量变化率、浅海底栖贝类资源量变化率、大型藻类资源量变化率、矿产资源变化率、能源资源变化率和海岸线变化率。效益型指标有适合建港岸线利用率、港口吞吐量年均增长率、游客人数年均增长率与海域空间利用率。根据成本型指标与效益型指标的标准化方法将各指标值进行标准化，结果见表4.28。评价指标权重见表4.29。

表4.28　滨海新区集约用海工程对海洋资源影响评价指标值

<table>
<tr><th rowspan="2">目标层</th><th rowspan="2">准则层</th><th colspan="3">指标层</th></tr>
<tr><th>评价指标</th><th>原始值（%）</th><th>标准值（%）</th></tr>
<tr><td rowspan="14">海洋资源影响程度</td><td rowspan="10">成本型指标</td><td>海湾纳潮量减少率（港口、航道水域减少率）</td><td>11.6</td><td>56.40</td></tr>
<tr><td>最大流速变化率</td><td>-41.67</td><td>100</td></tr>
<tr><td>经济鱼类资源量变化率</td><td>38.6</td><td>34.30</td></tr>
<tr><td>浅海底栖贝类资源量变化率</td><td>68.2</td><td>10.07</td></tr>
<tr><td>大型藻类资源量变化率</td><td>77.4</td><td>2.54</td></tr>
<tr><td>矿产资源变化率</td><td>14.06</td><td>54.38</td></tr>
<tr><td>能源资源变化率</td><td>78.15</td><td>1.92</td></tr>
<tr><td>海岸线变化率</td><td>80.5</td><td>0</td></tr>
<tr><td>甲壳类资源量变化率</td><td>4.0</td><td>0</td></tr>
<tr><td>景观岸线变化率</td><td>91</td><td>1</td></tr>
<tr><td rowspan="4">效益型指标</td><td>适合建港岸线利用率</td><td>26.68</td><td>26.07</td></tr>
<tr><td>港口吞吐量年增长率</td><td>17.1</td><td>15.06</td></tr>
<tr><td>游客人数年增长率</td><td>21.1</td><td>19.66</td></tr>
<tr><td>海域空间利用率</td><td>11.7</td><td>8.85</td></tr>
</table>

表 4.29 滨海新区集约用海对海洋资源影响评价指标综合权重值

目标层	一级指标	一级指标权重值（%）	二级指标		综合权重值（%）
			评价指标	二级指标权重值（%）	
海洋资源影响程度	港口、航道资源	47.9	适合建港岸线利用率	32	15.36
			海湾纳潮量减少率（港口、航道水域减少率）	22	10.56
			最大流速变化率	16	7.68
			港口吞吐量年增长率	30	14.40
	旅游资源	12.0	景观岸线损失率	65	7.80
			游客人数年增长率	35	4.20
	渔业资源	21.0	经济鱼类资源量变化率	16	3.36
			甲壳类资源量变化率	28	5.88
			浅海底栖贝类资源量变化率	42	8.82
			大型藻类资源量变化率	14	2.94
	空间资源	12.0	海域空间利用率	55	6.60
			海岸线变化率	45	5.40
	其他资源	7.1	矿产资源损失率	35	2.45
			能源资源变化率	65	4.55

评价结果表明，天津滨海新区集约用海区域对海洋资源影响评价指数为0.325 5，表明集约用海对海洋资源影响程度较大，需要采取相应的调控对策防范集约用海对海洋资源的进一步损害。

4.6 曹妃甸区域集约用海对海洋资源影响评价

开发建设曹妃甸循环经济示范区是党中央、国务院根据国家能源交通发展战略，调整优化我国北方地区重化工业生产力布局和产业结构，加快环渤海地区经济一体化发展，引领现代工业走循环经济之路而做出的重大战略决策，也是国家继推进天津滨海新区开发开放后的又一重要举措。曹妃甸港区和循环经济示范区规划区面积确定为310 km^2，功能定位为能源、矿石等大宗货物的集疏港、新型工业化基地、商业性能源储备基地和国家级循环经济示范区。

4.6.1 评价指标选择及权重确定

根据曹妃甸区域特点，建立了曹妃甸区域集约用海对海洋资源影响评价指标体系（表4.30）。由于曹妃甸集约用海区域的大型藻类较少，因此在实际评价过程中，大型藻类资源量变化率指标选取其他渔业资源代替。利用德尔菲法，确定曹妃甸集约用海对海洋资源影响评价指标综合权重，结果见表4.30。

表 4.30 曹妃甸集约用海对海洋资源影响评价指标综合权重值

目标层	一级指标		二级指标	
	评价指标	权重值（%）	评价指标	权重值（%）
集约用海对海洋资源影响	港口、航道资源	48	适合建港岸线利用率	32
			海湾纳潮量减少率	22
			最大流速变化率	16
			港口吞吐量年均增长率	30
	旅游资源	12	景观岸线变化率	65
			游客人数年均增长率	35
	渔业资源	21	经济鱼类资源量变化率	15
			甲壳类资源量变化率	20
			底栖贝类资源量变化率	47
			其他渔业资源	18
	空间资源	12	海域空间利用率	57
			海岸线变化率	43
	其他资源	7.0	矿产资源变化率	46
			能源资源变化率	54

4.6.2 评价指标数据的量化

4.6.2.1 港口、航道资源指标数据量化

港口是曹妃甸发展的最大优势。目前，曹妃甸港区已建成矿石码头一期和二期、煤码头一期、原油码头、散杂货泊位、通用码头二期等10座码头（泊位数22个），矿石码头三期、煤炭码头二期、联想通用件杂货泊位、多用途（集装箱）泊位等码头正在加紧建设。

1）适合建港岸线利用率

海岸线是曹妃甸新区发展的核心资源。根据《唐山市曹妃甸新城总体规划（2008—2020年）》中统计，规划海岸线长241.2 km，其中曹妃甸工业区岸线总长145.5 km，新城岸线总长36.4 km（含内湾岸线）。其中港口岸线资源包含：嘴东渔港港口岸线、工业区液体码头工业岸线、工业区煤炭码头港口岸线、工业区甸头港口岸线、工业区首钢工业岸线、工业区1港池公共码头港口岸线、工业区3港池南岸港口岸线、工业区3港池西岸港口岸线、工业区3港池北岸工业岸线、工业区4港池港口岸线和新城内湾生活岸线（旅游码头），港口岸线长度为135.8 km；旅游岸线资源包含：工业区纳潮河北岸生活岸线、工业区煤炭码头北端生态涵养岸线、工业区1港池东北及纳潮河南岸生活岸线、工业区东岸生态涵养岸线和新城外堤生态涵养岸线，旅游景观岸线资源长度为55.6 km；养殖岸线资源包含：南堡盐场滩涂养殖岸线和大清河盐场

滩涂养殖岸线49.8 km。曹妃甸集约用海区域岸线利用类型见表4.31。适合建港岸线利用率为56.3%。

表4.31 曹妃甸集约用海区域岸线利用类型

岸线利用类型	岸线长度/km
南堡盐场滩涂养殖岸线	33.5
嘴东渔港港口岸线	4.3
工业区液体码头工业岸线	22.3
工业区纳潮河北岸生活岸线	4.8
工业区煤炭码头港口岸线	19.1
工业区煤炭码头北端生态涵养岸线	3.9
工业区甸头港口岸线	11.0
工业区首钢工业岸线	4.7
工业区1港池公共码头港口岸线	7.9
工业区1港池东北及纳潮河南岸生活岸线	5.3
工业区3港池南岸港口岸线	3.7
工业区东岸生态涵养岸线	23.7
工业区3港池西岸港口岸线	4.7
工业区3港池北岸工业岸线	14.8
工业区4港池港口岸线	19.6
新城内湾生活岸线	23.7
新城外堤生态涵养岸线	17.9
大清河盐场滩涂养殖岸线	16.3

2）海湾纳潮量减少率

根据索安宁等（2012）研究结果，在曹妃甸集约用海的环境影响回顾性评价中分别采用2003年曹妃甸集约用海前的航次调查数据和2007年集约用海后的航次调查数据，集约用海前纳潮量为11 671 700 m^3，集约用海后的纳潮量为11 668 800 m^3，海湾纳潮量减少率为0.025%。

3）最大流速变化率

根据国家海洋局秦皇岛海洋环境监测中心站对曹妃甸区域开展的《曹妃甸工业区深槽稳定性和水动力变化跟踪监测》结果，表明曹妃甸集约用海工程实施后，由于填海造地形成的陆域，影响了工程区域附近的潮流场，其中甸头附近、老龙沟和三港池流速有所增加，其他区域变化不明显。根据最大流速变化率计算要求，需要选取集约用海前后水动力场流速变化最大的点为特征点，来对比集约用海前后特征点流速大小变化，通过选取甸头附近、老龙沟和三港池区域集约用海前后的流速，计算最大流速变化率。根据实测结果，曹妃甸区域集约用海前的涨潮流速为0.606 m/s，集约用海后的涨潮流速为0.765 m/s；集约用海前的落潮流速为0.559 m/s，集约用海后的落潮流速为0.709 m/s，其改变率为26.8%。

4）港口吞吐量年均增长率

根据《中国港口年鉴》统计，曹妃甸港口2006年货物吞吐量1 105 $\times 10^4$ t，2007年完成吞吐量2 009 $\times 10^4$ t，2008年实现3 199.68 $\times 10^4$ t，2009年曹妃甸港口实现吞吐量7 099.35 $\times 10^4$ t，2010年曹妃甸港口吞吐量突破13 000 $\times 10^4$ t，达到13 262 $\times 10^4$ t，正式迈入亿吨大港行列。2011年曹妃甸港口货物吞吐量达到17 500 $\times 10^4$ t，成为全国发展速度最快的港口之一。曹妃甸港口吞吐量年增长率见表4.32。港口吞吐量年平均增长率为76.4%。

表4.32　曹妃甸港口吞吐量年增长率

年份	2007	2008	2009	2010	2011
吞吐量增长率（%）	81.8	59.3	121.9	86.8	32.0

4.6.2.2　旅游资源指标数据量化

1）景观岸线变化率

集约用海前，曹妃甸区域平原陆域地貌单调，地势低平，海拔1～3 m，沿岸多荒滩地和盐场；平原外围具有沙坝环绕、老河口的潮汐通道与沙坝相伴是其主要特征。曹妃甸区域滩涂面积819 km^2，浅海2 114 km^2，有土地利用8类。耕地、林地、草地面积1.3 km^2，仅分布在石臼坨、月坨等沙岛上，在沙岛上也有些村镇、交通道路等用地，区内主要是滩涂及水面。曹妃甸新区的自然与历史文化保护区名录中有甸头灯塔，曹妃甸集约用海工程没有影响到甸头灯塔，曹妃甸集约用海开发活动中形成新的景观岸线，其中旅游岸线资源包含：工业区纳潮河北岸生活岸线、工业区煤炭码头北端生态涵养岸线、工业区1港池东北及纳潮河南岸生活岸线、工业区东岸生态涵养岸线和新城外堤生态涵养岸线，旅游景观岸线资源长度为55.6 km。在集约用海过程中没有占用景观岸线，而是形成了新的景观岸线，因此，景观岸线变化率为－100%。

2）游客人数年均增长率

游客人数年均增长率是指集约用海实施中游客人数年均增长率。2012年7月11日，国务院批准同意撤销唐海县，设立唐山市曹妃甸区。将唐山市丰南区的滨海镇、滦南县的柳赞镇划归唐山市曹妃甸区管辖。唐山市曹妃甸区规格为副地级，行政区划包括原来的唐海县全境、曹妃甸工业区、生态城、柳赞镇（原属滦南县，2010年1月1日起改由曹妃甸新区实行整体托管，唐海县代管）、滨海镇（原属丰南区，由南堡经济开发区代管）。2011年以前没有对曹妃甸区的旅游人数统计，而整个曹妃甸区在唐山市内，唐山统计年鉴统计的唐山市接待国内外旅游人数从整体上反映了曹妃甸区的旅游人数的变化，所以选取唐山市国内外旅游人数年增长率代替曹妃甸集约用海区域旅游人数年增长率。

根据《唐山统计年鉴》2004—2012 年统计，2004 年唐山市全年接待国内外旅游人数 513.7 万人次，旅游收入 24.75 亿元，2005 年共接待国内外旅游人数 568.32 万人次，2006 年唐山市全年接待国内外旅游人数 685 万人次，2007 年唐山市全年共接待国内外游客 762 万人次，旅游总收入 35.7 亿元。2008 年唐山市全年接待国内外旅游人数 957 万人次，2009 年唐山市全年接待国内外旅游人数 1 226 万人次，2010 年唐山市全年接待国内外游客人数 1 538 万人次，2011 年唐山市全年接待国内外游客人数 2 030 万人次。唐山市 2005—2011 年接待国内外旅游人数增长率见表 4.33，平均增长率为 22.0%。

表 4.33 唐山市 2005—2011 年各年接待国内外旅客年增长率

年份	2005	2006	2007	2008	2009	2010	2011
旅游人数增长率（%）	10.6	20.5	11.2	25.6	28.4	25.4	32.1

4.6.2.3 渔业资源指标数据量化

渔业资源评价指标包括 4 个指标：经济鱼类资源量变化率、甲壳类资源量变化率、浅海贝类资源量变化率和大型藻类资源量变化率。由于曹妃甸集约用海区域的大型藻类较少，选取其他渔业资源代替。

唐山市曹妃甸区行政区划包括原来的唐海县全境、曹妃甸工业区、生态城、柳赞镇（原属滦南县，2010 年 1 月 1 日起改由曹妃甸新区实行整体托管，唐海县代管）、滨海镇（原属丰南区，由南堡经济开发区代管）。因此，曹妃甸区渔业资源指标采用滦南县和唐海县的相关数据，渔业资源主要分为两类：一类是海水养殖产量；另一类是海水捕捞产量，数据来源于《唐山市统计年鉴》，统计结果见表 4.34 和表 4.35。

表 4.34 滦南县年海水捕捞产量 单位：t

年份	海水捕捞	鱼类	甲壳类	贝类
2004	83 168	37 884	28 390	14 887
2005	82 987	38 152	27 975	14 790
2006	82 834	38 072	27 570	14 270
2007	66 405	30 589	22 198	11 188
2008	64 494	30 866	18 751	11 086
2009	61 225	16 586	16 783	10 088
2010	59 236	16 425	16 427	9 923
2011	58 668	16 321	16 016	9 893

表 4.35　滦南县年海水养殖产量　单位：t

年份	海水养殖	鱼类	甲壳类	贝类	其他
2004	36 201	1 665	2 533	31 373	630
2005	38 773	1 316	2 583	33 824	1 050
2006	39 640	1 390	2 615	34 335	1 300
2007	38 354	715	1 024	35 944	671
2008	35 115	2 350	2 724	28 666	1 375
2009	31 304	2 334	2 732	24 847	1 391
2010	28 997	2 307	2 703	22 745	1 242
2011	27 293	2 108	2 687	21 110	1 388

由于唐海县主要发展渔业海水养殖业，渔业资源捕捞量较少，根据《唐山市统计年鉴》统计的唐海县海水养殖产量变化见表 4.36。

表 4.36　唐海县年海水养殖产量　单位：t

年份	海水养殖	鱼类	甲壳类	贝类	其他
2004	6 617	1 189	3 960	200	1 268
2005	7 035	1 268	3 962	200	1 605
2006	7 181	2 747	3 214	146	1 220
2007	3 753	1 464	1 660	235	629
2008	3 919	1 678	1 691	150	400
2009	3 860	1 599	1 726	185	350
2010	4 378	1 437	2 116	355	470
2011	5 846	1 464	2 642	882	858

1）经济鱼类资源量变化率

2004—2011 年曹妃甸集约用海区域经济鱼类资源量统计结果见表 4.37。选取集约用海前 2005 年的数据和集约用海后 2011 年的数据，经计算，经济鱼类资源量变化率为 51.2%。

表 4.37　曹妃甸区域经济鱼类年资源量　单位：t

年份	2004	2005	2006	2007	2008	2009	2010	2011
经济鱼类资源量	40 738	40 736	33 399	32 768	34 894	20 519	20 169	19 893

2）甲壳类资源量变化率

2004—2011 年曹妃甸集约用海区域甲壳类资源量见表 4.38。选取集约用海前 2005 年的数据和集约用海后 2011 年的数据，经计算，甲壳类资源量变化率为 38.2%。

表 4.38 曹妃甸区域甲壳类年资源量 单位：t

年份	2004	2005	2006	2007	2008	2009	2010	2011
甲壳类资源量	34 883	34 520	33 399	24 882	23 166	21 241	21 246	21 345

3）浅海底栖贝类资源量变化率

2004—2011 年曹妃甸集约用海区域底栖贝类资源量见表 4.39。选取集约用海前 2005 年的数据和集约用海后 2011 年的数据，经计算，底栖贝类资源量变化率为 34.7%。

表 4.39 曹妃甸区域底栖贝类年资源量 单位：t

年份	2004	2005	2006	2007	2008	2009	2010	2011
底栖贝类资源量	46 460	48 814	48 751	47 367	39 902	35 120	33 023	31 885

4）其他渔业资源量变化率

其他指集约用海过程中乌贼、鱿鱼、章鱼、海蜇等其他渔业资源损失率。

2004—2011 年曹妃甸集约用海区域其他渔业资源量见表 4.40。选取集约用海前 2005 年的数据和集约用海后 2011 年的数据，经计算，其他渔业资源变化率为 15.4%。

表 4.40 曹妃甸区域其他渔业资源年资源量 单位：t

年份	2004	2005	2006	2007	2008	2009	2010	2011
其他渔业资源量	1 898	2 655	2 520	1 300	1 775	1 741	1 712	2 246

4.6.2.4 空间资源指标数据量化

空间资源评价指标选取 2 个指标：海域空间利用率和海岸线变化率。

1）海域空间利用率

曹妃甸工业区建设规划面积为 310 km^2，其中包括海域上的 200 km^2，陆域上的临海地区 110 km^2。因此曹妃甸区域海域空间利用率为 64.5%。

2）海岸线利用率

根据曹妃甸区域海岸线变化监测卫星遥感影像解译结果，曹妃甸地区海岸线变化过程见表 4.41。

表 4.41 1976—2009 年曹妃甸地区海岸线长度变化一览表 单位：km

年份	长度	年份	长度	年份	长度
1976	98.7	1997	96.2	2005	95.3
1979	89.1	2001	96.1	2007	98.0
1981	91.6	2003	95.6	2008	104.3
1987	87.5	2004	94.0	2009	108.6

曹妃甸集约用海开发活动前岸线取2004年岸线长度94.0 km，集约用海开发活动后取2009年的海岸线长度108.6 km，海岸线变化率为－15.5%。

4.6.2.5　其他资源指标数据量化

其他资源评价指标包括两个指标：矿产资源变化率和能源资源变化率。

唐山不仅蕴藏着煤、铁、石油、黄金、大理石、石灰岩、高岭土等47种丰富的矿产资源，而且还有丰富的农业资源和海洋资源，享有“北方煤都”、“北方瓷都”和“中国近代工业摇篮”的盛名。唐山的矿产品种多、质地优良、储量大、分布集中，开采条件优越。曹妃甸集约用海的实施依靠港口优势，所以未来发展主要充分考虑利用海洋能和发展新兴能源。截止到目前，曹妃甸集约用海没有对矿产资源和能源资源产生影响，因此曹妃甸区域集约用海活动导致的矿产资源变化率和能源资源变化率均为0.0%。

综上所述，曹妃甸集约用海对海洋资源影响评价指标原始值见表4.42。

表4.42　曹妃甸集约用海工程对海洋资源影响评价指标原始值

目标层	一级指标	二级指标	
		评价指标	原始值（%）
海洋资源影响程度	港口、航道资源	适合建港岸线利用率	56.3
		海湾纳潮量减少率（港口、航道水域减少率）	0.03
		最大流速变化率	26.8
		港口吞吐量年增长率	76.4
	旅游资源	景观岸线变化率	－100.0
		游客人数年增长率	22.0
	渔业资源	经济鱼类资源量变化率	51.2
		甲壳类资源量变化率	38.2
		浅海底栖贝类资源量变化率	34.7
		其他渔业资源量变化率	15.4
	空间资源	海域空间利用率	64.5
		海岸线变化率	－15.5
	其他资源	矿产资源损失率	0.0
		能源资源变化率	0.0

4.6.2.6　评价指标数据分类与标准化

将曹妃甸区域集约用海对海洋资源影响评价指标进行分类和标准化，结果见表4.43。在进行评价中可根据实际数据收集情况适当调整指标类型，当景观岸线变化率、经济鱼类资源量变化率、甲壳类资源量变化率、浅海底栖贝类资源量变化率、其他渔业资源量变化率和海岸线变化率的计算数值为正时，指标归属为成本型；当景观岸线变化率、经济鱼类资源量变化率、甲壳类资源量变化率、浅海底栖贝类资源量变化率、其他渔业资源量变化率和海岸线变化率的计算数值为负时，指标归属为效益型。根据本章建立的指标量化方法，曹妃甸区域集约用海导致的景观岸线变化率、海岸线变化率均为负值，因此该两项指标归属效益型。

表 4.43 曹妃甸区域集约用海对海洋资源影响评价指标分类及标准化结果

目标层	准则层	指标层		
		评价指标	原始值（%）	标准值（%）
海洋资源影响程度	成本型	海湾纳潮量减少率	0.03	0.999
		最大流速变化率	26.8	0.477
		经济鱼类资源量变化率	51.2	0.000
		甲壳类资源量变化率	38.2	0.254
		浅海底栖贝类资源量变化率	34.7	0.322
		其他渔业资源量变化率	15.4	0.699
		矿产资源变化率	0.0	1.000
		能源资源变化率	0.0	1.000
	效益型	适合建港岸线利用率	56.3	0.886
		港口吞吐量年均增长率	76.4	1.000
		游客人数年均增长率	22.0	0.006
		海域空间利用率	64.5	0.933
		景观岸线变化率	-100.0	0.000
		海岸线变化率	-15.5	0.479

4.6.3 评价结果

根据以上综合评价，计算得到曹妃甸区域集约用海对海洋资源的影响评价指数的分值为0.65，结果表明曹妃甸集约用海对其海洋资源影响程度为较小，可以进行适度的集约用海。通过对曹妃甸区域集约用海对海洋资源影响评价，结果表明：

①从资源类型特点角度分析，港口、航道资源是曹妃甸区域的主要海洋资源，港口是曹妃甸发展的最大优势。集约用海的进行促使了港口、航道资源的发展，曹妃甸区域的港口吞吐量增长较快，集约用海过程中对海湾纳潮量改变影响较小，使得港口、航道资源得到了充分利用。但是曹妃甸区域集约用海活动的实施，对该区域水动力条件造成了一定的影响，相对于集约用海之前甸头附近、老龙沟区域及三港池水流速度及方向均变化明显。

②曹妃甸区域集约用海影响较大的资源是渔业资源，随着曹妃甸区域集约用海的进行，渔业资源显著降低，渔业资源主要分为两个部分，对经济鱼类资源影响最大，

甲壳类和浅海底栖贝类资源量损失也比较严重，其他渔业资源量变化较小。

4.7　小结

本章通过分析集约用海对港口、航道、旅游、渔业、空间和其他资源的综合影响程度，根据海洋资源特点，建立了集约用海对渤海海洋资源影响评估的指标和方法模型，并以天津滨海新区、曹妃甸区域等集约用海为例开展了应用研究。结果表明，天津市集约用海区域对海洋资源影响程度较大，已经对沿海海洋资源产生了很大的影响，需要采取相应的调控对策防范集约用海对海洋资源的进一步损害；曹妃甸区域集约用海对其海洋资源影响程度为较小，该海域对海洋资源的影响处于可接受的范围，可以进行适度的集约用海。然而，集约用海对海洋资源影响评价中涉及的指标的选择、标准的确定和评价等级的划分是很难以科学界定的，在实践中，对于不同用海类型和特点的集约用海方式，其度量标准与度量方法可能存在一定的差异，需要根据具体情况进行适当调整，如何从不同的时间尺度和空间尺度来正确评价集约用海对海洋资源的影响是今后需要完善的重点内容。

5 集约用海对渤海海洋生态影响评估技术研究及应用[①]

本章通过分析集约用海工程对海洋生态系统的影响，提出了集约用海工程对海洋生态环境影响评价的主要内容、思路和流程，从海洋生态系统的非生物因子和生物因子两个方面构建了基于“生境质量”和“生态响应”的集约用海对海洋生态环境影响的评价指标体系。“生境质量”指标反映了集约用海工程影响海域的海洋生物栖息环境质量状况的变化，主要包括水环境、沉积环境和典型物种的生物质量指标，“生态响应”指标反映了集约用海工程影响的海域不同营养级的生物对变化环境的生态响应，它主要包括生物群落结构指标和生态敏感区结构、功能指标。在此基础上，结合我国海洋生态环境监测和评估现状，研究并确定了生态环境影响的各评价因子的权重、标准及评价等级，建立了集约用海对海洋生态环境影响的综合指数法评价模型，并以天津滨海新区区域集约用海为例开展了应用研究。

5.1 生态影响评价研究工作基础

环渤海地区，是我国越来越重要的北方经济重心，但渤海本身是一个瓶颈式的半封闭型内海，自身水体交换缓慢，生态环境极其脆弱，大规模的围填海工程导致人为改变海岸线位置，威胁着岸线和近海的生态平衡。在这一地区要实现经济发展与环境保护的协调统一，就要改变原来粗犷式的围填海模式，进行集约式用海，以期使人类围填海活动对海洋生态的影响降到最低。因此，本书主要研究集约用海对渤海海洋生态的影响和评价方法。

本书采用理论方法研究与实践应用相结合的方法，在罗先香等（2014）构建的集约用海对海洋生态环境影响的评价方法基础上，对其评价指标和方法进行了完善，针对集约用海特点筛选出了更具有代表性的与生态系统变化相关性较大的特征指标，使其在评价工作中相对简单化，且更有利于在实践中得到应用。

5.2 评价指标体系初步构建及筛选

5.2.1 评价指标体系初步构建

海洋生态系统是由非生物因子和生物因子组成的多层次复杂开放体系，人类活动

① 本章由中国海洋大学负责技术研究及应用，国家海洋局北海环境监测中心协助完成。

对特定生态系统的生态影响就是对其非生物因子和生物因子所产生的有害或有益的作用，导致其发生结构和功能变化的过程。因此，集约用海工程对海洋生态的影响可以从海洋生态系统的非生物因子和生物因子两个方面进行评价，罗先香等（2014）初步构建的评价指标体系见表 5.1。

表 5.1　集约用海对海洋生态影响的评价指标体系初步构建

<table>
<tr><th colspan="2">评价目标</th><th>一级指标</th><th>二级指标</th><th>三级指标</th></tr>
<tr><td rowspan="3">海洋生态环境敏感区</td><td rowspan="3">①海洋渔业资源产卵场；②重要渔场水域；③海水增养殖区；④珍稀濒危海洋生物保护区；⑤海洋自然保护区；⑥典型海洋生态系（重要河口海域、海草床等）；⑦滨海湿地</td><td rowspan="4">生境质量</td><td>①水环境质量指标（水环境性状和污染物含量指标）</td><td>pH、盐度、悬浮物、溶解氧、无机氮、活性磷酸盐、硅酸盐、化学耗氧量、硫化物、油类、重金属（Cu、Pb、Zn、Cr、Cd、As 和 Hg）</td></tr>
<tr><td>②沉积环境质量指标（沉积物性状和污染物含量指标）</td><td>沉积物粒度、氧化还原电位、有机碳、硫化物、石油类、多氯联苯、重金属（Cu、Pb、Zn、Cr、Cd、As 和 Hg）</td></tr>
<tr><td rowspan="2">③生物质量指标（生物体中污染物含量）</td><td rowspan="2">重金属（Cu、Pb、Zn、Cr、Cd、As 和 Hg）、石油烃、六六六、DDT</td></tr>
<tr><td>海洋生态环境亚敏感区</td><td>①海滨风景旅游区；②人体直接接触海水的海上运动或娱乐区；③与人类食用直接有关的工业用水区</td></tr>
<tr><td rowspan="2">海洋生态环境非敏感区</td><td rowspan="2">①一般工业用水区；②港口水域</td><td rowspan="2">生态响应</td><td>①生物群落结构指标</td><td>浮游植物、浮游动物和大型底栖动物的生物量、丰度、密度、优势种、指示种、关键种、物种多样性、均匀度、生物群落演变速率</td></tr>
<tr><td>②生态敏感区结构、功能指标</td><td>初级生产力、生态敏感区面积、珍稀濒危物种和经济渔业生物分布区域、栖息密度、生物量、年龄结构（个体组成）；产卵场功能、洄游通道、苗种采集、养殖功能、生物多样性维持功能等</td></tr>
</table>

由表 5.1 可知，指标体系中列出的三级指标较多，会使得评价过程中对数据的要求较高和评价工作繁琐。因此，针对不同的集约用海区域，需要筛选更具有代表性的与生态系统变化相关性较大的特征指标。

5.2.2 评价指标筛选

5.2.2.1 生境质量指标筛选

非生物因子主要反映海洋生物栖息环境的质量状态，用“生境质量”指标来表征，它主要包括生物栖息地的水环境和沉积环境指标，每个指标下又包括具体反映环境性状的各种环境因子。水和沉积环境性状指标主要包括能反映研究海域水质和沉积物特征和受集约用海工程影响可能发生较大变化的指标。

研究发现，工程建设期使海水中悬浮物增加，悬浮颗粒会黏附在浮游动物体表面，干扰其正常的生理功能，滤食性浮游动物吞食悬浮颗粒，造成内部消化系统紊乱，海水透明度下降，溶解氧降低，不利于浮游植物的光合作用，进而影响浮游植物的细胞分裂和生长，使单位水体内浮游植物的数量降低，导致该水域内初级生产力水平下降。悬浮物的沉积还会影响工程区附近海域的底栖群落，施工结束后一段时间内，受影响的底栖生物群落会逐渐被新的群落所替代。溶解氧是溶解在水中的分子氧，与水质有密切的关系。溶解氧能反映海域水体的氧化还原状态，对集约用海区域环境质量的变化极为敏感，水里的溶解氧由于空气里氧气的溶入及绿色水生植物的光合作用会不断得到补充，随动物呼吸作用的加强、有机颗粒的氧化等而降低。集约用海区域水体的溶解氧对水动力条件的改变较敏感，如果水体受到有机物污染，耗氧严重，溶解氧得不到及时补充，水体中的厌氧菌就会很快繁殖，有机物因腐败而使水体变黑、发臭。水体溶解氧是反映水质状况的一个综合性指标。因此，水环境性状指标中选择悬浮物和溶解氧作为评价指标。

海洋沉积物是海洋长期进行物理的、化学的和生物的迁移和转化后经沉积作用而形成的，在一定程度上反映了海洋生境质量状况，可以看做是海洋环境质量状况的历史印记。围填海开发活动影响区域水动力条件，海底淤积严重，改变自然沉积速率，加快污染物在海底积聚，对区域生态系统产生影响。沉积物作为海洋生态环境的一个重要组成部分，是许多海洋生物特别是底栖生物赖以生存和生长的环境，在维护海洋生态健康中具有重要的作用。研究发现，工程建设期间海水悬浮颗粒物增加，悬浮物的沉积、水动力条件的改变导致的冲淤等对集约用海区域沉积物的粒径会产生较大影响，因此可以通过沉积物粒度特征的变化来反演影响沉积物环境变化的因素，因此沉积物粒度可以作为沉积环境性状的指标之一。沉积物的氧化还原性质是海洋沉积环境优劣的指标之一。沉积物的氧化还原特征与上覆水体的性质是密切相关的，在近岸地带水浅，海水的运动使溶解氧的含量增加，而在海洋中垂直方向的涡动和交换较弱，因此，向下层输送的氧较少。集约用海工程对围填海区域的水动力条件改变较大，因此，集约用海工程在一定程度上会影响沉积物的氧化还原条件，硫化物含量和氧化还原电位（Eh）均能反映沉积环境的氧化还原性质。但氧化还原电位测定的随机性和不稳定性较大，测定结果的准确度和精密度较差，缺乏适用性。硫化物不仅能指示海洋沉积物的厌氧还原特性，而且硫化物含量的高低是衡量海洋沉积环境优劣的一项重要指标。有研究表明，在沉积环境中硫化物含量与有机负荷量呈正相关，与生物量呈负相关，并对耗氧速率产生很大影响。当硫化物含量达到400～1 500 mg/kg，耗氧速率达到最大；当硫化物含量大于1 700 mg/kg，生物量低于1 g/m^2，沉积环境基本处于无生物状态（肖兰芳，1998）。沉积物中的硫化物是控制痕量金属在生物中的主要因素之一，也是美国环保局发布的EPA－823－B－01－002中标准沉积物性状的重要参数，因此应将硫化物列为评价沉积环境性状的重要评价指标之一。表5.2为海洋生境质量评价的指标。

表5.2 海洋生境质量指标

一级指标	二级指标	三级指标
生境质量（A）	水环境性状（A1）	悬浮物（A11）、溶解氧（A12）
	沉积环境性状（A2）	沉积物粒度（A21）、硫化物（A22）

5.2.2.2 生态响应指标筛选

生物因子主要考虑围填海等集约用海工程对海洋生态系统的不同营养级的生物的影响，从研究区域生物的个体和种群的分布特征、群落结构和演替以及生态系统结构和功能等不同层级进行评价，生物因子的特征能反映出研究海域生物对环境的生态响应，在评价过程中统一用“生态响应指标”来表征，它主要包括生物群落结构指标和生态功能指标两个二级指标，每个二级指标下又包括具体反映生态响应的生态因子。

围填海等集约用海工程虽然改变了过去粗放式占用海洋资源的用海方式，但也会对围填海区域的海洋生物群落结构造成一定程度的影响。主要表现在以下几个方面。

（1）海洋经济生物、珍稀和濒危物种是海洋生态系统中重点保护的对象，集约用海工程要尽可能对这些重点海洋保护生物不造成影响或将其影响降到最低。因此，将集约用海区域重要保护物种出现的几率作为生物群落结构的最重要指标。

（2）海洋浮游植物是海洋生态系统中最重要的初级生产者，是海洋食物链中的基础环节，其数量、种类组成的显著变化将影响整个食物链的物质循环和能量转换，直接或间接地影响浮游动物和经济鱼虾类及幼体的成活和生长，引起海洋生态系的变化。并且浮游植物个体小，数量大，对环境的变化十分敏感，其种类组成、结构、现存生物量等指标随环境的改变发生变化。浮游植物量的大小直接影响区域渔业资源和整个生态系统。浮游植物能及时对区域环境的改变做出相应的反应，且浮游植物的改变将牵动整个生态系统。在围填海等海洋工程施工期间会造成局部海域悬浮物增加导致水体的浑浊度增加，海水透明度下降，削弱了水体的真光层厚度，溶解氧降低，不利于浮游植物的光合作用，进而影响浮游植物的细胞分裂和生长，使单位水体内浮游植物的数量降低，导致该水域内初级生产力水平下降。施工过程带来的油污和重金属对附近海域水生生物造成毒害作用。由于工业和生活污水的排放输入较多的营养物质时会导致浮游植物暴发性繁殖，过量的浮游植物对海洋生态环境具有极大的破坏作用，海洋中的赤潮现象，绝大多数是由浮游植物所引起的。浮游动物是一类自己不能制造有机物的异养性浮游生物，它们是海洋中的次级生产力，构成海洋中的次级产量。浮游动物在海洋生态系统的结构和功能中起着重要调节作用，它通过捕食作用控制浮游植物的数量，同时作为鱼类等高层营养者的饵料，其数量变化直接影响鱼类等的资源量，因此间接影响海洋水产资源的增殖，在海洋食物链中占有重要一环。围填海等海洋工程建设对浮游动物最主要的影响是水体中增加的悬浮物质。悬浮物对浮游动物的影响与悬浮物的粒径、浓度等有关，由于悬浮颗粒物的浓度增加，造成以滤食性为主，只会分辨颗粒大小的浮游动物摄入粒径合适的泥沙，而使其体内系统紊乱。某些桡足类动物，具有依据光线强弱变化而进行昼夜垂直迁移的习性，水体的透明度降低，会引起这些动物生活习性的混乱，破坏其生理功能。因此，可以选择浮游植物或浮游动物的多样性指数来表征生物群落结构的指标。

（3）填海造地将彻底改变围填区内海洋生物原有的栖息环境，尤其对底栖生物的影响是最大的。围填海工程占用海域内的底质环境完全破坏。由于底栖生物特有的生活习性，移动和扩散能力较低，除少量活动能力较强的底栖种类能够逃往他处而存活外，大部分底栖生物被掩埋、覆盖而死亡，对潮间带和底栖生物群落的破坏是不可逆转的。因此，围填海工程后将直接导致围填区底栖生物丧失、生物生境缩小，导致生物群落改变。最终结果将导致该区域底栖生物群落完全消失或发生群落演替而引起重大的结构变化。因此，将大型底栖动物作为生物群落结构的重要指标。表5.3为海洋生态响应评价的指标。

表5.3　海洋生态响应指标

<table>
<tr><th>一级指标</th><th>二级指标</th><th>三级指标</th></tr>
<tr><td rowspan="2">生态响应（B）</td><td>生物群落结构指标（B1）</td><td>集约用海区域重要保护物种出现几率（B11）；浮游植物（或浮游动物）多样性指数（H'）（B12）、大型底栖动物物种多样性指数（H'）（B13）</td></tr>
<tr><td>生态功能指标（B2）</td><td>初级生产力（B21）</td></tr>
</table>

5.2.3　评价指标体系确定

经筛选确定后的集约用海对海洋生态影响的评价指标体系见表5.4。

表5.4　集约用海对海洋生态影响的评价指标体系

<table>
<tr><th>评价目标</th><th>一级指标</th><th>二级指标</th><th>三级指标</th></tr>
<tr><td rowspan="4">生态环境质量状况</td><td rowspan="2">生境质量（A）</td><td>水环境性状（A1）</td><td>悬浮物（A11）、溶解氧（A12）</td></tr>
<tr><td>沉积环境性状（A2）</td><td>沉积物粒度（A21）、硫化物（A22）</td></tr>
<tr><td rowspan="2">生态响应（B）</td><td>生物群落结构指标（B1）</td><td>集约用海区域重要保护物种出现几率（B11）；浮游植物（或浮游动物）多样性指数（H'）（B12）、大型底栖动物物种多样性指数（H'）（B13）</td></tr>
<tr><td>生态功能指标（B2）</td><td>初级生产力（B21）</td></tr>
</table>

5.3　指标因子权重确定

本研究在有限历史数据基础上，采用“层次分析法”与专家打分法相结合，确定评价指标的最终权重。采用层次分析法结合专家打分法确定权重的工作程序如下。首先对各级指标的重要性进行比较和标度，构造两两比较判断矩阵，对同一层次指标进行两两比较。即用“层次分析法”确定各指标间的相对重要性来确定权重。层次分析法中判断矩阵标度及含义如表5.5所示。

表5.5　判断矩阵标度及其含义

标度	相对重要程度	说明
1	同等重要	两者对目标贡献相同
3	略为重要	重要
5	基本重要	确认重要
7	确实重要	程度明显
9	绝对重要	程度非常明显
倒数	相反于重要程度	表示因子与比较得判断标度的倒数

注：2、4、6、8表示重要程度介于以上5个得分之间。

在确立各指标间标度的基础上，对指标进行归一化处理。采用求和法计算各评价指标的相对权重，并对各级每种评价指标的权重进行归一化处理。最终权重需经过一致性检验（C.R. <0.1），方可应用。权重的归一化计算方法如下式所示。

$$W_i = X_i \Big/ \sum X_n$$

式中，W_i 表示第 i 种指标归一化后的权重；X_i 表示第 i 种指标得分；n 表示所有评价指标。指标体系权重确立后，如在验证过程有指标缺失现象，则将缺失指标按照指标重要性标度比例进行重新分配，得到新体系的指标权重。

5.3.1　一级指标权重确定

一级评价指标包括生境质量指标和生态响应指标。生境质量指标和生态响应指标相比，生境是海洋生物栖息的环境，栖息环境质量的优劣会影响海洋生物的健康状况，但海洋生物能对环境做出直接的响应，其最直观地反映出人类活动的生态影响，因此生态响应指标相对生境指标重要，因此标度为3。采用求和法计算各评价指标的相对权重，并对权重值进行归一化处理。一级指标重要性矩阵和权重列于表5.6。

表5.6　一级指标重要性矩阵和权重

生态影响评价	生境质量指标A	生态响应指标B	权重
生境质量指标A	1	—	0.25
生态响应指标B	3	1	0.75

5.3.2 二级指标权重确定

5.3.2.1 生境质量二级指标权重确定

生境质量二级指标包括水环境状况指标和沉积环境状况指标。

水环境和沉积环境是海洋生物赖以生存和生长的环境，对维护海洋生态系统健康具有同等重要的地位，因此标度值为1。二级指标的重要性标度排序如表5.7所示，其中矩阵得分为列元素相对于行元素的重要程度。采用求和法计算各评价指标的相对权重，并对权重值进行归一化处理后，相关结果如表5.7所示。

表5.7 生境质量指标因子集二级指标的重要性矩阵和权重值

生境质量评价	水环境状况指标 A1	沉积环境状况指 A2	权重
水环境状况指标 A1	1	—	0.5
沉积环境状况指标 A2	1	1	0.5

5.3.2.2 生态响应二级指标权重确定

生态响应二级指标包括生物群落结构指标（B1）和生态功能指标（B2）。

生物群落结构特征反映环境生物种类多样性、丰富程度和分布均匀性等综合信息。群落物种多样性高低和分布均匀程度，表征区域生物群落健康演替状况，预示区域生物群落稳定性和可持续发展能力。生态功能指标初级生产力指示区域生产力的高低。生产力高说明浮游植物所固定的有机碳和能量高，浮游植物将大量繁殖、丰度增大，进而影响浮游动物和底栖生物的分布和丰度。生物群落结构指标相对生态功能指标确认重要，因此标度为3。二级指标的重要性标度排序如表5.8所示，其中矩阵得分为列元素相对于行元素的重要程度。采用求和法计算各评价指标的相对权重，并对权重值进行归一化处理后，相关结果如表5.8所示。

表5.8 生态响应指标因子集二级指标的重要性矩阵和权重值

生态响应评价	生物群落结构指标（B1）	生态功能指标（B2）	权重
生物群落结构指标（B1）	3	—	0.75
生态功能指标（B2）	1	1	0.25

5.3.3 三级指标权重确定

5.3.3.1 生境质量指标中的三级指标权重的确定

水环境状况指标中的三级指标悬浮物（A11）和溶解氧（A12）具有同等重要的地位，因此标度值为1。沉积环境状况指标中的三级指标沉积物粒度（A21）和硫化物（A22）具有同等重要的地位，因此标度值为1。三级指标的重要性标度排序和相关结果如表5.9、表5.10所示。

表5.9 生境质量指标因子集三级指标（水环境状况指标）的重要性矩阵和权重值

水环境状况评价	悬浮物（A11）	溶解氧（A12）	权重
悬浮物（A11）	1	—	0.5
溶解氧（A12）	1	1	0.5

表5.10 生境质量指标因子集三级指标（沉积环境状况指标）的重要性矩阵和权重值

沉积环境状况评价	沉积物粒度（A21）	硫化物（A22）	权重
沉积物粒度（A21）	1	—	0.5
硫化物（A22）	1	1	0.5

5.3.3.2 生态响应指标中的三级指标权重的确定

海洋珍稀、濒危物种和海洋经济生物是海洋生态系统中重点保护的对象，集约用海区域重要保护物种出现的几率反映生物群落结构的最重要指标。因此生物群落结构指标（B1）经过专家会商按下面方式给出权重：

（1）集约用海区域重要保护物种出现时。

①当出现几率大于等于集约用海前10年的平均出现几率时，生物群落结构指标的三级权重直接赋值为1.0。

②当出现几率小于集约用海前10年的平均出现几率时，生物群落结构指标的三级权重直接赋值为0.75。

（2）集约用海区域重要保护物种未出现时。

当集约用海区域未出现重要保护物种时，按浮游植物（或浮游动物）多样性指数（H'）（B12）和大型底栖动物物种多样性指数（H'）（B13）这两个指标进行评价，但两者的权重加和为0.75，大型底栖动物相对浮游植物而言，大型底栖动物对围填海等人类活动更敏感，因此大型底栖动物多样性指标相对浮游植物多样性指标确实重要，因此标度为3。三级指标的重要性标度排序和相关结果如表5.11所示。

表5.11 生态响应指标因子集三级指标的重要性矩阵和权重值

生物群落结构评价	浮游植物（或浮游动物）多样性指数（H'）（B12）	大型底栖动物物种多样性指数（H'）（B13）	权重
浮游植物（或浮游动物）多样性指数（H'）（B12）	1	—	$0.75 \times 0.25 = 0.18$
大型底栖动物物种多样性指数（H'）（B13）	3	1	$0.75 \times 0.75 = 0.56$

综上所述，赋权的权重已全部给出，统计结果见表5.12。

表 5.12　集约用海生态影响评价指标体系各级指标的权重

一级指标	二级指标	三级指标
生境质量（A）（0.25）	水环境性状（A1）（0.5）	悬浮物（A11）（0.5）、溶解氧（A12）（0.5）
	沉积环境性状（A2）（0.5）	沉积物粒度（A21）（0.5）、硫化物（A22）（0.5）
生态响应（B）（0.75）	生物群落结构指标（B1）（0.75）	集约用海区域重要保护物种出现几率（B11）； 浮游植物（或浮游动物）多样性指数（H'）（B12）（0.75×0.25=0.18） 大型底栖动物物种多样性指数（H'）（B13）（0.75×0.75=0.56）
	生态功能指标（B2）（0.25）	初级生产力（B21）（1.0）

5.4　评价指标标准的确定

评价标准确定原则上参照已有的国家标准、国际标准、行业标准；尚未有标准的，采取历史资料中受外界干扰少的年份作为环境质量评价标准值，或参考成熟的文献中学术界的共识标准与根据需求进行验证实验相结合，并通过专家论证后确定评价标准。

中国近岸海域划定出不同主导使用功能的环境功能区。不同功能区对应着不同的生态环境质量要求。海洋渔业水域、海洋自然保护区和珍稀濒危海洋生物保护区使用海水和沉积物一类标准；水产养殖区、海水浴场、人体直接接触海水的海上运动或娱乐区以及与人类食用直接有关的工业用水区使用二类海水水质标准和沉积物一类标准；一般工业用水区和滨海风景旅游区使用三类海水水质标准和沉积物二类标准；海洋港口水域和海洋开发作业区使用四类海水水质标准和沉积物三类标准。表 5.13 和表 5.14 分别是水和沉积物指标的标准。

表 5.13　水环境状况指标标准　　单位：mg/L

等级	一类	二类	三类	四类
悬浮物	人为增加量≤10		人为增加量≤100	人为增加量≤150
溶解氧	6	5	4	3

注：参照国家海水水质标准（GB3097—1997）。

表 5.14　沉积环境状况指标标准

等级	一类	二类	三类
沉积物粒度（中值粒径）	年度变化幅度小于等于2%	年度变化幅度在2%～5%之间	年度变化幅度大于5%
硫化物（$\times10^{-6}$）	300	500	600

注：硫化物参照国家海洋沉积物标准（GB18668—2002），沉积物粒度评价标准参考近海海洋生态健康评价指南中的标准。

目前国内生物多样性阈值分级标准不一。其中，中华人民共和国国家环境保护标准中《近海海域环境监测规范》（HJ442—2008）是权威发布标准，引用和应用较为广泛，见表5.15。初级生产力国内目前没有评价标准，在这里采用相对评价的方法，评价标准见表5.16，参考历史数据见表5.17。

表5.15 生物多样性阈值标准

生物多样性阈值 H'	$H' \geq 3$	$2 \leq H' < 3$	$1 \leq H' < 2$	$H' < 1$	出处
环境状态及受扰动情况	优良	一般	差	极差	HJ 442—2008*
	未受扰动	轻度扰动	中等扰动	严重扰动	

注：*中华人民共和国国家环境保护标准，近海海域环境监测规范［S］，HJ 442—2008。

表5.16 初级生产力评价标准

等级	一类	二类	三类
初级生产力	大于等于评价标准值（历史数据）	大于等于评价标准值的80%	小于评价标准值的80%

表5.17 渤海初级生产力评价依据

海区	季节	透明度/m	日照时间/(h/d)	叶绿素a含量/(mg/m³)	表层潜在生产力/[mg/(m³·h)]（以碳计）	初级生产力/[mg/(m²·d)]（以碳计）
莱州湾	春	4.1	13.5	1.05	5.36	445
	夏	1.9	14.0	0.70	3.57	142
	秋	2.4	11.3	1.75	8.92	363
	冬	1.3	10.0	1.05	5.36	105
渤海湾	春	1.4	13.5	2.09	10.66	302
	夏	1.1	14.1	0.57	2.91	68
	秋	1.9	11.2	1.30	6.63	212
	冬	0.5	10.0	0.38	1.94	15
辽东湾	春	2.3	13.6	0.94	4.79	225
	夏	2.6	14.2	0.67	3.42	189
	秋	3.3	11.2	0.99	5.05	280
	冬	—	9.9	—	—	—
渤海中部	春	4.4	13.5	0.57	2.91	259
	夏	2.4	14.1	0.76	4.44	225
	秋	3.3	11.2	1.15	5.87	325
	冬	3.0	10.0	0.50	2.55	115

续表

海区	季节	透明度 /m	日照时间 /（h/d）	叶绿素 a 含量 /（mg/m^3）	表层潜在生产力 /［mg/（m^3·h）］（以碳计）	初级生产力 /［mg/（m^2·d）］（以碳计）
渤海平均	春	3.3	13.6	1.04	5.30	357
	夏	2.3	14.1	0.69	3.52	171
	秋	2.8	11.2	1.27	6.48	305
	冬	1.8	10.0	0.64	3.26	88

注：数据来源于吕培定，费尊乐，毛兴华等《渤海水域叶绿素 a 的分布及初级生产力的估算》，海洋学报，1984，6（1）：90－98。

5.5 评价模型及方法

评价模型及方法包括评价指标指数的计算、分级与等级的判别。

5.5.1 三级指标归一化

生境质量评价的三级指标包括水体悬浮物和溶解氧（DO）、沉积物粒度和硫化物，各评价指标具有不同的量纲，数据绝对值存在较大的差异，因此需要对各个指标进行归一化处理。其中，水体悬浮物、溶解氧和沉积物硫化物采用单因子指数法。

沉积物硫化物单因子指数计算公式如下：

$$I_j = \frac{C_j}{C_s}$$

式中，C_j 为沉积物硫化物的实测浓度值；C_s 为沉积物硫化物的环境质量标准限值；

溶解氧单因子指数计算公式如下：

$$I_{DO_j} = | DO_f - DO_j | /(DO_f - DO_s)$$

式中，DO_j 为实测值；DO_s 为溶解氧的评价标准；DO_f 为溶解氧的饱和度。

沉积物粒度的评价采用相对评价的方法，以历史数据为依据，如以近 20 年的平均值为标准，计算实测值偏离平均值的程度，根据其偏离程度进行赋值评价。

5.5.2 指数赋值

三级指标通过赋值可以达到指标间的相对统一，之后进行二级和一级指数的计算时，所得指数结果高低与生态环境质量好坏相一致。

对三级归一化后指数的站位或单元进行赋值可将不同含义的单因子评价结果进行统一。归一化指数进行赋值的参数包括水体中的悬浮物、溶解氧和沉积物中硫化物，水体中的悬浮物、溶解氧和沉积物中硫化物的单因子归一化指数越高则表明绝对浓度超过标准限值越高，或偏离标准值越远，为不好。三级指数表明该指标与标准相比较，处于是否超标情况，三级指数大于 1 表明该指标绝对值大于环境标准限值，小于 1 则相反。

生物多样性采用评价标准等级划分的方法进行赋值，沉积物粒度和初级生产力采用与参考值偏离程度大小的方式进行赋值。

Shannon - Weiner 多样性指数的计算公式：

$$H' = -\sum_{i=1}^{s}(n_i/N)\log_2(n_i/N)$$

式中，H'为物种的多样性指数；S 为单位面积物种数目；N 为单位面积样品中收集到的物种的总个数；n_i 为单位面积样品中第 i 个物种的个数。

渤海初级生产力的计算公式（吕培定等，1984）：

$$P = \frac{PS \cdot E \cdot D}{2}$$

式中，P 为每日的现场初级生产力；PS 为表层水中浮游植物的潜在生产力 [mg/(m^2 · h)，以碳计]；E 为真光层深度；D 为白昼时间长短。

表层水（1 m 以内）中浮游植物的潜在生产力可由表层叶绿素 a 的含量求得：

$$Ps = Ca \cdot Q$$

其中，Ca 为表层水中叶绿素 a 的含量；Q 为浮游植物光合作用率与叶绿素 a 含量之比值，称为同化系数，它是在光饱和状态下单位时间单位含量叶绿素 a 所同化的碳量。适用于渤海水域的平均同化系数 $Q = 5.1$。

考虑指标参数的自身性质，采用优良、中等和差三级分级方式进行赋值，优良、中等和差的赋值分别为 100、67 和 33。三级指标的赋值见表 5.18 ~ 表 5.21。

表 5.18　水体悬浮物、溶解氧和沉积物硫化物赋值

评价等级	单因子指数 I_j	评价因子指数赋值 F_j
优良	$I_j \leq 1.0$	100
中等	$1.0 < I_j \leq 2.0$	67
差	$2.0 < I_j$	33

表 5.19　沉积物粒度赋值

评价等级	沉积物中值粒径变化	评价因子指数赋值 F_j
未受扰动	年度变化小于等于 2%	100
轻度 - 中度扰动	年度变化在 2% ~5% 之间	67
重度扰动	年度变化大于 5%	33

表 5.20 浮游植物（或浮游动物）和大型底栖动物多样性指数分级赋值

评价等级	Shannon - Weaver 多样性指数（H'）	群落特征	评价因子指数赋值 F_j
优良	$H' \geq 3.0$	多样性指数高，物种种类丰富	100
中等	$1.0 \leq H' < 3.0$	多样性指数一般，物种丰富度中等	67
差	$H' < 1.0$	多样性指数较低，物种丰富度低	33

表 5.21 初级生产力赋值

评价等级	初级生产力变化	评价因子指数赋值 F_j
未受扰动	大于等于评价标准值（历史数据）	100
轻度 - 中度扰动	大于等于评价标准值的 80%	67
重度扰动	小于评价标准值的 80%	33

5.5.3 各级指标加权指数计算及判别

以赋值的三级指数和已确定的对应权重，计算水环境状况、沉积环境状况指数、生物群落结构和生态功能指数，然后按层次依次进行加权，计算生境质量指数和生态响应指数，最后计算生态环境质量综合指数。表 5.22 和表 5.23 分别为海洋生境质量评价因子赋值表和海洋生态响应评价因子赋值表。

表 5.22 海洋生境质量评价因子赋值

评价指标	评价指数	评价等级
水环境状况指数（WQI）	$67 \leq WQI$	优良
	$33 \leq WQI < 67$	中等
	$WQI < 33$	差
沉积环境状况指数（SQI）	$67 \leq SQI$	优良
	$33 \leq SQI < 67$	中等
	$SQI < 33$	差
生境质量综合指数（HQI）	$HQI_j = 0.5WQI_j + 0.5SQI_j$ $HQI_j \geq 67$，表示 j 站位生境质量良好；$33 \leq HQI_j < 67$，表示 j 站位生境质量中等；$HQI_j < 33$，表示 j 站位生境质量差。 小于 5% 的站位海洋生境质量为差，且大于 50% 的站位海洋生境质量为良好，评价海域生境质量为良好；5% ~ 15% 的站位海洋生境质量为差，且大于 50% 的站位海洋生境质量为良好，评价海域生境质量为一般；大于 15% 以上的站位海洋生境质量为差，评价海域生境质量为差	

表 5.23 海洋生态响应评价因子赋值

<table>
<tr><th>评价指标</th><th>评价指数</th><th>评价等级</th></tr>
<tr><td rowspan="3">生物群落结构指数
(BCI)</td><td>$67 \leqslant BCI$</td><td>优良</td></tr>
<tr><td>$33 \leqslant BCI < 67$</td><td>中等</td></tr>
<tr><td>$BCI < 33$</td><td>差</td></tr>
<tr><td rowspan="3">生态功能指数
(EFI)</td><td>$67 \leqslant EFI$</td><td>优良</td></tr>
<tr><td>$33 \leqslant EFI < 67$</td><td>中等</td></tr>
<tr><td>$EFI < 33$</td><td>差</td></tr>
<tr><td>生境响应综合指数
(ERI)</td><td colspan="2">$ERI_j = 0.75BCI_j + 0.25EFI_j$
$ERI_j \geqslant 67$，表示 j 站位生态健康状况良好；$33 \leqslant ERI_j < 67$，表示 j 站位生态健康状况中等；$ERI_j < 33$，表示 j 站位生态健康状况差。
小于 5% 的站位海洋生态健康状况为差，且大于 50% 的站位海洋生态健康状况为良好，评价海域生态健康状况为良好；5% ~ 15% 的站位海洋生态健康状况为差，且大于 50% 的站位海洋生态健康状况为良好，评价海域生态健康状况为一般；大于 15% 以上的站位海洋生态健康状况为差，评价海域生态健康状况为差</td></tr>
</table>

5.5.4 海洋生态影响的综合评价及判别

海洋生态环境综合评价用海洋生态环境综合指数 E_j 表示，集约用海对海洋生态影响的评价指标体系中海洋生态环境综合指数 E_j 包括海洋生境质量状况（HQI_j）和生态响应（ERI_j）两类指标，HQI_j 和 ERI_j 指数权重可分别为 0.25、0.75。

海洋生态环境综合指数 E_j 计算的基本公式：

$$E_j = 0.25 \times HQI_j + 0.75 \times ERI_j$$

式中，E_j 为 j 站位的生态环境综合指数；HQI_j 为 j 站位生境质量状态评价指数；ERI_j 为 j 站位生态响应评价指数；j 为站位，$j = 1, 2, \cdots, n$。

$E_j \geqslant 67$，表示 j 站位生态环境质量良好；$33 \leqslant E_j < 67$，表示 j 站位生态环境质量一般；$E_j < 33$，表示 j 站位生态环境质量差。

小于 5% 的站位生态环境质量为差，且大于 50% 的站位生态环境质量为良好，评价海域生态环境质量为良好；5% ~ 15% 的站位生态环境质量为差，或大于 50% 的站位生态环境质量为一般，评价生态环境质量为一般；大于 15% 以上的站位生态环境质量为差，评价海域生态环境质量为差。

对海洋生态具有重大影响的围填海工况，采用分层次筛选法进行评价，确定不适宜围填的工况；对难以确定围填海影响的方案采用生态环境综合指数变化量 ΔE 来评价围填海工况的综合影响，确定围填海方案的适宜性。

综合指数 ΔE 计算的基本公式：

$$\Delta E = \frac{1}{n} \sum_{j=1}^{n} (Eh_j - Eq_j)$$

式中，ΔE 为项目建成前、后生态环境综合指标的变化值，即围填海项目对评价海域生态环境的综合影响；Eh_j 为项目建设后 j 站位生态环境综合指标；Eq_j 为项目建设前 j 站位生态环境综合指标；j 为评价海域参与评价的站位。

以评价区域内生态环境综合指标的变化幅度作为界定该区域受到围填海活动的影响程度，并以此给出指导性的结论，如表 5.24 所示。

表 5.24　围填海活动对海洋生态环境影响程度判定

围填海工程前后生态环境质量变化情况	影响程度
$30\% \leqslant \Delta E$	严重影响
$5\% \leqslant \Delta E < 30\%$	较大影响或一般影响
$\Delta E < 5\%$	轻微影响或无影响

5.6　莱州湾集约用海对海洋生态影响评价

莱州湾位于山东半岛西北部，西起黄河口，东到龙口的屺坶角，面积约 6 967 km^2。莱州湾是黄海、渤海三大海洋生物的产卵场和索饵场之一，为我国重要的渔业资源利用和养护区，梭子蟹生产和对虾养殖极其著名。自 20 世纪 90 年代以来，入海河流和沿岸养殖等带来的陆源性污染已对莱州湾生态环境造成严重负面影响，海水污染加重，渔业资源和产卵场均遭到不同程度的破坏。为了寻求海洋开发与生态保护的协调和平衡，山东省明确提出了集约用海的海洋开发模式，到 2020 年，莱州湾将建成莱州海洋新能源产业聚集区、潍坊滨海新城和东营滨海新城 3 个 50 km^2 以上的大型集约用海区。集约用海是科学开发和高效利用海洋资源的战略举措，但也不可避免地会对海洋生态环境造成一定的负面效应，为了降低和减少其不利影响，需要对集约用海区的海洋生态环境状况进行科学评估。

5.6.1　评价区域划分

依据历史文献中莱州湾污染物空间分布特点及集约用海可能影响到的沿岸海域，将沿岸海域分成 3 个区域进行评价，站位分布如图 5.1 所示：区域Ⅰ（118°45′—119°20′E，37°15′—37°50′N）主要为莱州湾西部黄河和小清河入海海域，包括 1～6 号站位；区域Ⅱ（118°45′—120°E，37°—37°15′N）为虞河、潍河等河流入海的莱州湾南岸海域，包括 7～9 号站位；区域Ⅲ（119°40′—120′E，37°15′—37°50′N）为莱州湾东部海域，包括 10～13 号站位。评价时间选择 2005 年 8 月作为莱州湾集约用海之前背景年，现状评价时间为 2010 年、2011 年、2012 年和 2013 年 8 月。

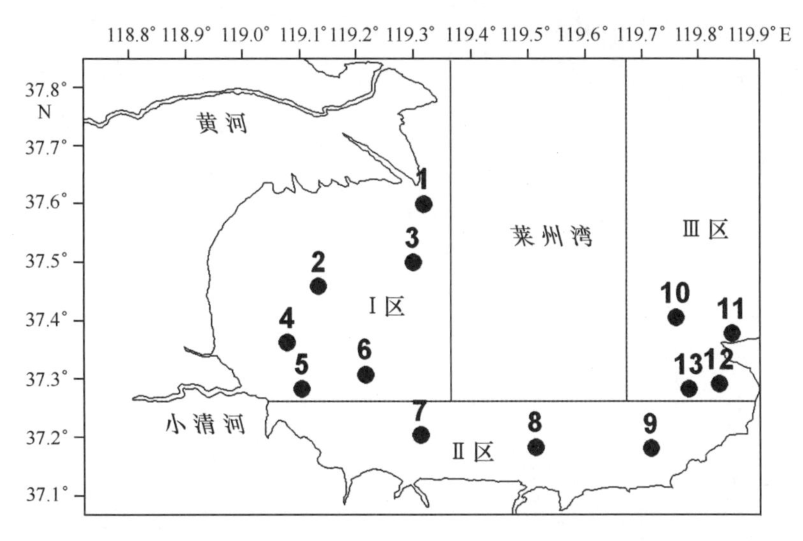

图 5.1 集约用海的生态影响评价——莱州湾区域示意图

5.6.2 莱州湾生境状态评价

5.6.2.1 水环境状况

受集约用海影响较显著的水环境性状变化指标包括水体悬浮物和溶解氧。集约用海对莱州湾水环境状况影响从水体悬浮物和溶解氧 2 个三级指标进行评价。

图 5.2 为莱州湾水体悬浮物单因子指数的变化特征。2005 年 8 月水体悬浮物单因子指数的平均值为 1.07（0.31 ~ 3.33），平均值略高于标准限值，处于中等水平；区域Ⅰ、Ⅱ、Ⅲ水体中的悬浮物的单因子归一化指数的平均值分别为 1.71、0.63、0.42，区域Ⅰ中 2 个站位水体悬浮物超过标准值，处于中等状态，区域Ⅱ、Ⅲ无超标站位，总体处于优良状态、2010 年 8 月莱州湾水体悬浮物单因子指数的平均值为 1.32（0.56 ~ 5.00），平均值高于标准限值，处于中等水平；区域Ⅰ、Ⅱ、Ⅲ水体中的悬浮物的单因子归一化指数的平均值分别为 1.91、0.92、0.72，区域Ⅰ中 3 个站位水体悬浮物超过标准值，处于中等状态，区域Ⅱ、Ⅲ未出现超标站位，总体处于优良状态。2011 年 8 月莱州湾水体悬浮物单因子指数的平均值为 1.11（0.33 ~ 3.33），平均值高于标准限值，处于中等水平，区域Ⅰ、Ⅱ、Ⅲ水体中的悬浮物的单因子归一化指数的平均值分别为 1.65、0.97、0.42，区域Ⅰ中 4 个站位水体悬浮物超过标准值，处于中等状态，区域Ⅱ、Ⅲ总体处于优良状态，2012 年 8 月莱州湾水体悬浮物单因子指数的平均值为 1.11（0.33 ~ 3.33），平均值高于标准限值，处于中等水平；区域Ⅰ、Ⅱ、Ⅲ水体中的悬浮物的单因子归一化指数的平均值分别为 1.65、0.97、0.42，区域Ⅰ中 4 个站位水体悬浮物超过标准值，处于中等状态，区域Ⅱ、Ⅲ总体处于优良状态。2013 年 8 月莱州湾水体悬浮物单因子指数的平均值为 1.18（0.33 ~ 3.33），平均值高于标准限值，处于中等水平；区域Ⅰ、Ⅱ、Ⅲ水体中的悬浮物的单因子归一化指数的平均值分别为

1.65、0.97、0.44，区域Ⅰ中4个站位水体悬浮物超过标准值，整体处于中等状态，区域Ⅱ、Ⅲ整体处于优良状态。

通过比较不同年份的不同区域发现，Ⅰ区域水体悬浮物均超过标准值较高，区域Ⅱ、Ⅲ均未超过标准值。近4年（2010年8月、2011年8月、2012年8月和2013年8月）与2005年8月背景年相比，莱州湾沿海水体悬浮物浓度无显著变化。

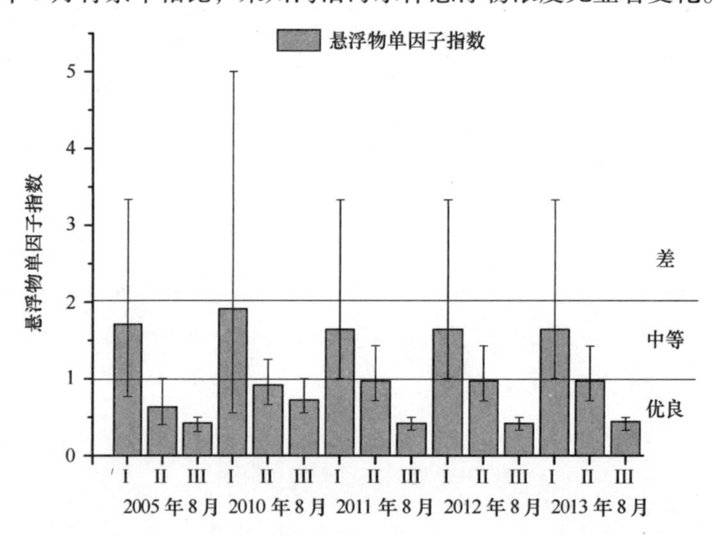

图5.2　莱州湾水体悬浮物单因子指数的变化特征（误差线表示指数的变化范围）

图5.3为莱州湾溶解氧单因子指数的变化特征。2005年8月莱州湾水体溶解氧单因子指数的平均值为0.92（0.14～3.32），平均值均未超过标准限值，处于优良状态；区域Ⅰ、Ⅱ、Ⅲ水体溶解氧单因子指数的平均值分别为1.02、1.38和0.40，区域Ⅰ和区域Ⅱ各有1个站位水体溶解氧超过标准值，处于中等状态，区域Ⅲ未出现超标站位，总体处于优良状态。2010年8月莱州湾溶解氧单因子指数的平均值为1.11（0.10～2.63），平均状况处于中等水平；区域Ⅰ、Ⅱ、Ⅲ水体溶解氧单因子指数的平均值分别为1.14、1.55、0.73，区域Ⅰ中2个站位水体溶解氧超过标准值，处于中等状态，区域Ⅱ中的3个站位水体溶解氧均超过标准值，处于中等状态，区域Ⅲ未出现超标站位，总体处于优良状态。2011年8月莱州湾溶解氧单因子指数的平均值为0.96（0.06～3.46），平均状况处于优良水平，区域Ⅰ、Ⅱ、Ⅲ水体溶解氧单因子指数的平均值分别为0.37、1.77、1.23，区域Ⅰ未出现超标站位，处于优良状态，区域Ⅱ中1个站位水体溶解氧超过标准值，处于中等状态，区域Ⅲ中3个站位水体溶解氧超过标准值，处于中等状态。2012年8月莱州湾溶解氧单因子指数的平均值为1.46（0.12～4.44），平均状况处于中等水平；区域Ⅰ、Ⅱ、Ⅲ水体溶解氧单因子指数的平均值分别为1.95、1.22、0.91，区域Ⅰ中4个站位水体溶解氧超过标准值，处于中等状态，区域Ⅱ中1个站位水体溶解氧超过标准值，处于中等状态，区域Ⅲ无超标站位，总体处于优良状态。2013年8月莱州湾溶解氧单因子指数的平均值为0.76（0.04～1.67），平均状况处于

优良状态；区域Ⅰ、Ⅱ、Ⅲ水体溶解氧单因子指数的平均值分别为0.60、0.58、1.26，区域Ⅰ中2个站位水体溶解氧超过标准值，整体处于优良状态，区域Ⅱ无超标站位，总体处于优良状态，区域Ⅲ中2个站位水体溶解氧超过标准值，处于中等状态。

通过比较不同年份的不同区域发现，区域Ⅰ除2013年8月外，其他各年份水体溶解氧平均值均超过标准值，区域Ⅰ除了2011年和2013年8月外，其他3个年份均超过标准值，区域Ⅲ 2011年8月和2013年8月超过标准值。

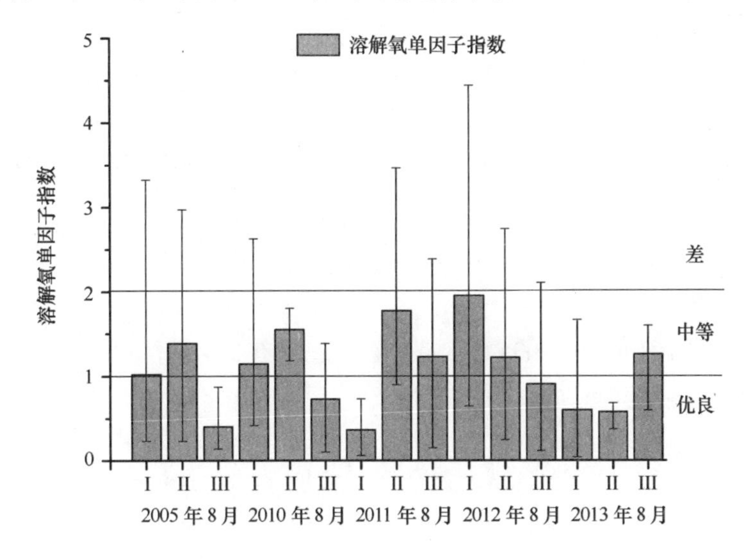

图5.3　莱州湾溶解氧单因子指数的变化特征（误差线表示指数的变化范围）

根据莱州湾水体悬浮物和溶解氧2个三级指标计算得到了表征莱州湾水环境状况变化特征的指数（*WQI*）。图5.4为*WQI*在各区域的平均值及范围。

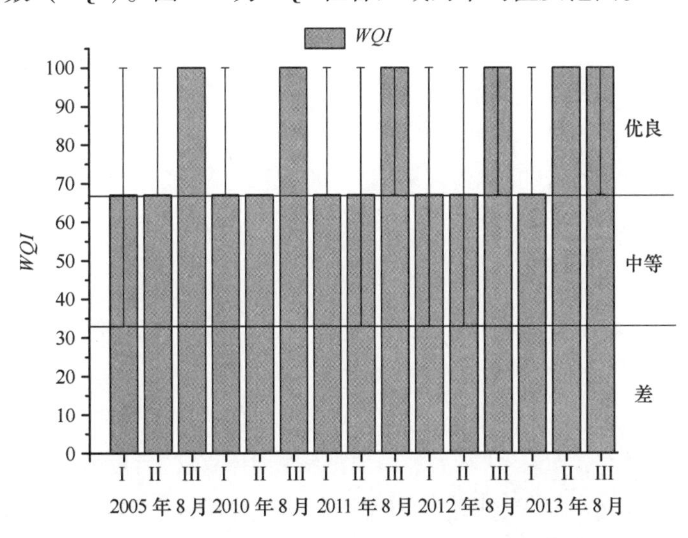

图5.4　莱州湾水环境状况指数变化特征（误差线表示指数的变化范围）

2005 年 8 月莱州湾水环境状况指数的平均值为 78，水环境处于优良水平，区域Ⅰ、Ⅱ、Ⅲ的水环境状况指数的平均值分别为 67、67、100，区域Ⅰ、Ⅱ的水环境处于中等状态，区域Ⅲ的水环境处于优良状态；2010 年 8 月莱州湾水环境状况指数的平均值为 78，水环境处于优良水平，区域Ⅰ、Ⅱ、Ⅲ的水环境状况指数的平均值分别为 67、67、100，区域Ⅰ、Ⅱ的水环境处于中等状态，区域Ⅲ的水环境处于优良状态；2011 年 8 月莱州湾水环境状况指数的平均值为 78，水环境处于优良水平，区域Ⅰ、Ⅱ、Ⅲ的水环境状况指数的平均值分别为 67、67、100，区域Ⅰ、Ⅱ的水环境处于中等状态，区域Ⅲ的水环境处于优良状态；2012 年 8 月莱州湾水环境状况指数的平均值为 78，水环境处于优良水平，区域Ⅰ、Ⅱ、Ⅲ的水环境状况指数的平均值分别为 67、67、100，区域Ⅰ、Ⅱ的水环境处于中等状态，区域Ⅲ的水环境处于优良状态；2013 年 8 月莱州湾水环境状况指数的平均值为 89，水环境处于优良水平，区域Ⅰ、Ⅱ、Ⅲ的水环境状况指数的平均值分别为 67、100、100，区域Ⅰ的水环境处于中等状态，区域Ⅱ、Ⅲ的水环境均处于优良状态。

由图 5.5 ~ 图 5.9 可知，2005 年 8 月，区域Ⅰ均有 2 个站位水环境状况指数小于等于 67，1 个站位水环境状况指数小于等于 33，评价等级处于中等状态，区域Ⅱ有 1 个站位处于中等状态，区域Ⅲ的各站位均处于优良等级；2010 年 8 月，区域Ⅰ有 1 个站位水环境状况指数小于等于 33，评价等级处于中等状态，区域Ⅱ各站位均处于中等状态，区域Ⅲ的各站位均处于优良等级；2011 年 8 月和 2012 年 8 月，区域Ⅱ均有 1 个站位水环境状况指数小于等于 33，评价等级处于中等状态，区域Ⅲ均有 1 个站位水环境状况指数小于等于 67，评价等级处于优良状态，2011 年 8 月区域Ⅰ均有 2 个站位水环境状况指数小于等于 67，评价等级处于中等状态，2012 年 8 月区域Ⅰ除了有 2 个站位水环境状况指数小于 67 外，还有 2 个站位水环境状况指数小于等于 33，评价等级处于中等水平；2013 年 8 月，区域Ⅰ有 4 个站位水环境状况指数小于等于 67，评价等级处于中等状态，区域Ⅱ各站位均处于优良状态，区域Ⅲ有 2 个站位水环境状况指数小于等于 67，整体处于优良等级。通过比较不同年份的不同区域发现，研究区水环境状况指数整体呈现先略微下降后上升的趋势。

5.6.2.2 沉积环境状况

受集约用海影响较显著的沉积环境性状变化指标包括沉积物粒度和硫化物。集约用海对莱州湾沉积环境状况影响从沉积物粒度和硫化物 2 个三级指标进行评价。

图 5.10 为莱州湾沉积物粒度单因子指数的变化特征。当沉积物中值粒径年度变化幅度小于等于 2% 时，处于优良水平，单因子指数赋值为 1；当沉积物中值粒径年度变化幅度在 2% ~5% 之间，处于中等水平；当沉积物中值粒径年度变化幅度大于 5%，处于差的水平。以 2005 年 8 月莱州湾沉积物中值粒径值为参考背景，设定 2005 年 8 月区域Ⅰ、Ⅱ、Ⅲ的沉积物粒度单因子指数的平均值均为 1。2010 年 8 月、2011 年 8 月、2012 年 8 月和 2013 年 8 月莱州湾沉积物中值粒径平均值与 2005 年的相比，其年度变

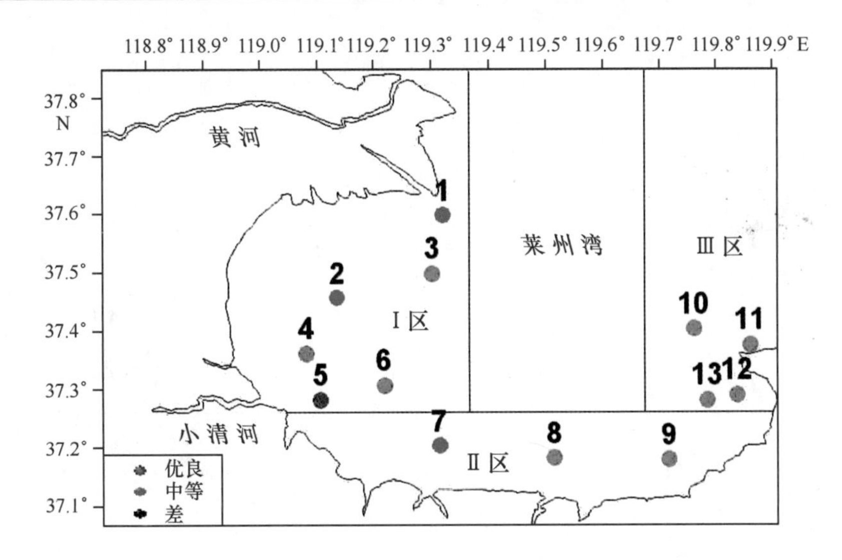

图 5.5　2005 年 8 月莱州湾水环境状况评价等级

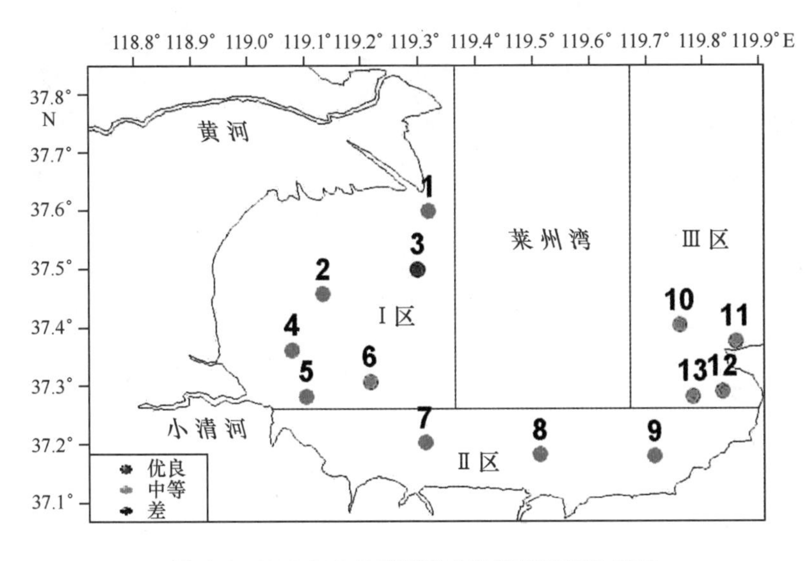

图 5.6　2010 年 8 月莱州湾水环境状况评价等级

化幅度均在 2% 以内，其沉积物粒度单因子指数的平均值赋值为 1，沉积物粒度状况各区域均处于优良状态。

近 4 年（2010 年 8 月、2011 年 8 月、2012 年 8 月和 2013 年 8 月）与 2005 年 8 月背景年相比，莱州湾沉积物粒度状况无显著变化，沉积物中值粒径趋于稳定，沉积物粒度状况未受扰动，总体上处于优良水平。

图 5.11 为莱州湾沉积物硫化物单因子指数的变化特征。2005 年 8 月莱州湾硫化物单因子指数的平均值为 0.10（0.01 ~ 0.15），硫化物含量的平均值远远低于一级标准阈值，处于优良水平，区域Ⅰ、Ⅱ、Ⅲ硫化物单因子指数的平均值分别为 0.09、0.14、

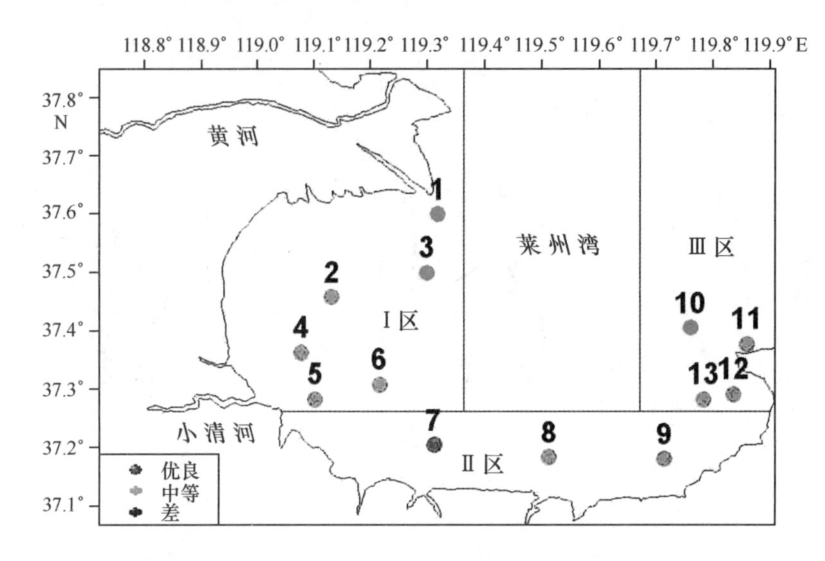

图 5.7　2011 年 8 月莱州湾水环境状况评价等级

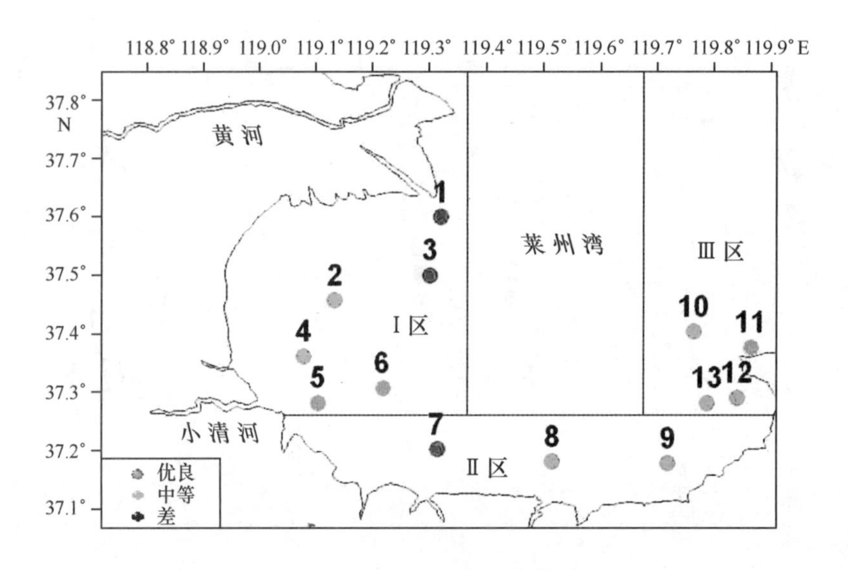

图 5.8　2012 年 8 月莱州湾水环境状况评价等级

0.08，各站位均低于标准限值，处于优良状态；2010 年 8 月莱州湾硫化物单因子指数的平均值为 0.32（0.21～0.39），硫化物含量的平均值均远低于一级标准阈值，处于优良水平，区域Ⅰ、Ⅱ、Ⅲ硫化物单因子指数的平均值分别为 0.31、0.32、0.32，各站位均低于标准限值，处于优良状态；2011 年 8 月莱州湾硫化物单因子指数的平均值为 0.04（0.03～0.06），硫化物含量的平均值均远远低于一级标准阈值，处于优良水平，区域Ⅰ、Ⅱ、Ⅲ硫化物单因子指数的平均值分别为 0.04、0.04、0.04，各站位均低于标准限值，处于优良状态；2012 年 8 月莱州湾硫化物单因子指数的平均值为 0.02（0.01～0.04），硫化物含量的平均值均远远低于一级标准阈值，处于优良水平，区域

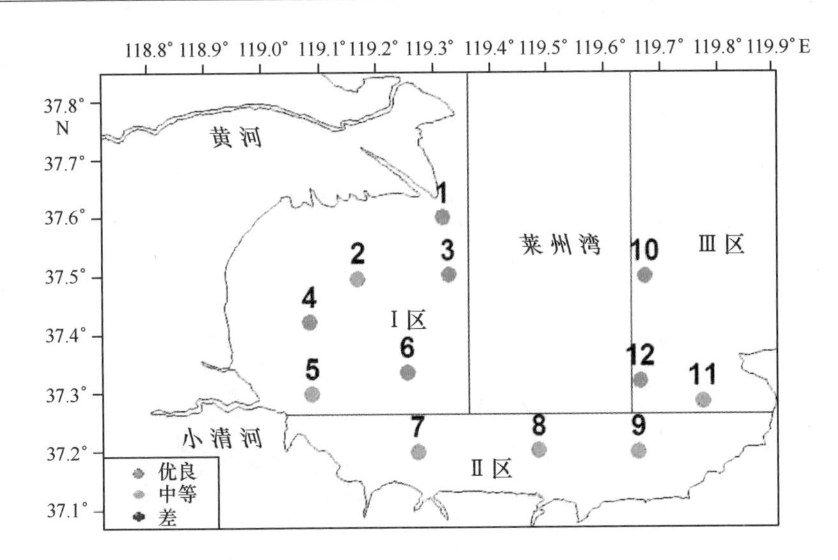

图 5.9　2013 年 8 月莱州湾水环境状况评价等级

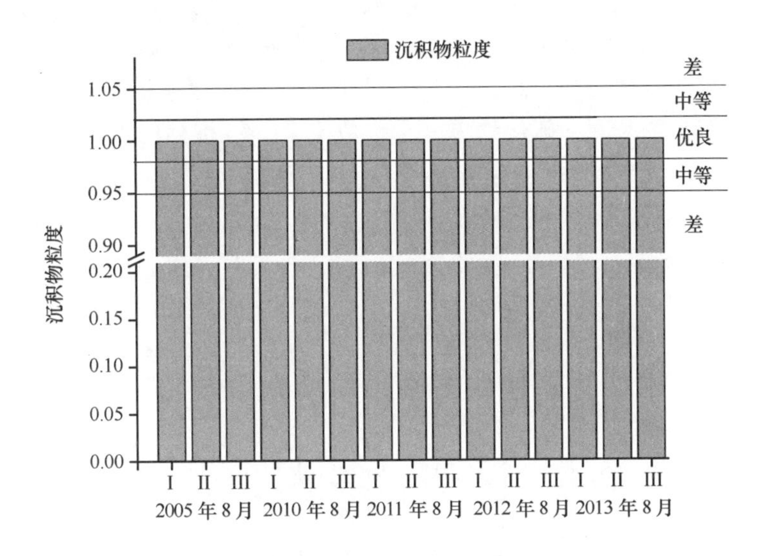

图 5.10　莱州湾沉积物粒度单因子指数的变化特征

Ⅰ、Ⅱ、Ⅲ硫化物单因子指数的平均值分别为 0.02、0.03、0.02，各站位均低于标准限值，处于优良状态；2013 年 8 月莱州湾硫化物单因子指数的平均值为 0.22（0.11～0.27），硫化物含量的平均值均远低于一级标准阈值，处于优良水平，区域Ⅰ、Ⅱ、Ⅲ硫化物单因子指数的平均值分别为 0.20、0.22、0.24，各站位均低于标准限值，处于优良状态。

通过比较不同年份的不同区域发现，近 4 年（2010 年 8 月、2011 年 8 月、2012 年 8 月和 2013 年 8 月）与 2005 年 8 月背景年相比，整体上年际差异较小，除 2010 年和 2013 年的硫化物单因子指数值略高外，其他年份莱州湾沿海的硫化物浓度整体无显著

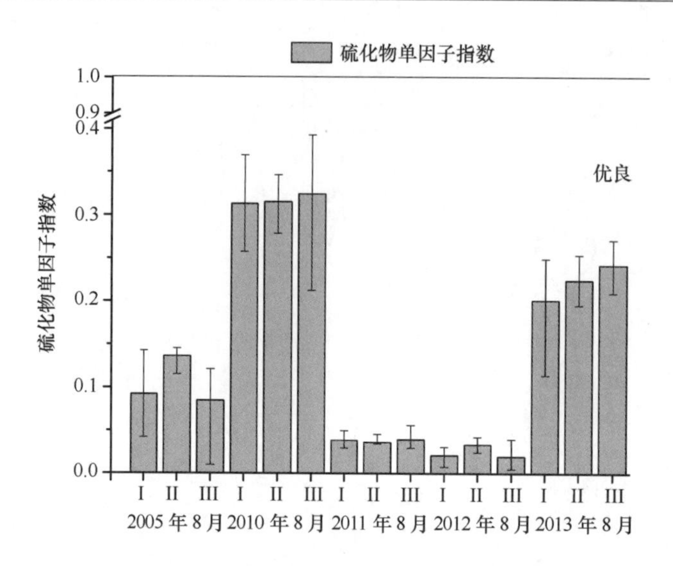

图5.11　莱州湾硫化物单因子指数的变化特征（误差线表示指数的变化范围）

变化，各年的指数值均远远低于一级标准阈值，总体处于优良状态。此外，各年份区域Ⅰ、Ⅱ、Ⅲ的空间差异也很小。

根据莱州湾沉积物粒度和硫化物单因子指数2个三级指标的评价结果得到了莱州湾沉积环境状况指数（*SQI*）的变化特征，图5.12为*SQI*在各区域的平均值。莱州湾沉积环境状况指数值在2005年、2010年、2011年、2012年和2013年各年8月均为100，评价等级均为优良，沉积环境状况稳定，没有受到明显扰动。

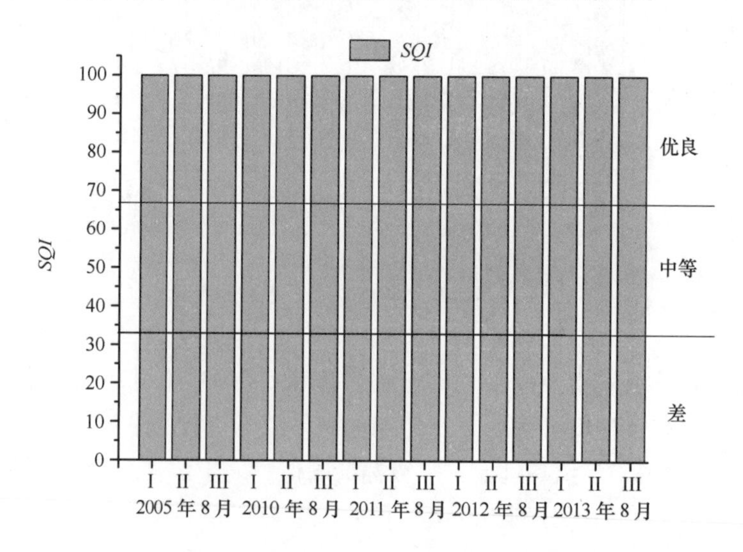

图5.12　莱州湾沉积环境状况指数变化特征

图5.13至图5.17分别为2005年、2010年、2011年、2012年、2013年各年8月莱州湾各站位的沉积环境状况。总体上看，莱州湾各评价区域沉积环境状况均处于优

良状态。

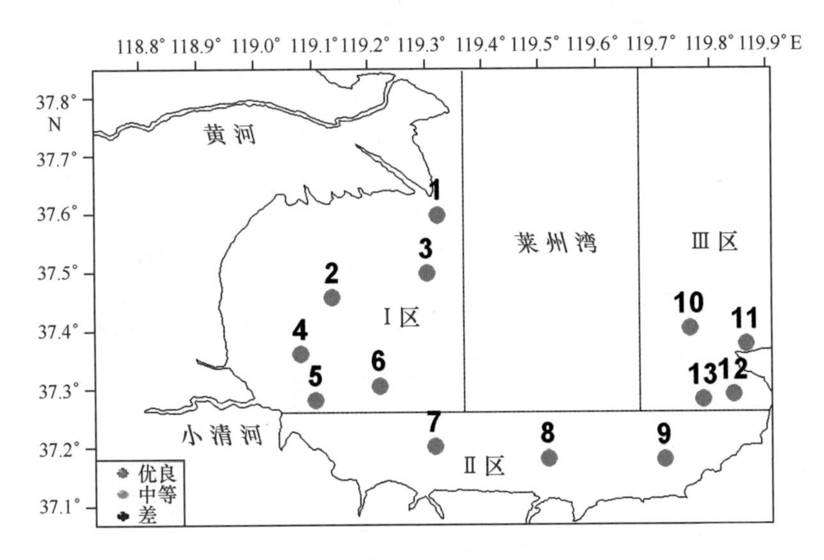

图 5.13　2005 年 8 月莱州湾沉积环境状况评价等级

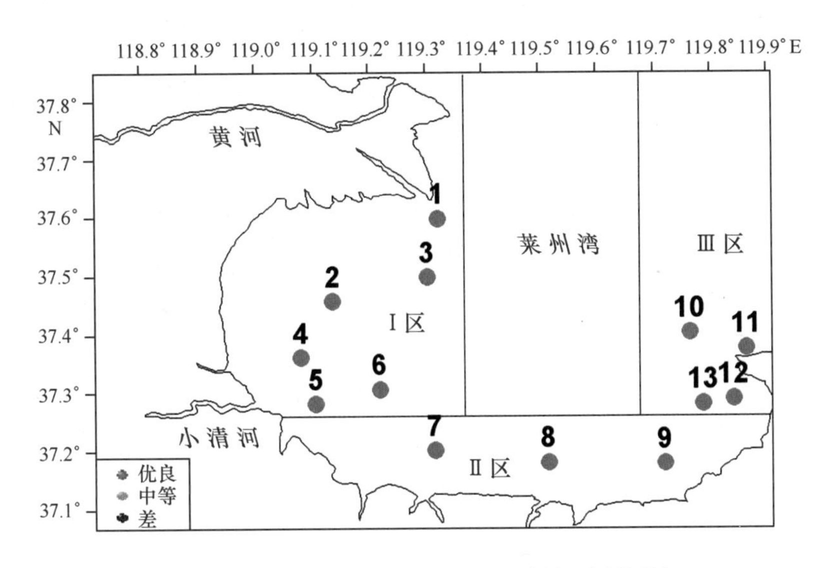

图 5.14　2010 年 8 月莱州湾沉积环境状况评价等级

5.6.2.3　生境状况

根据莱州湾海洋水环境和沉积环境状况的评价结果得到了莱州湾生境状态综合指数（*HQI*）。图 5.18 为莱州湾生境状态综合指数的变化特征。

2005 年 8 月莱州湾海域生境状态综合指数的平均值为 94（67 ~ 100），处于优良状态，区域Ⅰ、Ⅱ、Ⅲ生境状态综合指数的平均值分别为 89、95、100，评价海域所有站位的生境状态等级均处于优良状态。2010 年 8 月莱州湾 HQI 的平均值为 89（67 ~

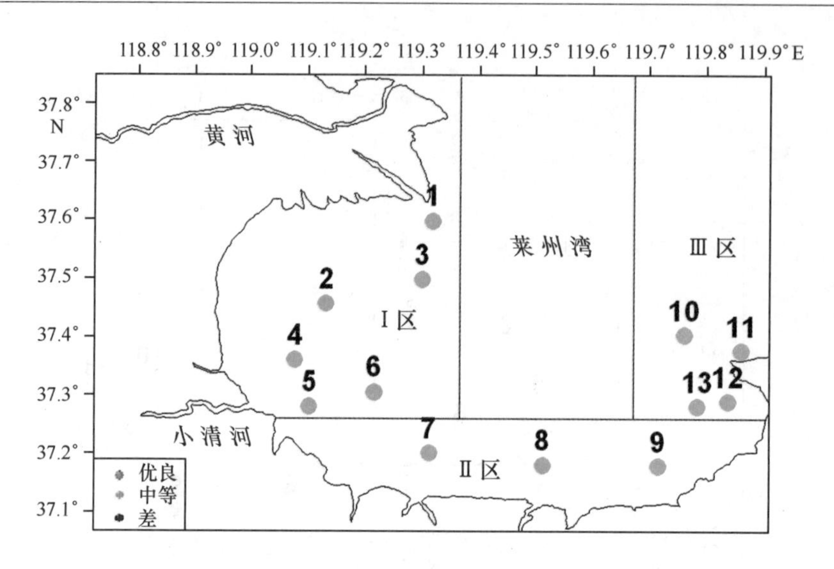

图 5.15 2011 年 8 月莱州湾沉积环境状况评价等级

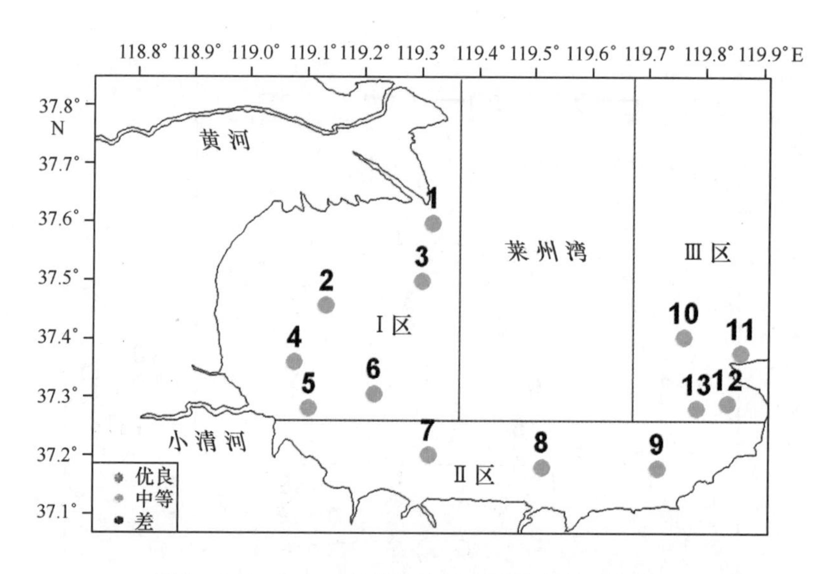

图 5.16 2012 年 8 月莱州湾沉积环境状况评价等级

100)，处于优良状态，区域Ⅰ、Ⅱ、Ⅲ生境状态综合指数的平均值分别为 83、84、100，评价海域所有站位的生境状态等级均处于优良状态。2011 年 8 月莱州湾 HQI 的平均值为 93（67～100），处于优良状态。区域Ⅰ、Ⅱ、Ⅲ生境状态综合指数的平均值分别为 95、89、96，评价海域所有站位的生境状态等级均处于优良状态。2012 年 8 月莱州湾 HQI 的平均值为 89（67～100），处于优良状态，区域Ⅰ、Ⅱ、Ⅲ生境状态综合指数的平均值分别为 83、89、96，评价海域所有站位的生境状态等级均处于优良状态。2013 年 8 月莱州湾 HQI 的平均值为 92（84～100），处于优良状态，区域Ⅰ、Ⅱ、Ⅲ生境状态综合指数的平均值分别为 89、100、89，评价海域所有站位的生境状态等级均处

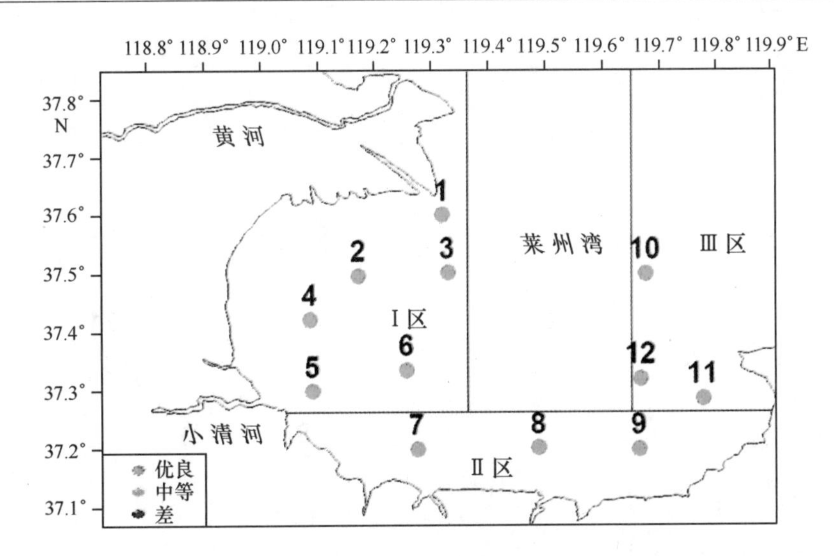

图 5.17　2013 年 8 月莱州湾沉积环境状况评价等级

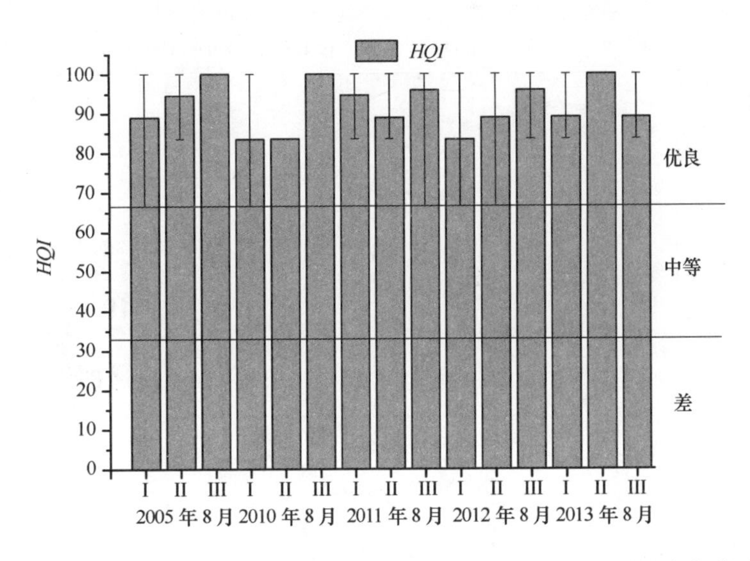

图 5.18　莱州湾生境状态综合指数变化特征（误差线表示指数的变化范围）

于优良状态。

2005 年、2010 年、2011 年、2012 年和 2013 年各年 8 月莱州湾各站位的生境状态评价等级见图 5.19 至图 5.23。

5.6.3　莱州湾生态响应评价

“生态响应”包括生物群落结构和生态功能两类二级指标。其中，生物群落结构指标的评价从浮游植物（或浮游动物）多样性指数（H'）和大型底栖动物物种多样性指数（H'）两个三级指标进行评价；生态功能指标用评价海域的初级生产力表示。

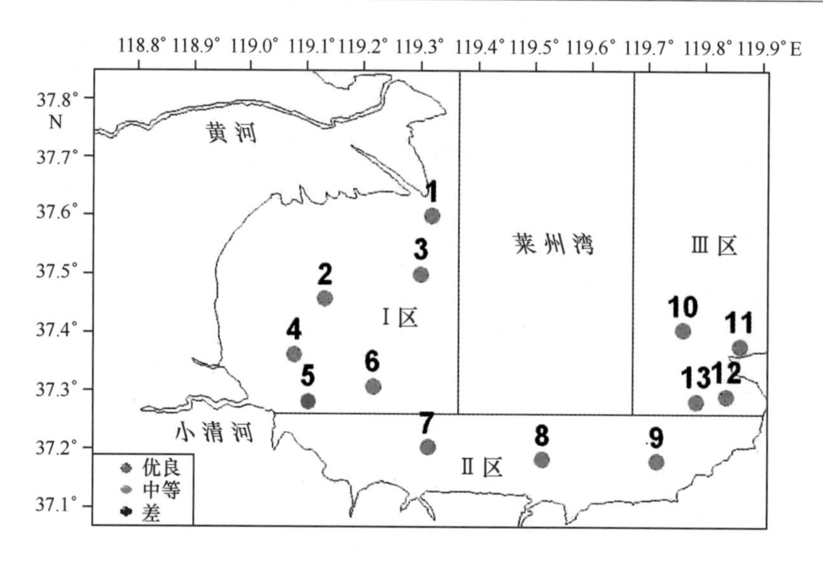

图 5.19 2005 年 8 月莱州湾生境状态评价等级

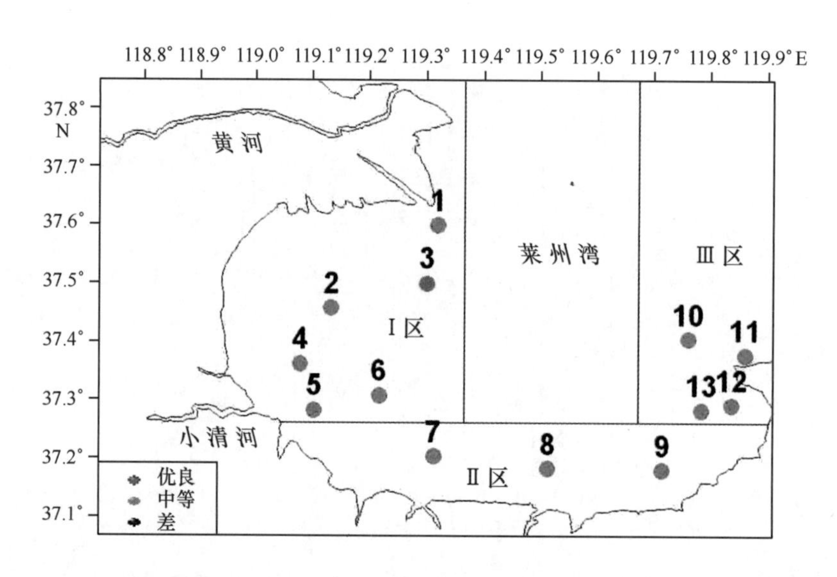

图 5.20 2010 年 8 月莱州湾生境状态评价等级

5.6.3.1 生物群落结构

图 5.24 为莱州湾浮游植物多样性指数 H'的变化特征。2005 年 8 月莱州湾浮游植物多样性指数 H'的变化范围为 1.25 ~ 3.56，平均值为 2.51，多样性指数一般，物种丰富度中等，评价等级处于中等水平，区域Ⅰ、Ⅱ、Ⅲ浮游植物多样性指数 H'的平均值分别为 2.35、3.04、2.36。区域Ⅰ中 5 个站位的多样性指数 H'均在 1 ~ 3 之间，只有 1 个站位的多样性指数 H'大于 3，多样性指数较高，物种种类丰富；区域Ⅱ有 2 个站位的多样性指数 H'超过了标准值 3，多样性指数较高，物种种类丰富，整体上处于优良状态；

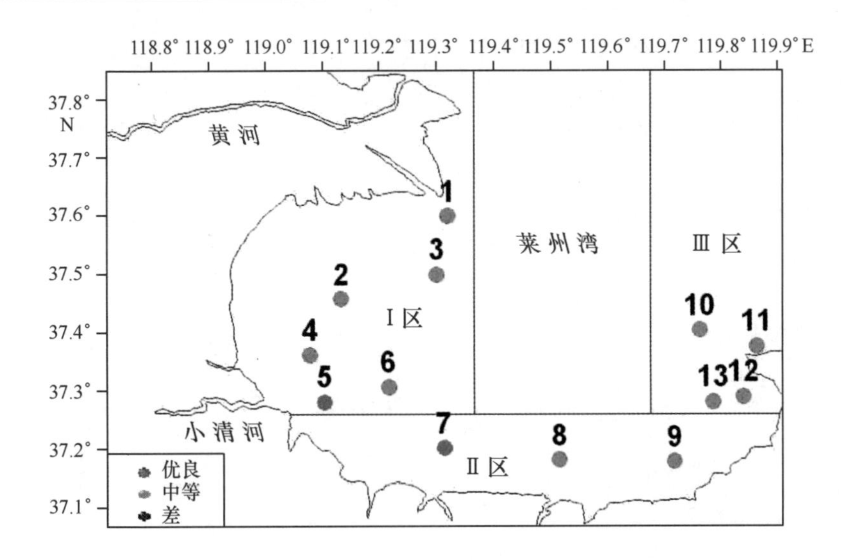

图5.21 2011年8月莱州湾生境状态评价等级

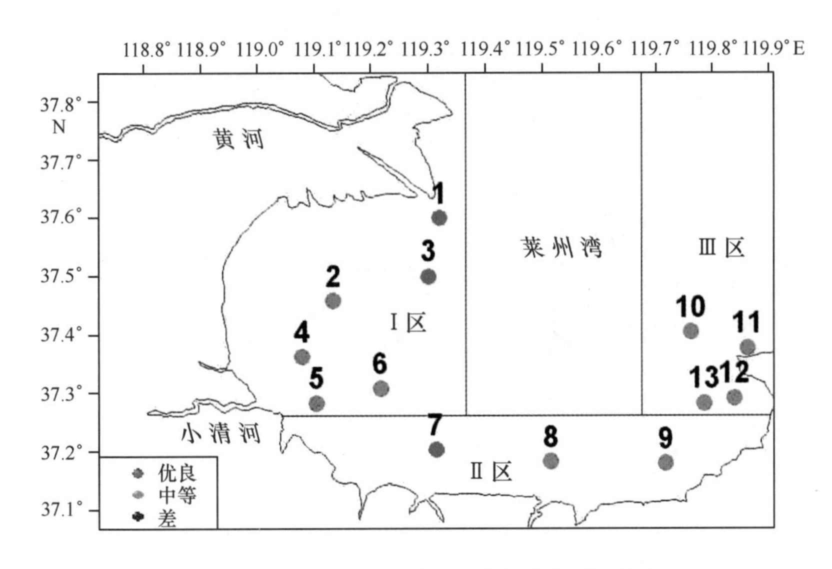

图5.22 2012年8月莱州湾生境状态评价等级

区域Ⅲ所有的站位浮游植物多样性指数 H' 均在1~3之间，整体处于中等状态。

2010年8月莱州湾浮游植物多样性指数 H' 的变化范围为0.26~3.29，平均值为2.29，多样性指数一般，物种丰富度中等，评价等级处于中等水平。区域Ⅰ、Ⅱ、Ⅲ浮游植物多样性指数 H' 的平均值分别为1.73、2.55、2.92。区域Ⅰ中仅有1个站位的多样性指数 H' 大于3，有2个站位的多样性指数 H' 小于1，整体上处于中等状态；区域Ⅱ有1个站位的多样性指数 H' 大于3，2个站位的多样性指数 H' 在1~3之间，整体上处于中等状态；区域Ⅲ有2个站位的多样性指数 H' 在1~3之间，其他2个站位的多样性指数 H' 大于3，总体处于中等状态。

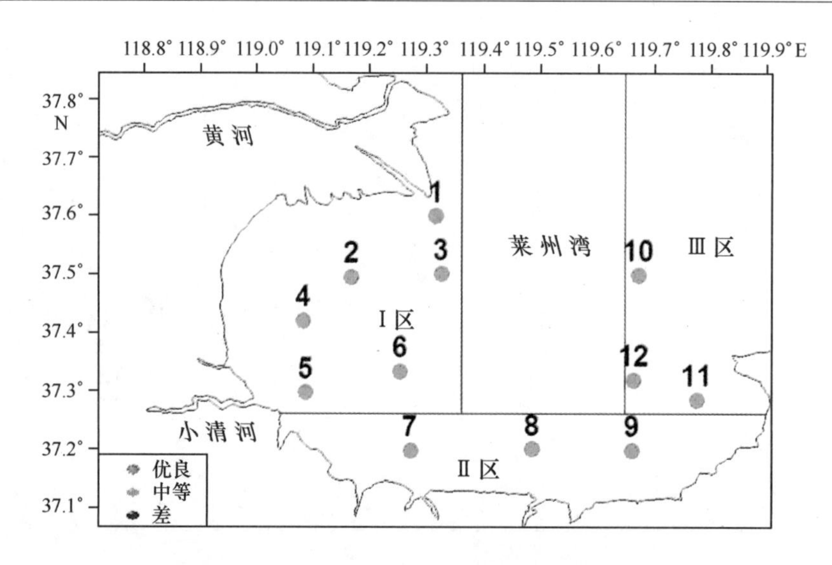

图 5.23 2013 年 8 月莱州湾生境状态评价等级

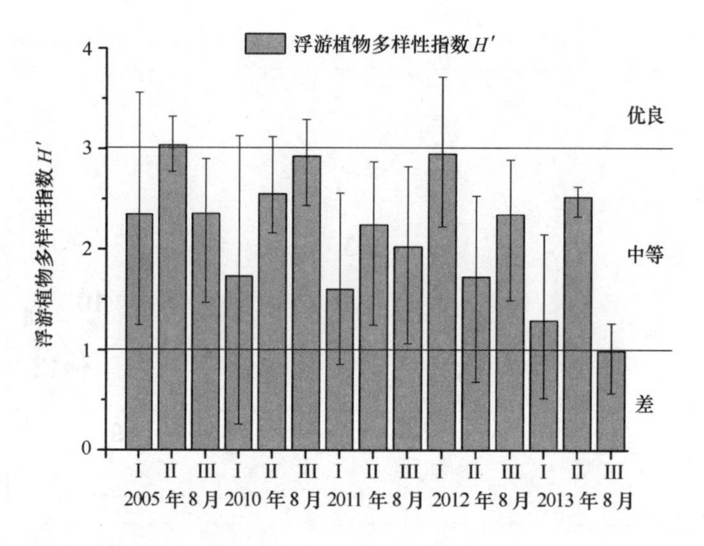

图 5.24 莱州湾浮游植物多样性指数 H'的变化特征（误差线表示指数的变化范围）

2011 年 8 月莱州湾浮游植物多样性指数 H'的变化范围为 0.85～2.87，平均值为 1.88，多样性指数一般，物种丰富度中等，评价等级处于中等水平。区域Ⅰ、Ⅱ、Ⅲ浮游植物多样性指数 H'的平均值分别为 1.60、2.24、2.02。区域Ⅰ中 5 个站位的多样性指数 H'均在 1～3 之间，有 1 个站位的多样性指数 H'小于 1，整体上处于中等状态；区域Ⅱ有 2 个站位的多样性指数 H'在 1～3 之间，有 1 个站位的多样性指数 H'小于 1，整体上处于中等状态；区域Ⅲ有 3 个站位的多样性指数 H'在 1～3 之间，有 1 个站位的多样性指数 H'小于 1，总体处于中等状态。

2012 年 8 月莱州湾浮游植物多样性指数 H'的变化范围为 0.68～3.72，平均值为

2.48，多样性指数一般，物种丰富度中等，评价等级处于中等水平。区域Ⅰ、Ⅱ、Ⅲ浮游植物多样性指数 H' 的平均值分别为 2.95、1.72、2.35。区域Ⅰ中 4 个站位的多样性指数 H' 均在 1～3 之间，有 2 个站位的多样性指数 H' 大于 3，整体上处于中等状态；区域Ⅱ有 2 个站位的多样性指数 H' 在 1～3 之间，有 1 个站位的多样性指数 H' 小于 1，整体处于中等状态；区域Ⅲ所有的站位浮游植物多样性指数 H' 均在 1～3 之间，总体处于中等状态。

2013 年 8 月莱州湾浮游植物多样性指数 H' 的变化范围为 0.52～2.62，平均值为 1.52，多样性指数一般，物种丰富度中等，评价等级处于中等水平。区域Ⅰ、Ⅱ、Ⅲ浮游植物多样性指数 H' 的平均值分别为 1.29、2.52、0.99。区域Ⅰ中 3 个站位的多样性指数 H' 均在 1～3 之间，有 3 个站位的多样性指数 H' 小于 1，整体上处于中等状态；区域Ⅱ所有的站位浮游植物多样性指数 H' 均在 1～3 之间，总体处于中等状态；区域Ⅲ有 2 个站位的多样性指数 H' 在 1～3 之间，1 个站位的多样性指数 H' 小于 1，整体处于差状态。

通过比较不同年份的不同区域，近 4 年（2010 年 8 月、2011 年 8 月、2012 年 8 月和 2013 年 8 月）与 2005 年 8 月背景年相比，莱州湾浮游植物多样性指数总体呈现下降趋势。总体上，各年份的多样性指数值均处于中等水平，多样性指数一般，物种丰富度中等。

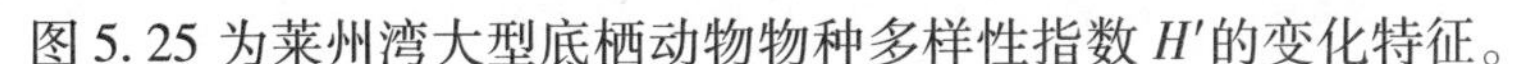
图 5.25 为莱州湾大型底栖动物物种多样性指数 H' 的变化特征。

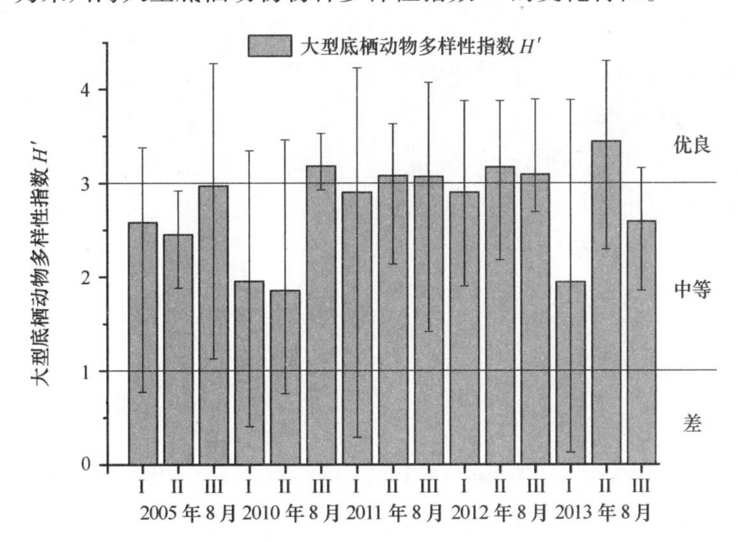

图 5.25　莱州湾大型底栖动物物种多样性指数 H' 的变化特征
（误差线表示指数的变化范围）

2005 年 8 月莱州湾大型底栖动物物种多样性指数 H' 的变化范围为 0.77～4.28，平均值为 2.67，处于中等水平，大型底栖动物群落受到轻度扰动，多样性指数一般，物种丰富度中等。区域Ⅰ、Ⅱ、Ⅲ大型底栖动物多样性指数 H' 的平均值分别为 2.58、2.45、2.97。区域Ⅰ中 3 个站位的多样性指数 H' 大于 3，2 个站位在 1～3 之间，有 1 个站位小于1，整体上处于中等状态；区域Ⅱ所有站位的多样性指数 H' 均在1~3之间，总体处于中等状态；区域Ⅲ有3个站位的多样性指数 H' 大于3，1个站位在1~3之间，总体处于中等状态。

2010年8月莱州湾大型底栖动物物种多样性指数 H' 的变化范围为0.41~3.52，平均值为2.31，大型底栖动物群落受到轻度扰动，多样性指数一般，物种丰富度中等，评价等级处于中等水平。区域Ⅰ、Ⅱ、Ⅲ大型底栖动物多样性指数 H' 的平均值分别为1.95、1.85、3.18。区域Ⅰ中4个站位的多样性指数 H' 在1~3之间，1个站位大于3，1个站位小于1，整体上处于中等状态；区域Ⅱ有1个站位的多样性指数 H' 大于3，有1个站位小于1，整体上处于中等状态；区域Ⅲ有3个站位的多样性指数 H' 大于3，1个站位接近3，总体处于优良状态。

2011年8月莱州湾大型底栖动物物种多样性指数 H' 的变化范围为0.29~4.23，平均值为3.00，多样性指数高，物种种类丰富，评价等级处于优良水平。区域Ⅰ、Ⅱ、Ⅲ大型底栖动物多样性指数 H' 的平均值分别为2.91、3.08和3.07。区域Ⅰ中有4个站位的多样性指数 H' 大于3，1个站位在1~3之间，有1个站位远小于1，整体上处于中等状态；区域Ⅱ有2个站位的多样性指数 H' 大于3，1个站位在1~3之间，整体上处于优良状态；区域Ⅲ有2个站位的多样性指数 H' 大于3，2个站位在1~3之间，整体上处于优良状态。

2012年8月莱州湾大型底栖动物物种多样性指数 H' 的变化范围为1.90~3.89，平均值为3.02，多样性指数高，物种种类丰富，评价等级处于优良水平。区域Ⅰ、Ⅱ、Ⅲ大型底栖动物多样性指数 H' 的平均值分别为2.90、3.17、3.09。区域Ⅰ中3个站位的多样性指数 H' 大于3，其他3个站位在1~3之间，整体上处于中等状态；区域Ⅱ有2个站位的多样性指数 H' 大于3，1个站位在1~3之间，整体上处于优良状态；区域Ⅲ有2个站位的多样性指数 H' 大于3，2个站位在1~3之间，整体上处于优良状态。

2013年8月莱州湾大型底栖动物物种多样性指数 H' 的变化范围为0.13~4.30，平均值为2.48，大型底栖动物群落受到轻度扰动，多样性指数一般，物种丰富度中等，评价等级处于中等水平。区域Ⅰ、Ⅱ、Ⅲ大型底栖动物多样性指数 H' 的平均值分别为1.94、3.45、2.59。区域Ⅰ中2个站位的多样性指数 H' 大于3，1个站位的多样性指数值位于1~3之间，其他3个站位的多样性指数值小于1，整体上处于中等状态；区域Ⅱ有2个站位的多样性指数 H' 大于3，1个站位在1~3之间，整体上处于优良状态；区域Ⅲ有1个站位的多样性指数 H' 大于3，2个站位的多样性指数值在1~3之间，整体上处于中等状态。

通过比较不同年份的不同区域，2010年8月与2005年8月背景年相比，区域Ⅰ和Ⅱ的大型底栖动物多样性指数 H' 明显下降；2011年8月和2012年8月与2005年8月背景年相比，区域的大型底栖动物多样性指数 H' 明显上升，物种数和丰富度增加；2013年8月与2005年8月背景年相比，区域Ⅱ的大型底栖动物多样性指数 H' 明显上升，区域Ⅰ和区域Ⅲ的多样性指数 H' 下降，区域整体上略微下降。

根据莱州湾浮游植物多样性指数 H' 和大型底栖动物物种多样性指数 H' 这两个三级指标计算得到了莱州湾生物群落结构指数 *BCI* 值的变化特征，图 5.26 为生物群落结构指数 *BCI* 在各区域的平均值和变化范围。图 5.27 ~ 图 5.31 分别为 2005 年 8 月、2010 年 8 月、2011 年 8 月、2012 年 8 月、2013 年 8 月莱州湾各站位的生物群落结构状况评价等级。

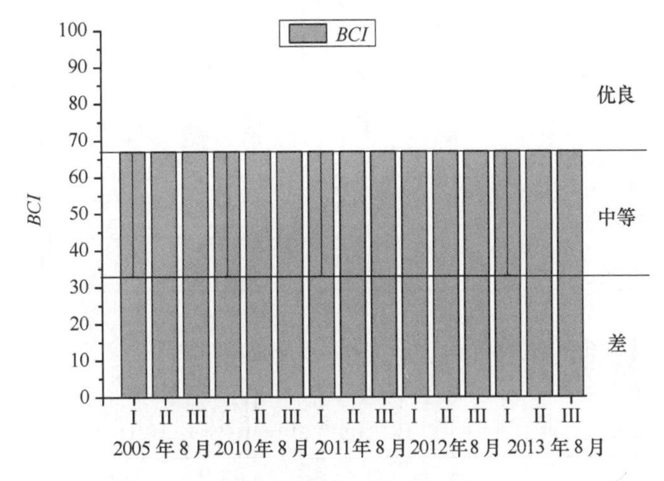

图 5.26　莱州湾生物群落结构指数变化特征（误差线表示指数的变化范围）

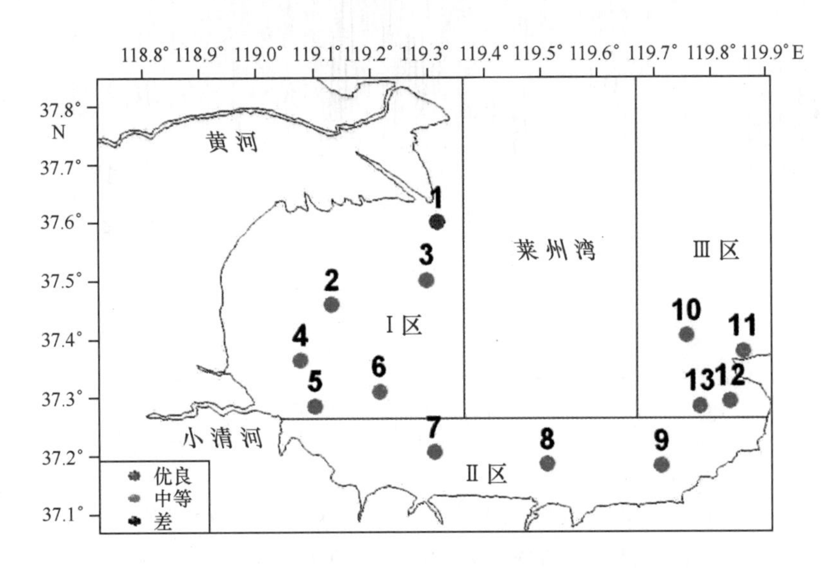

图 5.27　2005 年 8 月莱州湾生物群落结构评价等级

2005 年 8 月莱州湾生物群落结构指数 *BCI* 的平均值为 67，生物群落结构评价等级处于中等水平。区域Ⅰ、Ⅱ、Ⅲ生物群落结构指数的平均值均为 67。除区域Ⅰ有 1 个站位生物群落指数值小于等于 33 外，其他区域站位均处于中等状态，多样性指数一般，物种丰富度中等。

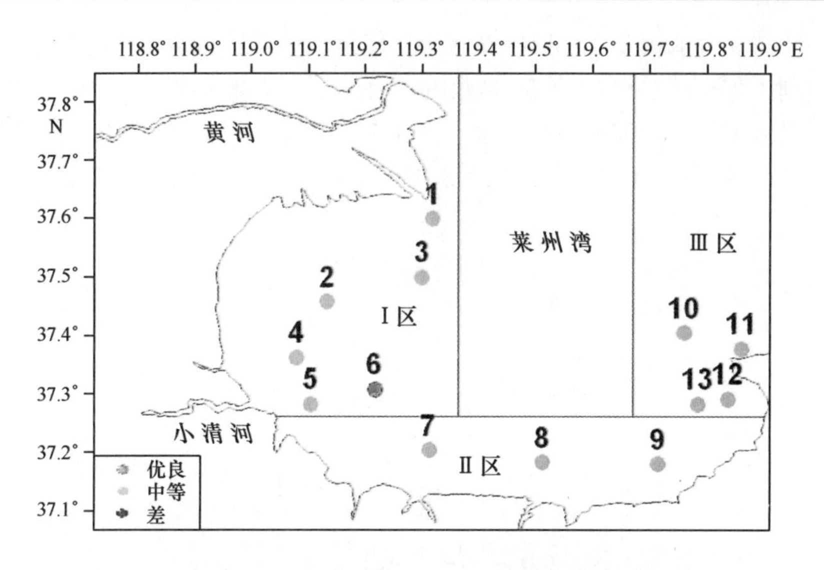

图 5.28 2010 年 8 月莱州湾生物群落结构评价等级

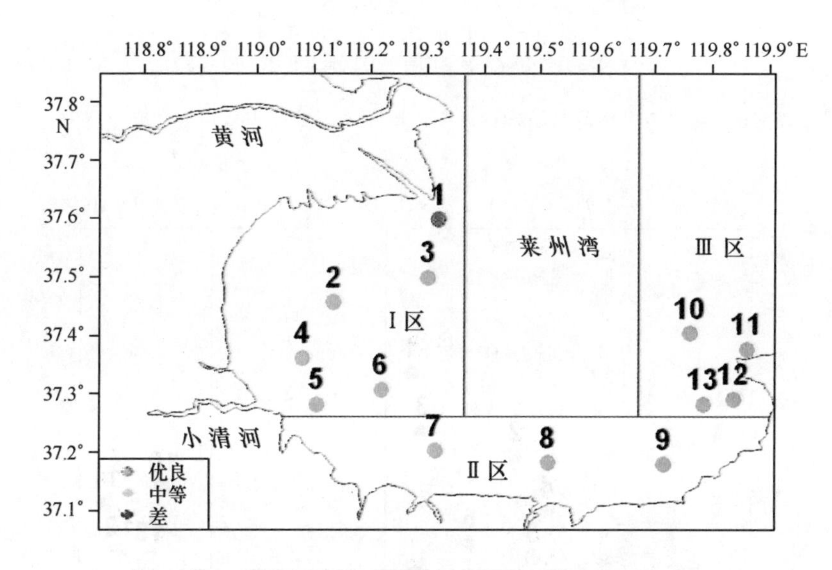

图 5.29 2011 年 8 月莱州湾生物群落结构评价等级

2010 年 8 月莱州湾生物群落结构指数的平均值为 67，生物群落结构评价等级处于中等水平。区域Ⅰ、Ⅱ、Ⅲ生物群落结构指数的平均值均为 67，除区域Ⅰ有 1 个站位生物群落指数值小于等于 33 外，其他区域站位均处于中等状态，多样性指数一般，物种丰富度中等。

2011 年 8 月莱州湾生物群落结构指数的平均值为 67，生物群落结构评价等级处于中等水平。区域Ⅰ、Ⅱ、Ⅲ生物群落结构指数的平均值均为 67，2011 年 8 月与 2005 年 8 月背景年的生物群落状况相同。除区域Ⅰ有 1 个站位生物群落指数值小于等于 33 外，其他区域站位均处于中等状态，多样性指数一般，物种丰富度中等。

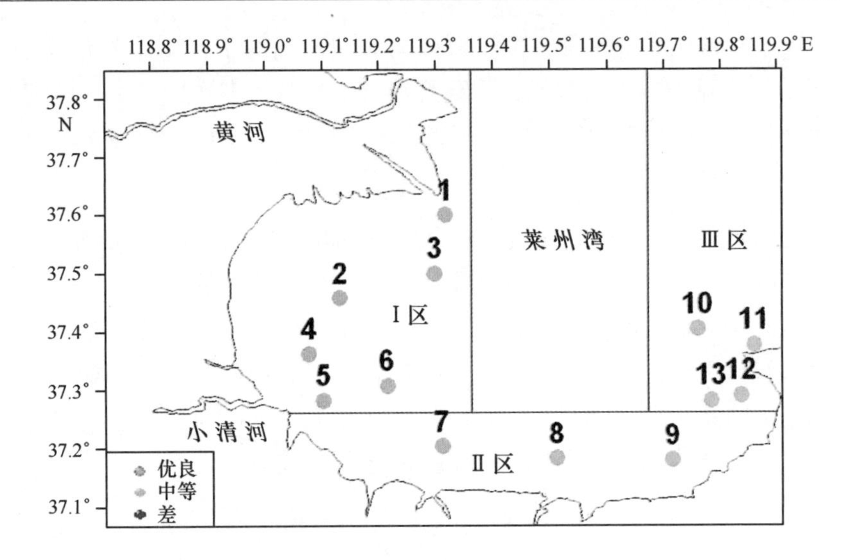

图 5.30　2012 年 8 月莱州湾生物群落结构评价等级

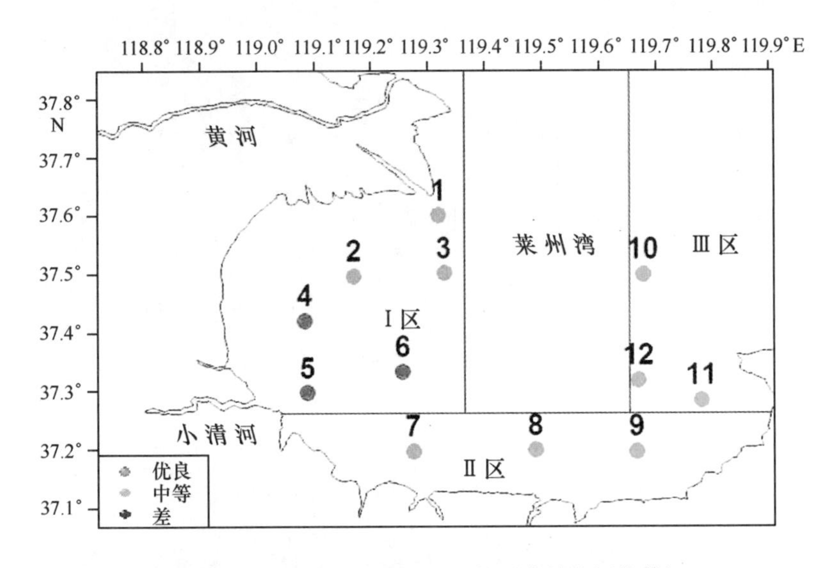

图 5.31　2013 年 8 月莱州湾生物群落结构评价等级

2012 年 8 月莱州湾生物群落结构指数的平均值为 67，各区域各站位的生物群落结构评价等级均处于中等水平，多样性指数一般，物种丰富度中等。

2013 年 8 月莱州湾生物群落结构指数的平均值为 67，生物群落结构评价等级处于中等水平。各区域的生物群落结构指数的平均值均为 67，除区域Ⅰ的 3 个站位的生物群落指数值小于等于 33 外，其他站位的指数值均处于中等状态，评价等级整体上处于中等水平，多样性指数一般，物种丰富度中等。

通过比较不同年份的不同区域，2010 年 8 月、2011 年 8 月、2012 年 8 月和 2013 年 8 月分别与 2005 年 8 月背景年相比，莱州湾生物群落结构均处于中等水平。2005 年 8

月、2010年8月和2011年8月，位于莱州湾海域西侧的Ⅰ区1个站位处于差等级，2013年8月有3个站位处于差等级，主要是浮游植物生物多样性减少所引起的。其他各站位的生物群落结构指数均处于中等等级，多样性指数一般，物种丰富度中等。

5.6.3.2 生态功能

生态功能指标用评价海域的初级生产力表征。图5.32为莱州湾初级生产力单因子指数的变化特征。根据莱州湾海域三级指标——初级生产力单因子指数的评价结果得到了莱州湾生态功能状况指标，图5.33为莱州湾生态功能指数变化特征。图5.34至图5.38分别为2005年8月、2010年8月、2011年8月、2012年8月、2013年8月莱州湾各站位的生态功能状况。

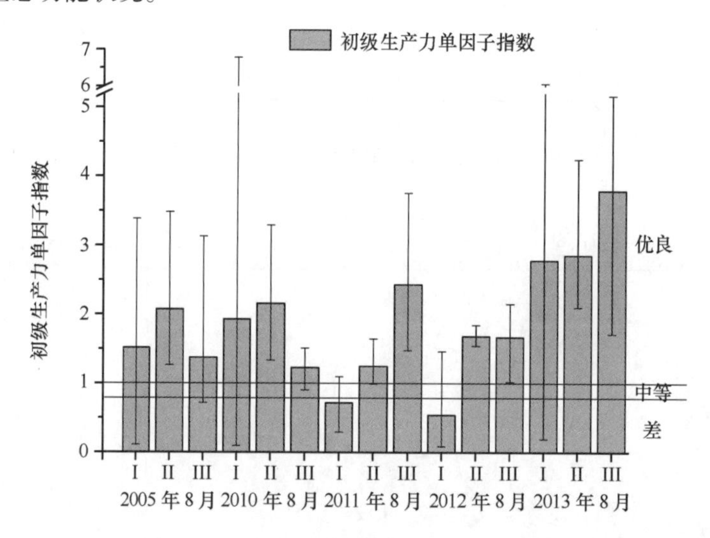

图5.32 莱州湾初级生产力单因子指数的变化特征（误差线表示指数的变化范围）

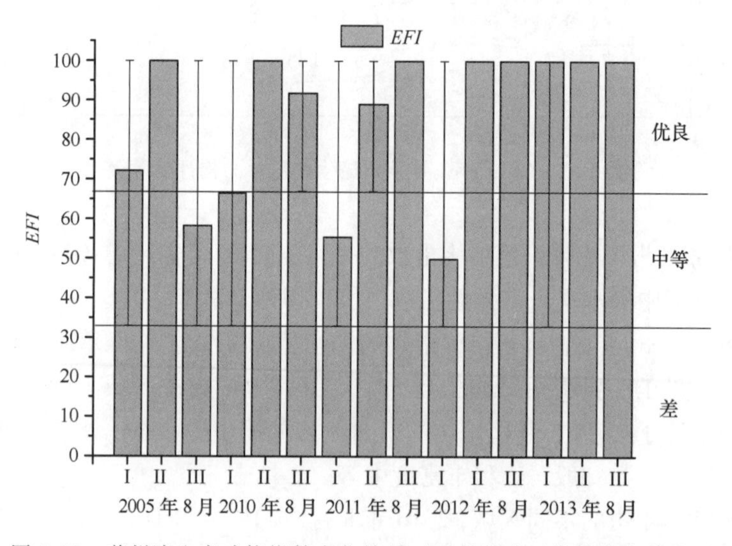

图5.33 莱州湾生态功能指数变化特征（误差线表示指数的变化范围）

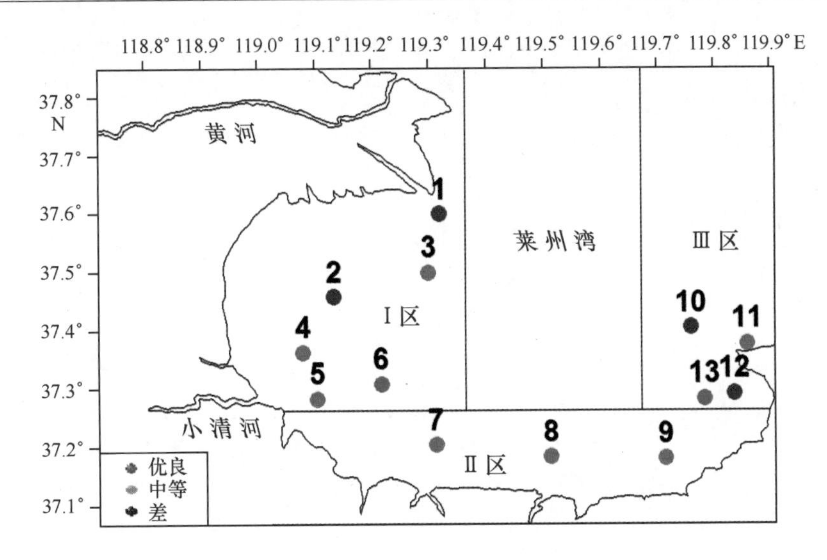

图 5.34 2005 年 8 月莱州湾生态功能评价等级

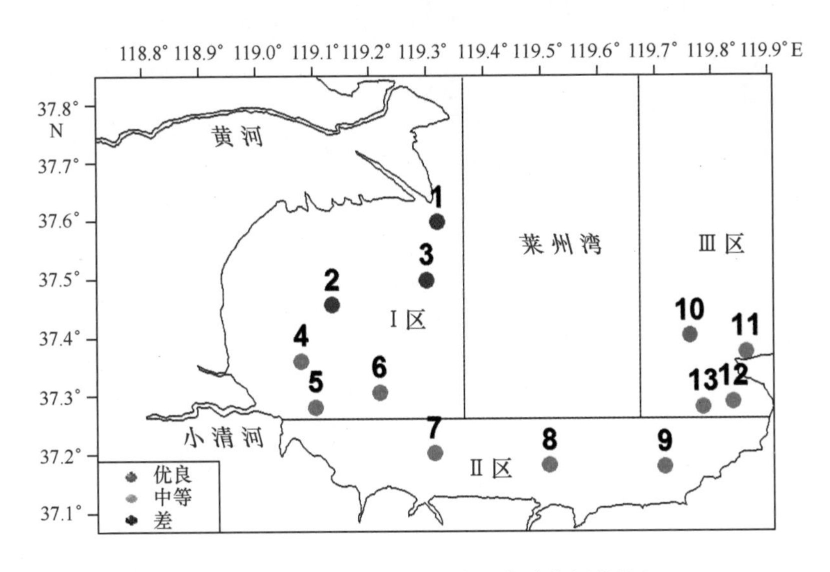

图 5.35 2010 年 8 月莱州湾生态功能评价等级

2005 年 8 月莱州湾初级生产力单因子指数的变化范围为 0.11 ~ 3.48，平均值为 1.60，评价等级处于优良水平，平均初级生产力保持在较高水平。区域Ⅰ、Ⅱ和Ⅲ的初级生产力单因子指数的平均值分别为 1.52、2.07 和 1.38，评价等级总体均处于优良状态。区域Ⅰ中有 2 个站位初级生产力小于历史参考值［142 mg/（m^2·h），以碳计］的 80%，1 个站位初级生产力在历史参考值的 80% 以内，其余各站位的初级生产力均超过了历史参考值，其平均值超过了历史参考值，评价等级总体均处于优良状态。区域Ⅱ所有站位的初级生产力均超过了历史参考值，评价等级总体均处于优良状态。区域Ⅲ中有 2 个站位初级生产力小于历史参考值的 80%，1 个站位初级生产力在历史参考

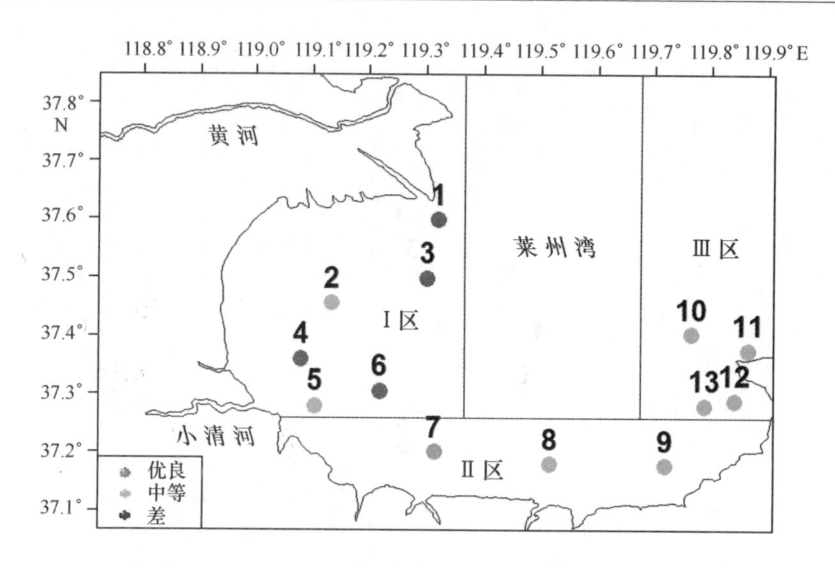

图 5.36 2011 年 8 月莱州湾生态功能评价等级

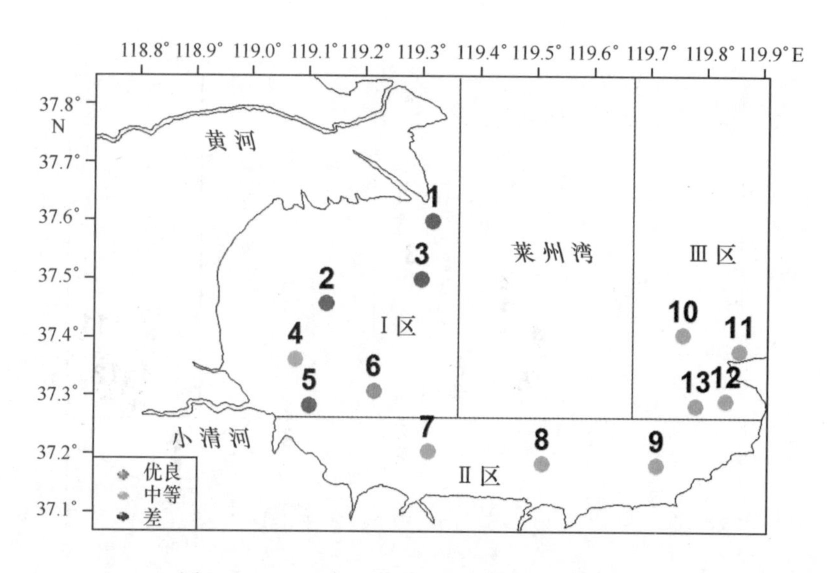

图 5.37 2012 年 8 月莱州湾生态功能评价等级

值的 80% 以内，其余各站位的初级生产力均超过了历史参考值，其平均值超过了历史参考值，评价等级总体均处于优良状态。

2010 年 8 月莱州湾初级生产力单因子指数的变化范围为 0.09 ~ 6.79，平均值为 1.76，评价等级处于优良水平，初级生产力保持在较高水平。区域Ⅰ、Ⅱ、Ⅲ初级生产力单因子指数的平均值分别为 1.93、2.15、1.23。区域Ⅰ中 3 个站位初级生产力小于历史参考值的 80%，其余站位均大于历史参考值，其平均值超过了历史参考值，评价等级总体均处于优良状态。区域Ⅱ所有站位的初级生产力均超过了历史参考值，评价等级总体均处于优良状态。区域Ⅲ中有 1 个站位初级生产力在历史参考值的 80% 以

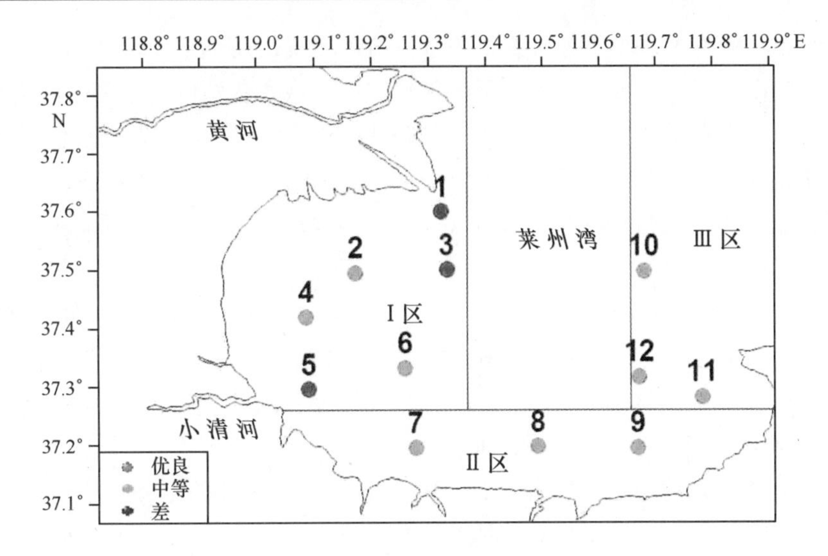

图 5.38 2013 年 8 月莱州湾生态功能评价等级

内，其余各站位的初级生产力均超过了历史参考值，其平均值超过了历史参考值，评价等级总体均处于优良状态。

2011 年 8 月莱州湾初级生产力单因子指数的变化范围为 0.29 ~ 3.75，平均值为 1.37，处于优良水平，初级生产力未受干扰。区域Ⅰ、Ⅱ、Ⅲ初级生产力单因子指数的平均值分别为 0.72、1.25、2.43。区域Ⅰ中 4 个站位的初级生产力小于历史参考值的 80%，总体也处于差状态。区域Ⅱ、Ⅲ总体处于优良状态。

2012 年 8 月莱州湾初级生产力单因子指数的变化范围为 0.08 ~ 2.15，平均值为 1.15，处于优良水平，初级生产力未受干扰。区域Ⅰ、Ⅱ、Ⅲ初级生产力单因子指数的平均值分别为 0.54、1.68、1.67。区域Ⅰ中 5 个站位的初级生产力小于历史参考值的 80%，总体也处于差状态。区域Ⅱ、Ⅲ总体处于优良状态。

2013 年 8 月莱州湾初级生产力单因子指数的变化范围为 0.19 ~ 6.08，平均值为 3.05，处于优良水平，初级生产力未受干扰。区域Ⅰ、Ⅱ、Ⅲ初级生产力单因子指数的平均值分别为 2.78、2.86、3.79。区域Ⅰ中 3 个站位的初级生产力小于历史参考值的 80%，3 个站位的初级生产力远远大于历史参考值，整体处于优良状态。区域Ⅱ、Ⅲ总体上处于优良状态。

通过比较不同年份的不同区域发现，莱州湾海域Ⅰ区域水体初级生产力单因子指数相对较低。近 4 年（2010 年 8 月、2011 年 8 月、2012 年 8 月和 2013 年 8 月）与 2005 年 8 月背景年相比，莱州湾海域初级生产力单因子指数整体呈先略下降后上升的趋势，只有 2011 年和 2012 年Ⅰ区的平均值低，处于差等级水平，初级生产力受到重度干扰，其他各年份各区域的平均值均处于优良状态，初级生产力明显提高。

2005 年 8 月莱州湾生态功能指数 *EFI* 的平均值为 77，生态功能评价等级处于优良水平。区域Ⅰ、Ⅱ、Ⅲ生态功能指数的平均值分别为 72、100、58。区域Ⅰ和Ⅲ均有 2

个站位的生态功能指数值小于等于33，有1个站位生态功能指数值小于等于67，区域Ⅰ整体处于优良状态，区域Ⅲ整体处于中等状态；区域Ⅱ各站位均处于优良状态。

2010年8月莱州湾生态功能指数的平均值为86，生态功能评价等级处于优良水平。区域Ⅰ、Ⅱ、Ⅲ生态功能指数的平均值分别为67、100、92。区域Ⅰ有3个站位生态功能指数值小于等于33，区域整体处于中等状态；区域Ⅱ各站位均处于优良状态；区域Ⅲ有1个站位生态功能指数值小于等于67，区域处于优良状态。

2011年8月莱州湾生态功能指数的平均值为81，生态功能评价等级处于优良水平。区域Ⅰ、Ⅱ、Ⅲ生态功能指数的平均值分别为55、89、100。区域Ⅰ有4个站位生态功能指数值小于等于33，区域整体处于中等状态；区域Ⅱ有1个站位生态功能指数值小于等于67，区域处于优良状态；区域Ⅲ各站位均处于优良状态。

2012年8月莱州湾生态功能指数的平均值为83，各区域的生态功能评价等级处于优良水平。区域Ⅰ有4个站位生态功能指数值小于等于33，有1个站位生态功能指数值小于等于67，区域整体处于中等状态；区域Ⅱ、Ⅲ各站位均处于优良状态。

2013年8月莱州湾生态功能指数的平均值为100，各区域的生态功能评价等级处于优良水平。区域Ⅰ有3个站位生态功能指数值小于等于33，有3个站位生态功能指数值为100，区域总体处于优良水平；区域Ⅱ、Ⅲ各站位均处于优良状态，区域处于优良水平。

通过比较不同年份的不同区域，位于莱州湾海域西侧的Ⅰ区的生态功能指数值相对较低，生态功能相对较差。

5.6.3.3 生态响应

根据莱州湾生物群落结构状况和生态功能评价结果得到了莱州湾生态响应综合指数，莱州湾生态响应综合指数的变化特征如图5.39所示。图5.40～图5.44分别为2005年、2010年、2011年、2012年、2013年各年8月莱州湾各站位的生态响应状况。

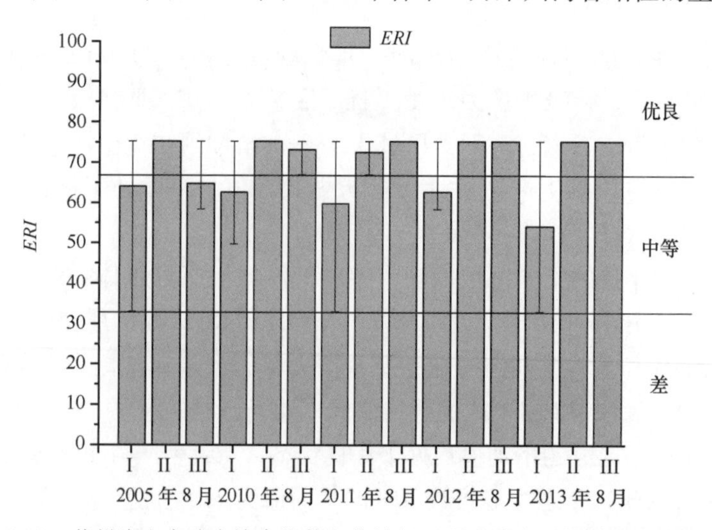

图5.39 莱州湾生态响应综合指数变化特征（误差线表示指数的变化范围）

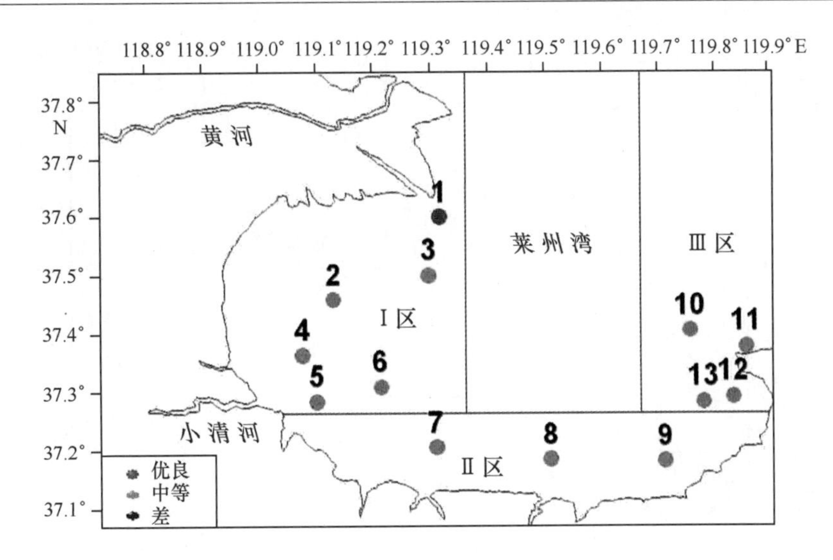

图 5.40 2005 年 8 月莱州湾生态响应综合评价等级

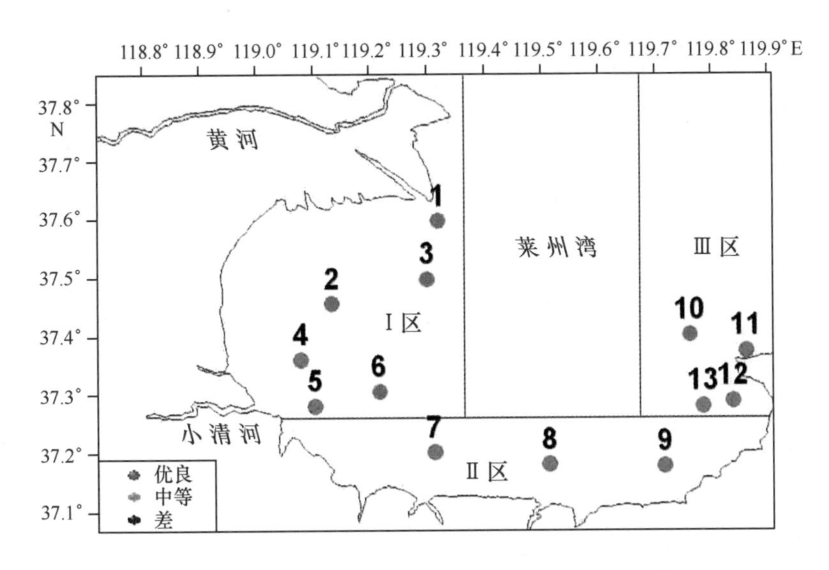

图 5.41 2010 年 8 月莱州湾生态响应综合评价等级

2005 年 8 月莱州湾海洋生态响应综合指数 *ERI* 的变化范围为 33 ~ 75，平均值为 68，处于优良水平，生态健康状况良好，区域Ⅰ、Ⅱ、Ⅲ生态响应综合指数的平均值分别为 64、75、65。区域Ⅰ中有 2 个站位生态响应综合指数小于等于 67，1 个站位生态响应综合指数小于等于 33，该区域生态健康状况处于中等状态，该区域整体处于优良状态；区域Ⅱ均处于优良状态，生态健康状况良好；区域Ⅲ有 3 个站位生态响应综合指数小于等于 67，该区域生态健康状况处于中等状态。

2010 年 8 月莱州湾生态响应综合指数的变化范围为 50 ~ 75，平均值为 70，处于优良水平，生态健康状况良好，区域Ⅰ、Ⅱ、Ⅲ生态响应综合指数的平均值分别为 63、

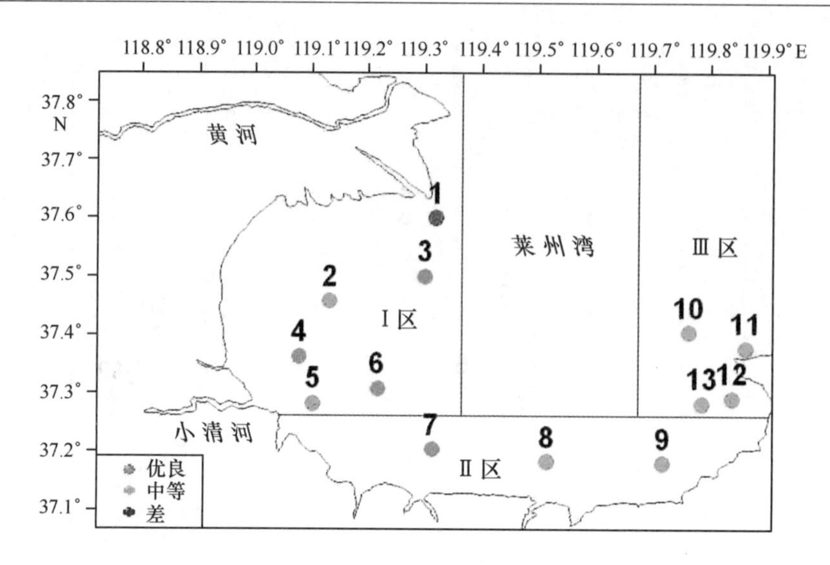

图 5.42　2011 年 8 月莱州湾生态响应综合评价等级

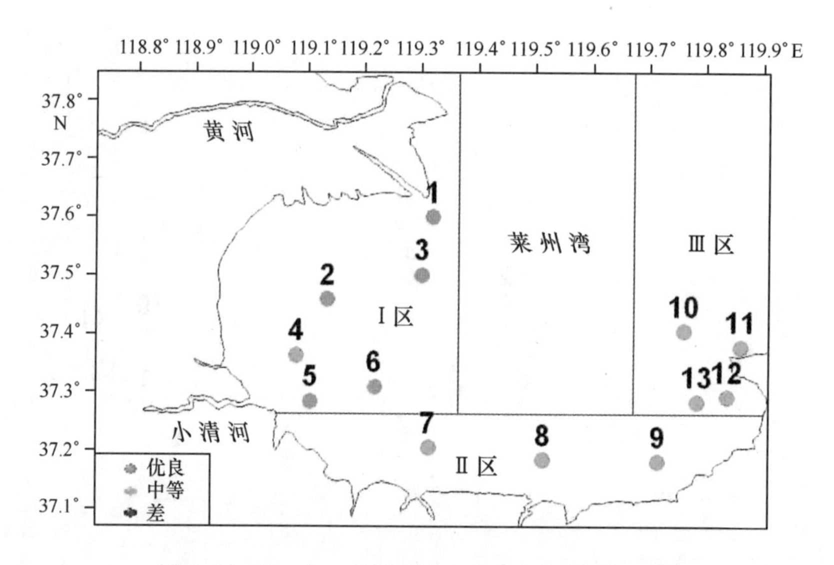

图 5.43　2012 年 8 月莱州湾生态响应综合评价等级

75、73。区域Ⅰ中 4 个站位生态响应综合指数小于等于 67，该区域生态健康状况整体处于中等状态；区域Ⅱ均处于优良状态，生态健康状况良好；区域Ⅲ有 1 个站位生态响应综合指数小于等于 67，整体处于优良状态，生态健康状况良好。

2011 年 8 月莱州湾生态响应综合指数的变化范围为 33 ~ 75，平均值为 69，总体处于优良水平，生态健康状况良好，区域Ⅰ、Ⅱ、Ⅲ生态响应综合指数的平均值分别为 60、73、75。区域Ⅰ中有 1 个站位生态响应综合指数小于等于 33，有 3 个站位生态响应综合指数小于等于 67，该区域生态健康处于中等状态；区域Ⅱ有 1 个站位生态响应综合指数小于等于 67，整体处于优良状态，生态健康状况良好；区域Ⅲ均处于优良状

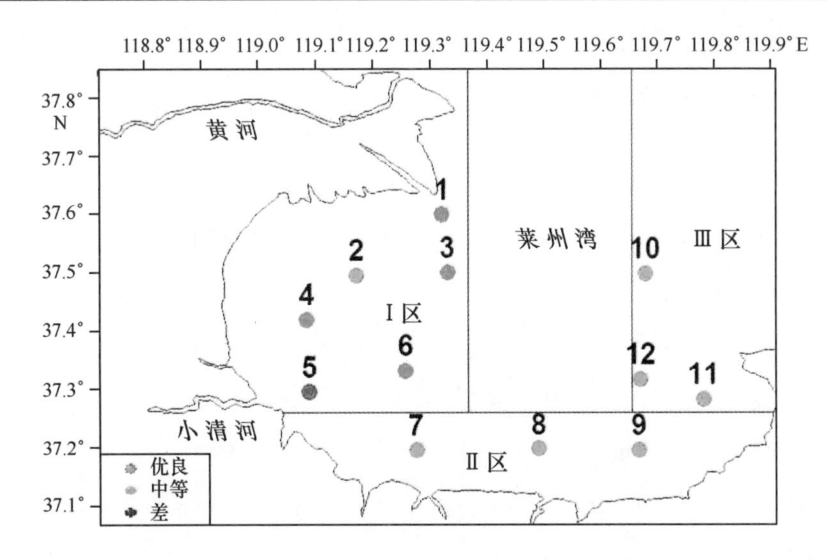

图 5.44　2013 年 8 月莱州湾生态响应综合评价等级

态，生态健康状况良好。

2012 年 8 月莱州湾生态响应综合指数的变化范围为 59 ~ 75，平均值为 71，处于优良水平，生态健康状况良好，区域Ⅰ、Ⅱ、Ⅲ生态响应综合指数的平均值分别为 63、75、75。区域Ⅰ中有 5 个站位生态响应综合指数小于等于 67，生态健康处于中等状态，该区域生态健康状况良好；区域Ⅱ、Ⅲ各站位总体均处于优良状态，区域生态健康状况良好。

2013 年 8 月莱州湾生态响应综合指数的变化范围为 33 ~ 75，平均值为 65，处于中等状态，生态健康状况中等，区域Ⅰ、Ⅱ、Ⅲ生态响应综合指数的平均值分别为 54、75、75。区域Ⅰ中有 1 个站位的生态响应综合指数小于等于 33，4 个站位的生态响应综合指数小于等于 67，生态健康处于中等状态，该区域生态健康状况一般；区域Ⅱ、Ⅲ各站位总体均处于优良状态，区域生态健康状况良好。

5.6.4　莱州湾生态环境状态综合评价

根据莱州湾海洋生境状态状况和生态响应评价结果得到了莱州湾生态环境综合指数，莱州湾生态环境综合指数的变化特征如图 5.45 所示。图 5.46 至图 5.50 分别为 2005 年、2010 年、2011 年、2012 年、2013 年每年 8 月莱州湾各站位的生态环境综合指数状况。

2005 年 8 月研究区生态环境质量综合指数 E 在 46 ~ 81 之间波动，平均值为 75，生态环境质量总体上处于优良水平。区域Ⅰ、Ⅱ、Ⅲ生态环境质量综合指数的平均值分别为 70、80、74。区域Ⅰ中除了 2 个站位生态环境质量综合指数小于等于 67，生态环境质量为中等水平外，其余各站位均处于优良状态，区域Ⅰ整体生态环境质量为良好；区域Ⅱ、Ⅲ总体均处于优良状态，生态环境质量为良好。

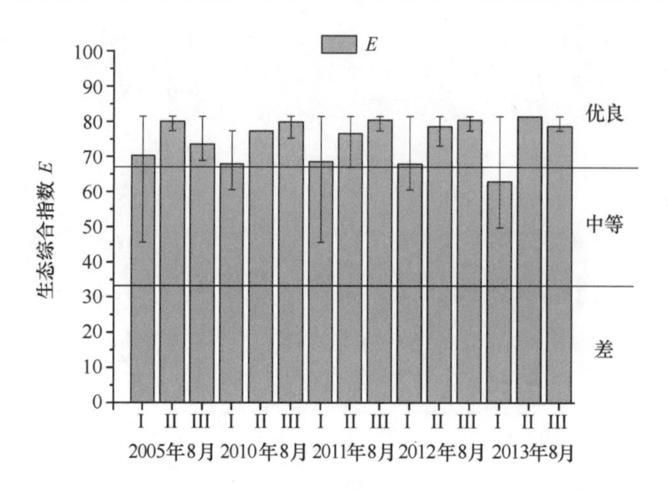

图 5.45　莱州湾生态环境综合指数变化特征（误差线表示指数的变化范围）

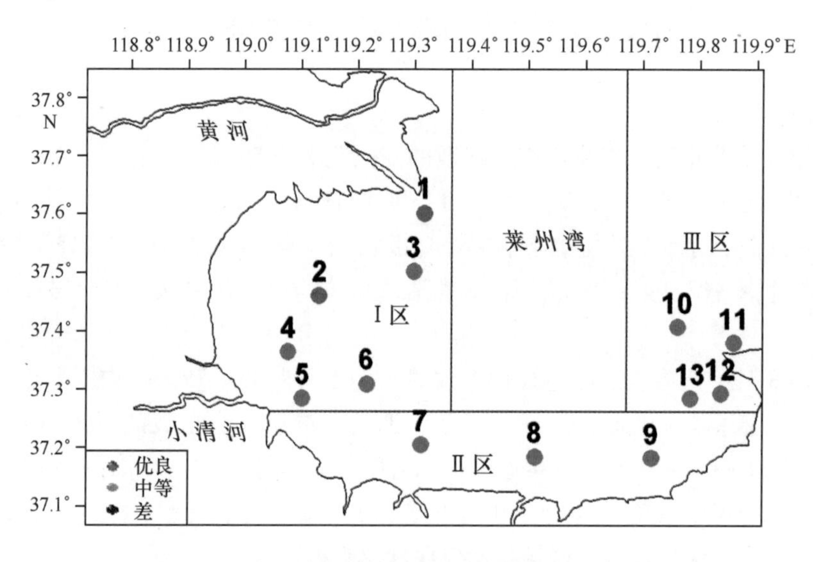

图 5.46　2005 年 8 月莱州湾生态环境综合评价等级

2010 年 8 月莱州湾生态环境综合指数的变化范围为 61 ~ 81，平均值为 75，生态环境质量总体上处于优良水平。区域Ⅰ、Ⅱ、Ⅲ生态环境质量综合指数的平均值分别为 68、77、80。区域Ⅰ中除了 4 个站位生态环境质量综合指数小于等于 67，生态环境质量为中等水平外，其余各站位均处于优良状态，区域Ⅰ整体处于优良状态，生态环境质量为良好；区域Ⅱ、Ⅲ总体均处于优良状态，生态环境质量为良好。

2011 年 8 月莱州湾生态环境综合指数的变化范围为 46 ~ 81，平均值为 75，生态环境质量总体上处于优良水平。区域Ⅰ、Ⅱ、Ⅲ生态环境质量综合指数的平均值分别为 69、77、80。区域Ⅰ中除了 2 个站位生态环境质量综合指数小于等于 67，生态环境质量为中等水平，其余各站位均处于优良状态，区域Ⅰ整体处于优良状态，生态环境质

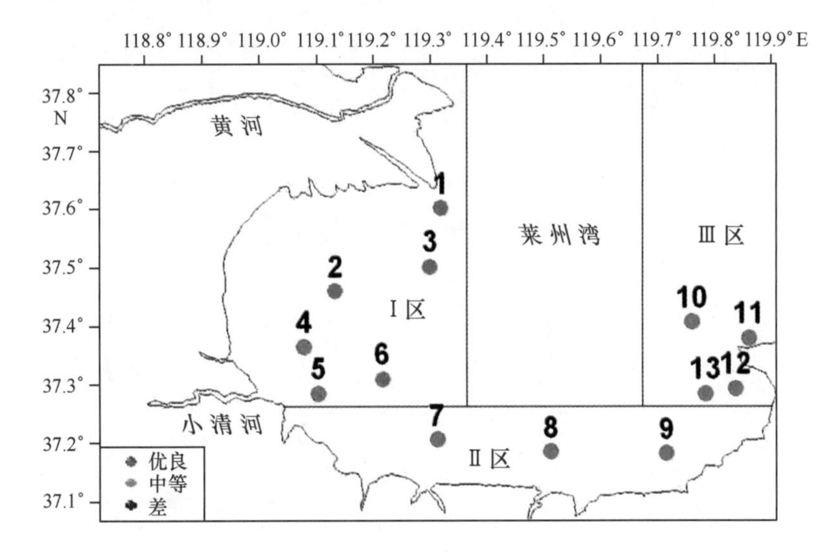

图 5.47 2010 年 8 月莱州湾生态环境综合评价等级

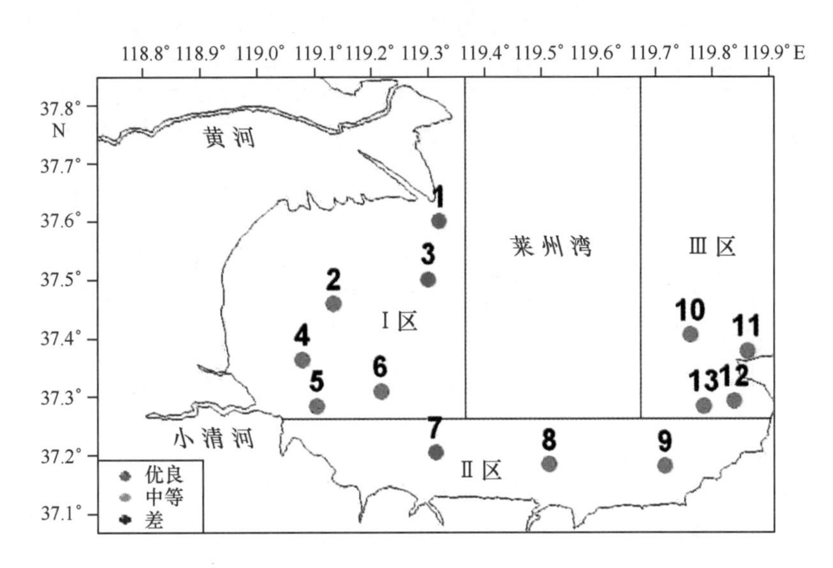

图 5.48 2011 年 8 月莱州湾生态环境综合评价等级

量为良好；区域Ⅱ有 1 个站位生态环境质量综合指数小于等于 67，区域整体处于优良状态；区域Ⅲ总体均处于优良状态，生态环境质量为良好。

2012 年 8 月莱州湾生态环境综合指数的变化范围为 61 ~ 81，平均值为 76，生态环境质量总体上处于优良水平。区域Ⅰ、Ⅱ、Ⅲ生态环境质量综合指数的平均值分别为 68、79、80。区域Ⅰ中除了 3 个站位生态环境质量综合指数小于等于 67，生态环境质量为中等水平外，其余各站位均处于优良状态，区域Ⅰ整体处于优良状态，生态环境质量为良好；区域Ⅱ、Ⅲ总体均处于优良状态，生态环境质量为良好。

2013 年 8 月莱州湾生态环境综合指数的变化范围为 50 ~ 81，平均值为 71，生态环

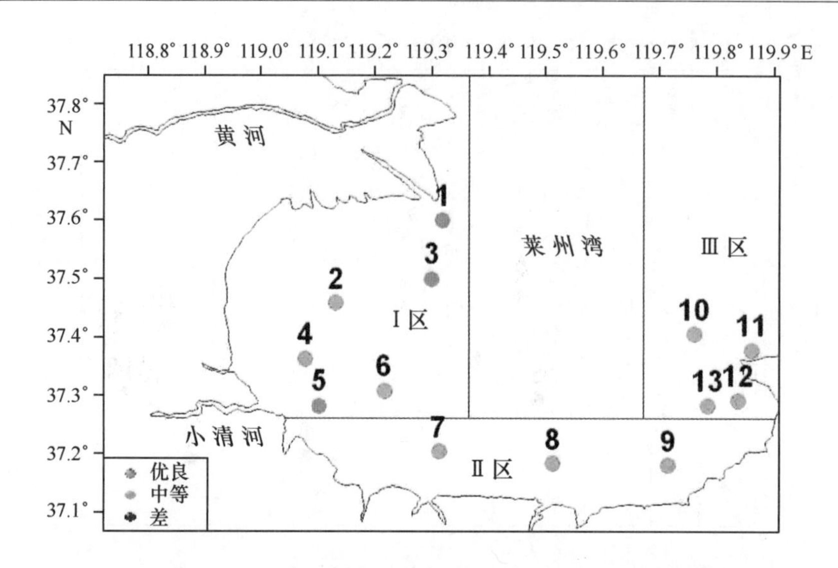

图 5.49　2012 年 8 月莱州湾生态环境综合评价等级

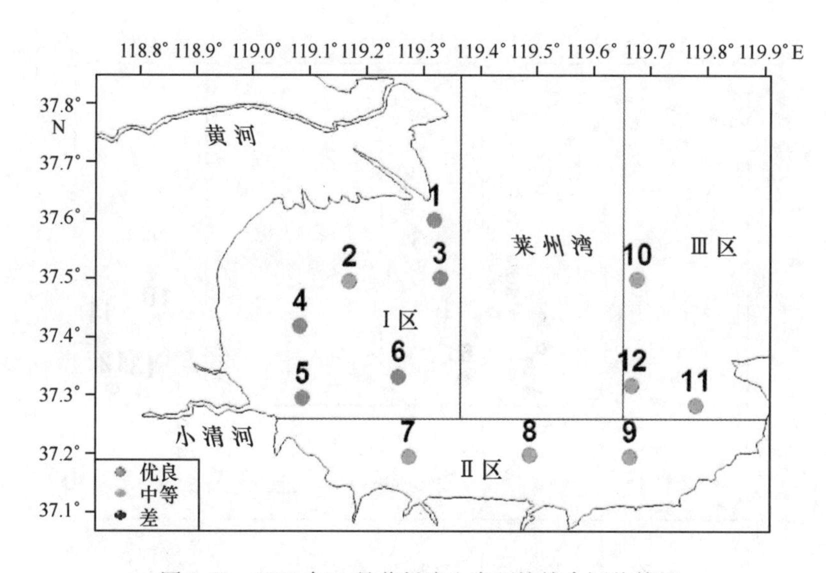

图 5.50　2013 年 8 月莱州湾生态环境综合评价等级

境质量总体上处于优良水平。区域Ⅰ、Ⅱ、Ⅲ生态环境质量综合指数的平均值分别为 63、81、79。区域Ⅰ中只有 1 个站位生态环境质量综合指数处于优良状态，区域整体处于中等水平；区域Ⅱ、Ⅲ总体均处于优良状态，生态环境质量良好。

5.6.5　集约用海对莱州湾生态影响综合评估

确定研究区围填海对海洋生态环境影响的程度可采用生态环境综合指数变化量 ΔE 来衡量。

综合指数 ΔE 计算的基本公式：

$$\Delta E = \frac{1}{n}\sum_{j=1}^{n}(Eh_j - Eq_j)$$

式中，ΔE 为项目建成前、后生态环境综合指标的变化值，即围填海项目对评价海域生态环境的综合影响；Eh_j 为项目建设后 j 站位生态环境综合指标；Eq_j 为项目建设前 j 站位生态环境综合指标；j 为评价海域参与评价的站位。

以评价区域内生态环境综合指标的变化幅度作为界定该区域受到围填海活动的影响程度：当 $30\% \leqslant \Delta E$，达到严重影响；当 $5\% \leqslant \Delta E < 30\%$，达到较大影响或一般影响；$\Delta E < 5\%$，则无影响或轻微影响。

与2005年8月背景年相比，近4年（2010年8月、2011年8月、2012年8月和2013年8月）莱州湾生态环境综合指数 E 的变化幅度如图5.51所示。

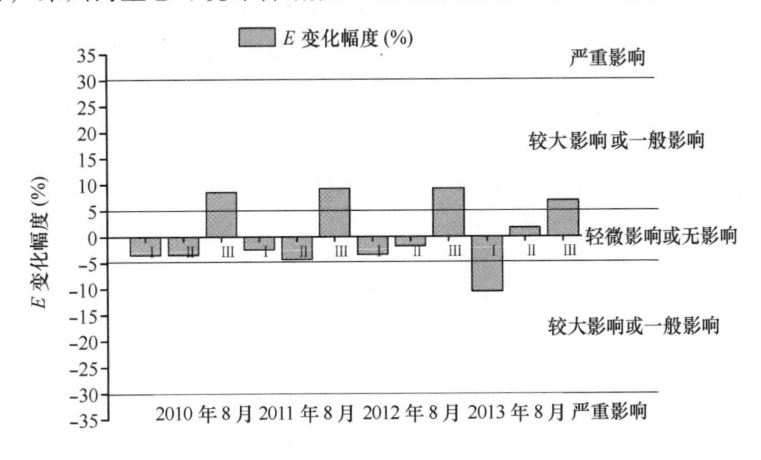

图5.51　莱州湾围填海活动对海洋生态环境影响的程度

2010年8月，莱州湾海域区域Ⅰ、Ⅱ、Ⅲ的生态环境综合指数 E 的变幅分别为 -3.47%、-3.43%、8.53%。区域Ⅰ、Ⅱ生态环境状态综合指数略有下降，但变化幅度在5%以内，区域范围内的围填海活动对其影响很轻微，受到轻微的负面影响；区域Ⅲ生态环境状态综合指数有明显增大，变幅在10%左右，区域内的围填海活动对其产生了正面效应，生态环境有明显改善和提升。

2011年8月，莱州湾海域区域Ⅰ、Ⅱ、Ⅲ的生态环境综合指数 E 的变幅分别为 -2.50%、-4.35%、9.24%。区域Ⅰ、Ⅱ生态环境状态综合指数略有下降，但变化幅度在5%以内，区域范围内的围填海活动对其影响很轻微，受到轻微的负面影响；区域Ⅲ生态环境状态综合指数有明显增大，变幅在10%左右，区域内的围填海活动对其产生了正面效应，生态环境有明显改善和提升。

2012年8月，莱州湾海域区域Ⅰ、Ⅱ、Ⅲ的生态环境综合指数 E 的变幅分别为 -3.40%、-1.77%、9.24%。区域Ⅰ、Ⅱ生态环境状态综合指数略有下降，但变化幅度在5%以内，区域范围内的围填海活动对其影响很轻微，受到轻微的负面影响；区域Ⅲ生态环境状态综合指数有明显增大，变幅在10%左右，区域内的围填海活动对其产生了正面效应，生态环境有明显改善和提升。

2013 年 8 月，莱州湾海域区域Ⅰ、Ⅱ、Ⅲ的生态环境综合指数 E 的变幅分别为 −10.56%、1.72%、6.90%。区域Ⅰ的生态环境状态综合指数下降，变化幅度超过5%，区域范围内的围填海活动对其影响较大，受到较大的负面影响；区域Ⅱ的生态环境状态综合指数略微增大，变化幅度在5%以内，区域内的围填海活动对其产生了轻微的正面效应，生态环境有所改善和提升；区域Ⅲ生态环境状态综合指数明显增大，变幅超过5%，区域内的围填海活动对其产生了较大的正面效应，生态环境有明显改善和提升。

通过近4年（2010年8月、2011年8月、2012年8月和2013年8月）与2005年8月背景年的生态环境状态比较，2010年8月、2011年8月和2012年8月，位于莱州湾海域西南部的区域Ⅰ和南部的区域Ⅱ的生态环境状况均受到围填海活动轻微的负面影响，生态环境状况综合指数略有下降；2013年8月，莱州湾南部区域Ⅱ的生态环境综合指数略微增大，变化幅度在5%以内，区域内的围填海活动对其产生了轻微正面效应，生态环境有所改善和提升；2010年8月、2011年8月、2012年8月和2013年8月，位于莱州湾海域东侧区域Ⅲ的生态环境综合指数的变化幅度超过5%，受到围填海活动较大的正面影响，生态环境有明显改善和提升。

5.7 小结

集约用海对海洋生态影响的评价是进行集约用海优化技术体系的重要组成部分，是形成基于生态系统的集约用海科学管理模式的基础。本章从海洋生态系统的结构和特征出发，构建了基于“生境质量”和“生态响应”的集约用海对海洋生态影响的评价指标体系，研究了集约用海对海洋生态影响的评价技术和方法，建立了综合指数评价模型。该评价指标体系包含两个相对独立的子系统——“生境质量”和“生态响应”，从海洋生物栖息的水环境、沉积环境和典型物种的生物质量三个方面反映集约用海工程影响下的海域生境质量的变化，从海洋生物群落结构特征、生态敏感区结构和功能的角度反映集约用海工程影响下的海域生物对变化环境的生态响应。评价指标体系层次分明，其评价结果能够较全面客观地反映生态系统不同层次子系统内部的特征与状态的变化和受影响程度；评价技术和方法结合了我国海洋生态环境监测和评估的现状，具有较强的可操作性。

莱州湾集约用海生态影响评价结果表明，2010年8月、2011年8月和2012年8月，位于莱州湾海域西南部的区域Ⅰ和南部的区域Ⅱ的生态环境状况均受到围填海活动轻微的负面影响，生态环境状况综合指数略有下降；2013年8月，莱州湾南部区域Ⅱ的生态环境综合指数略微增大，变化幅度在5%以内，区域内的围填海活动对其产生了轻微正面效应，生态环境有所改善和提升；2010年8月、2011年8月、2012年8月和2013年8月，位于莱州湾海域东侧区域Ⅲ的生态环境综合指数的变化幅度超过5%，受到围填海活动较大的正面影响，生态环境有明显改善和提升。

然而，集约用海对海洋生态影响的评价中涉及的指标的选择、标准的确定和评价等级的划分是非常复杂的。在实践中，对于不同类型和特点的海洋生态系统，其度量标准与度量方法可能存在一定的差异，需要根据具体情况进行适当调整，如何从不同的时间尺度和空间尺度来正确评价集约用海对海洋生态的影响是今后研究的重要内容。

6　山东环渤海区域集约用海对渔业资源影响评估技术研究及应用[①]

本章以山东环渤海区域为主要研究区域，通过收集与整理该海区的游泳动物（主要为鱼类）及渔业资源状况的相关资料，综合分析相关的历史资料及发展现状，研究环境变化对游泳动物和渔业资源的影响，筛选海洋游泳动物和渔业资源种类指标，研究并建立集约用海对游泳动物和渔业资源影响评估技术方法，并以山东环渤海区域为例开展应用研究。

6.1　山东环渤海区域概况

山东渤海区域的渤海湾和莱州湾海域位于渤海南部，包括海域、海岛总面积 1.21×10^4 km^2，大陆海岸线长 926 km，占山东海岸线总长度（3 345 km）的 27.68%。山东省环渤海区域 2000—2010 年集约用海面积及类型变化趋势比较明显。2000—2005 年之前，集约用海类型以盐田为主，为 236.90 km^2，达到总集约用海面积的 43.31%，而 2005 年之后的集约用海类型以港口建设为主，为 359.6 km^2，占总集约用海面积的 83.25%。城镇建设用海的面积逐渐增多，但其比例在所有集约用海类型中最小，见表 6.1。

表 6.1　山东省环渤海区域 2000—2010 年集约用海面积统计　　单位：km^2

集约用海类型	2000—2005 年	2005—2008 年	2008—2010 年	合计
港口	72.35	228.86	130.74	431.95
城镇	0.00	2.36	0.78	3.14
农业	8.71	0.22	0.58	9.51
养殖坑塘	85.04	45.57	87.74	218.35
盐田	236.90	48.38	85.67	370.95
其他	143.98	59.03	92.74	295.75
合计	546.98	384.42	398.25	1 329.65

自 20 世纪 60 年代以来，由于人类对环境的破坏和对海洋资源的不合理利用，渤海渔业资源产量和品质出现明显下降。从 20 世纪 70 年代开始，渤海渔业资源开发和利用程度超过正常水平，加上渤海水域污染等原因引起海区生态环境日益恶化，导致海洋

① 本章由山东省海洋生物研究院负责，国家海洋局北海环境监测中心协助完成。

鱼类资源特别是一些主要经济鱼类资源开始呈现不同程度的衰退。到20世纪90年代，渤海传统经济渔业种类资源多处于严重衰退和枯竭的边缘，渔业资源的开发和利用已难以为继。渤海渔获物逐渐从优质经济种，如小黄鱼向低质小型种，如刀鲚更替，这种变化反映出渔业资源品质的下降。目前的渤海区域渔获物质量与20世纪60年代以前的渔获物质量相比有明显的下降。以小黄鱼为例，20世纪60年代以前，捕获的小黄鱼多为2龄或3龄以上的成鱼，而今小黄鱼的渔获物主要是1龄鱼和部分当龄鱼。山东省环渤海区域主要渔业资源也基本处于充分利用与过度利用状态，有的几乎严重衰退，其原因主要是因为海洋生物得以生存的生态环境条件发生改变，产卵场遭到不同程度的侵占和污染破坏。因此，研究渤海海域渔业资源状态，寻找合理开发渤海自然资源途径，促进山东省渤海区域渔业经济的可持续发展，对国民经济的发展和社会的进步都具有深远的意义。

6.2　山东省环渤海区域渔业资源现状

渔业资源（fishery resources）是指具有开发利用价值的鱼、虾、蟹、贝、藻和海兽类等经济动植物的总体，按水域不同可以分内陆水域渔业资源和海洋渔业资源两大类。山东省渤海区域渔业资源属于海洋渔业资源范畴。本章以渤海湾（山东省区域）为主要研究海区，通过对集约用海区域海洋环境和生态环境的历史资料、监测资料以及调查资料［包括20世纪50年代、80年代、90年代以及2000年以后水质、沉积物、游泳动物（主要为鱼类）］，以及渔业资源等方面的数据进行搜集并整理分析。资料搜集范围包括历史经济游泳动物的数量分布、分布范围等文献主要有，《山东渔业统计年鉴》、《山东省海洋环境质量公报》及我国近海海洋综合调查与评价专项调查中相应的材料等，并参考《山东海情》、《黄渤海近岸水域生态环境与生物群落》、《近岸海域水质变化机理及生态环境效应研究》等，重点开展对山东省环渤海区域（渤海湾与莱州湾）的主要渔业资源种类如大黄鱼、小黄鱼、黄姑鱼、白姑鱼、蓝点马鲛、鳀鱼、带鱼、鳓鱼、银鲳、对虾、毛虾、梭子蟹、虾蛄、海蜇、乌贼、毛蚶、杂色蛤等的渔业资源量变化进行分析。

6.2.1　山东省环渤海区域主要经济鱼类年产量变化

海洋经济鱼类（marine commercial fishes）是指海洋中具有开济价值的鱼类动物。山东省环渤海区域鱼类生物资源丰富，总计289种，隶属于5科27种，主要盛产大黄鱼、小黄鱼、带鱼、鲅鱼等海洋经济鱼类。

6.2.1.1　大黄鱼年产量变化

大黄鱼（*Pseudosciaena crocea*），硬骨鱼纲，鲈形目（*Perciformes*），石首鱼科（*Sciaenidae*），黄鱼属，又名黄鱼、大黄花鱼，是我国近海主要经济鱼类，为传统“四大海产”（大黄鱼、小黄鱼、带鱼、乌贼）之一。山东省环渤海区域大黄鱼年产量变化如图

6.1 所示，在 20 世纪 70 年代到 80 年代大黄鱼产量达到较高的水平，随着捕捞强度的增加，大黄鱼资源开始衰减，直到 2003 年后才开始逐渐恢复。

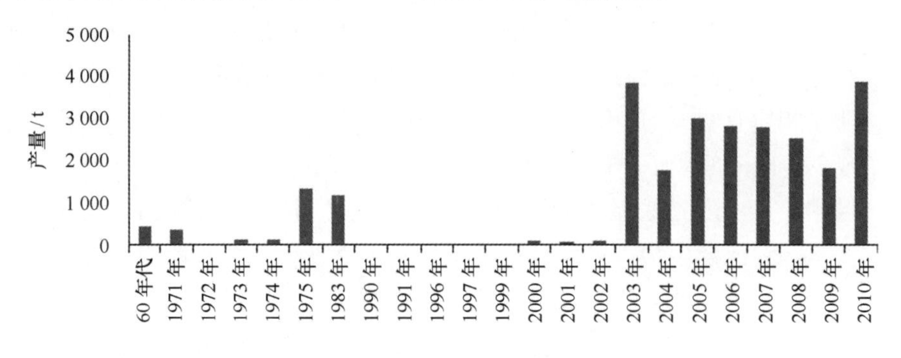

图 6.1 山东省环渤海区域大黄花鱼年产量变化

6.2.1.2 小黄鱼年产量变化

小黄鱼（*Pseudosciaena polyactis*）石首鱼科，又名：小鲜，也叫“黄花鱼”、“小黄花”。主要分布在我国渤海、黄海和东海，主要产地在江苏、浙江、福建、山东等省沿海。山东省环渤海区域小黄鱼年产量变化如图 6.2 所示，在 20 世纪 60 年代到 80 年代，小黄鱼年产量相对稳定在 2 000 t 左右，在 1993 年到 1997 年，小黄鱼年产量达到 4 000 t，然后年产量一直维持在较低的 400 t 左右。到 2003 年，年产量达到历史最高值 18 510 t，之后年产量又一直维持在较低的水平。

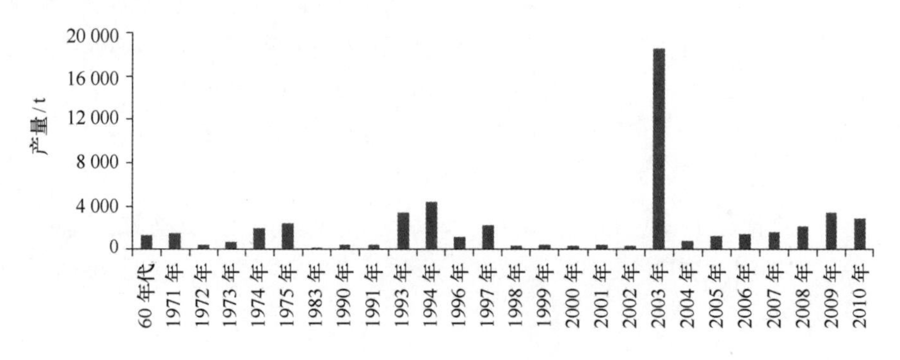

图 6.2 山东省环渤海区域小黄花鱼年产量变化

6.2.1.3 带鱼年产量变化

带鱼（*Trichiurus haumela*）又叫刀鱼，是鱼纲鲈形目带鱼科动物。带鱼分布比较广，以西太平洋和印度洋最多，我国沿海各省均可见到，其中又以东海产量最高。山东省环渤海区域带鱼年产量变化如图 6.3 所示，在 20 世纪 60 年代到 70 年代，带鱼年产量出现两个高峰期，山东省环渤海区域带鱼资源受到严重破坏，直到 80 年代和 90 年代初期，带鱼年产量一直维持在较低的水平。2000 年前后带鱼年产量开始大幅度增加，最高达到47 000余吨，之后年产量又开始大幅度降低。

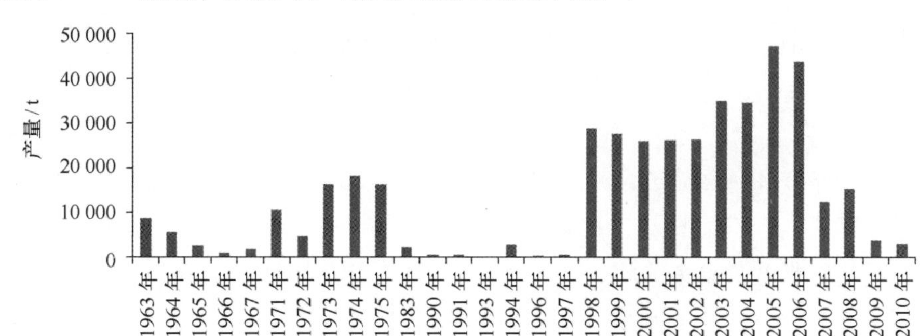

图6.3 山东省环渤海区域带鱼年产量变化

6.2.1.4 鲅鱼年产量变化

鲅鱼也叫马鲛（学名），硬骨鱼纲，鲭科。种类很多，常见的有中华马鲛、蓝点马鲛、斑点马鲛、康氏马鲛等，分布于北太平洋西部，我国黄渤海均有，属暖性上层鱼，以中上层小鱼为食，夏秋季结群洄游，部分进入渤海产卵，秋汛常成群索饵于沿岸岛屿及岩礁附近，为北方经济鱼之一。如今鲅鱼的主要渔场在舟山、连云港外海及山东南部沿海，4—6月为春汛，7—10月为秋汛，盛渔期在5—6月。山东省环渤海区域鲅鱼年产量变化如图6.4所示，在20世纪60年代到70年代，鲅鱼年产量维持在较高的水平，种质资源丰富。随着连续捕捞压力的增大，到80年代鲅鱼年产量出现低估，逐渐到2000年前后又开始恢复较高的年产量。

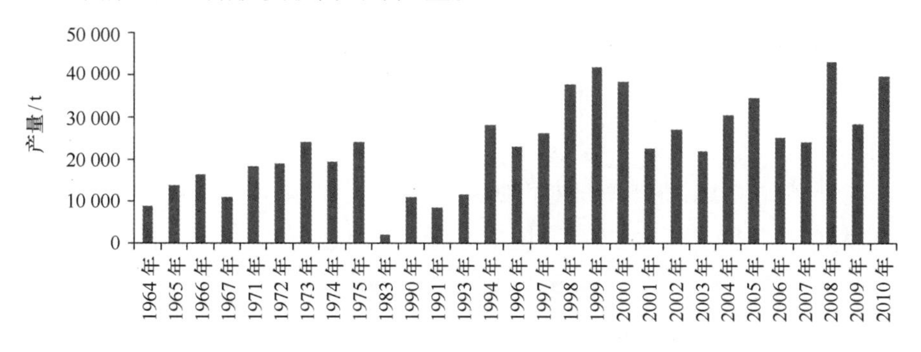

图6.4 山东省环渤海区域鲅鱼年产量变化

6.2.2 山东省环渤海区域主要甲壳类年产量变化

甲壳动物大多数生活在海洋里，少数栖息在淡水中和陆地上。世界上的甲壳动物种类，大约有2.6万种之多。虾、蟹等甲壳动物营养丰富，味道鲜美，具有很高的经济价值。体型小的甲壳类动物作为鱼类的主要食物十分重要。山东省环渤海区域甲壳类动物资源丰富，主要盛产对虾、毛虾和梭子蟹。

6.2.2.1 对虾年产量变化

对虾属于节肢动物门、有鳃亚门、甲壳纲、软甲亚纲、十足目、游泳亚目、对虾科、对虾属。对虾为广温广盐性海产动物，其中中国对虾主要产于中国大陆，分布于中国渤海、黄海，东海北部也有少量分布，是中国主要的增养殖虾类。山东省环渤海区域对虾年产量变化如图6.5所示，从20世纪60年代开始，随着捕捞强度的增大，对虾年产量呈现逐渐上升的趋势，直到1974年对虾年产量达到最高峰16 689 t，之后对虾年产量一直维持在较低的水平，直到2005年才开始逐渐恢复，但产量和20世纪六七十年代相比还是处于较低的水平。

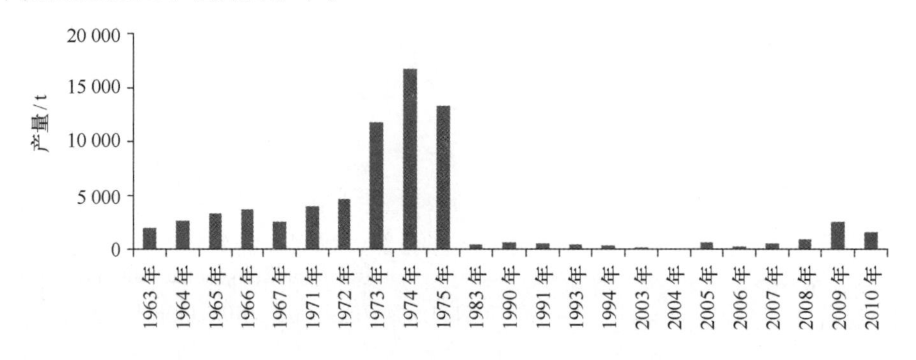

图6.5 山东省环渤海区域对虾年产量变化

6.2.2.2 毛虾年产量变化

毛虾隶属于甲壳动物（*Crustacea*）十足目、樱虾科、毛虾属的统称，又名水虾。干制品称虾皮，属于小型经济虾类。中国毛虾分布在渤海、黄海海域中国和朝鲜近海以及东海、南海中国沿岸，是毛虾属中向北分布最远的种（分布到渤海辽东湾的北部、40°50′N附近），山东省环渤海区域是毛虾的主要产区之一。

山东省环渤海区域对虾年产量变化如图6.6所示，毛虾年产量从20世纪60年代到2005年都大体呈现逐渐上升的趋势，历史最高产量接近10×10^4 t。随着海区面积的减少和持续高强度的捕捞压力，近年来毛虾年产量出现逐年下降的趋势。

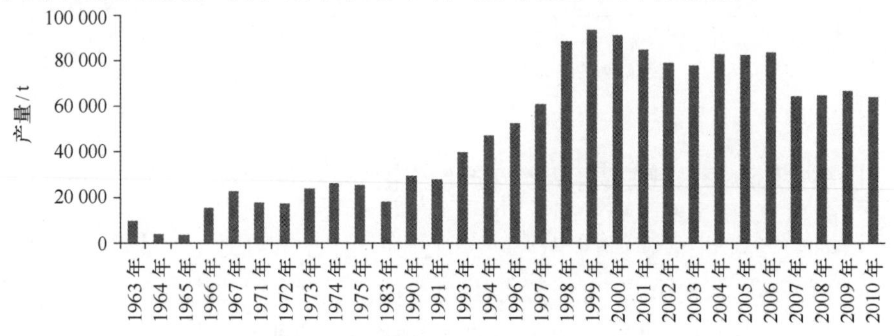

图6.6 山东省环渤海区域毛虾年产量变化

6.2.2.3 梭子蟹年产量变化

梭子蟹（*Portunus trituberculatus*），俗称白蟹，属于甲壳纲、十足目、梭子蟹科，是中国沿海的重要经济蟹类。梭子蟹栖于近岸的软泥、砂泥底石下或水草中。梭子蟹的渔汛一年有春秋两次，渔期长，产量高，体大肉多，味鲜美，营养丰富，尤其是卵巢和肝脏。壳可作药材用，又可提取甲壳质，广泛用于多种工业。黄海和东海年产量各有 $1\times10^4\sim2\times10^4$ t，是中国最重要的海产蟹，经济意义重大。

山东省环渤海区域梭子蟹年产量变化如图 6.7 所示，在 20 世纪 80 年代末到 90 年代初，梭子蟹年产量保持在 1×10^4 t 左右，到 1996 年出现较大的降低，2008 年之后逐渐恢复达到历史最高值约 2×10^4 t。

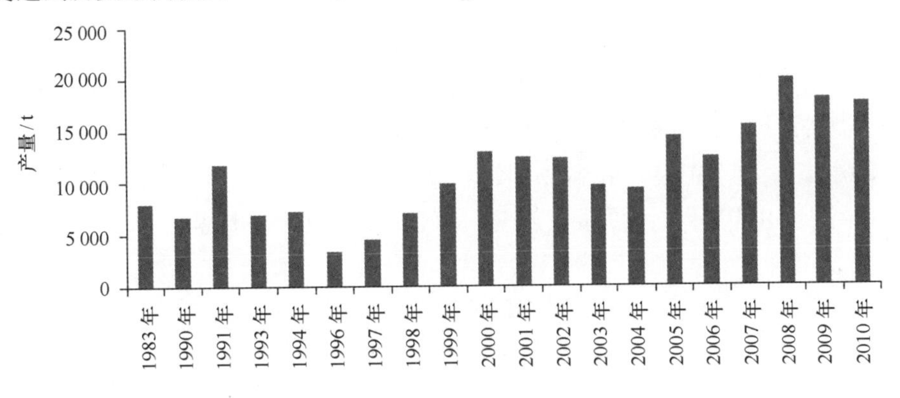

图 6.7 山东省环渤海区域梭子蟹年产量变化

6.2.3 山东省环渤海区域主要底栖贝类年产量变化

贝类，属软体动物门中的瓣鳃纲（或双壳纲），因一般体外披有 1～2 块贝壳而得名。现存种类 1.1 万种左右，贝类中绝大多数种均可食用，很多贝类的肉质肥嫩，鲜美可口，营养丰富，常见的魁蚶、杂色蛤、毛蚶等都属此类。双壳类中的很多种类如蚶科（*Arcidae*）、扇贝科（*Pectinidae*）、贻贝科（*Mytilidae*）、珍珠贝科（*Pteriidae*）、牡蛎科（*Ostreidae*）、蛤蜊科（*Mactridae*）、帘蛤科（*Veneridae*）、蚌科（*Unionidae*）、竹蛏科（*Solenidae*）等科中的许多种类资源丰富，已发展为海水养殖的重要对象，产量也极为可观。山东省环渤海区域是我国贝类主要产区之一。山东省环渤海区域贝类年产量变化如图 6.8 所示，从 20 世纪 60 年代开始贝类年产量呈现逐渐上升趋势，直到 2006 年达到历史最高值 18 万余吨。随着近岸生态环境的逐渐恶化，养殖用海面积的减少，近年来贝类年产量开始逐渐降低。

6.2.4 山东省环渤海区域海蜇年产量变化

海蜇（*Rhopilema esculenta Kishinouye*）隶属于腔肠动物，伞部隆起呈馒头状，直径达 50 cm，最大可达 1 m，胶质较坚硬。海蜇是中国沿海渔业的重要捕捞对象。体色变

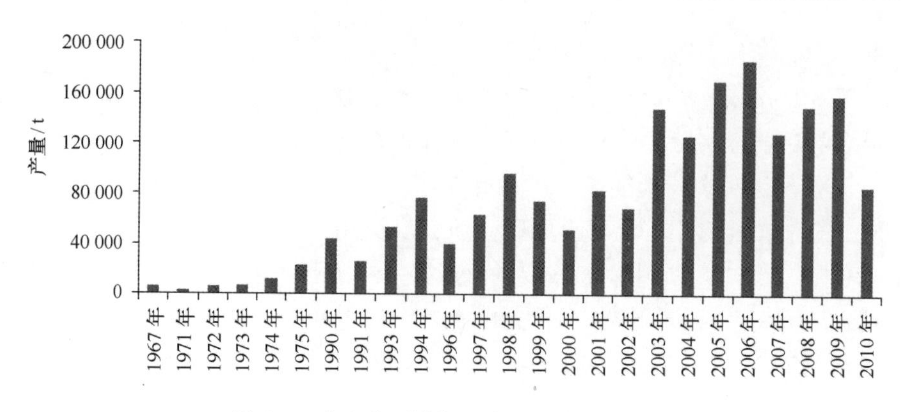

图 6.8 山东省环渤海区域贝类年产量变化

化较大，一般是青蓝色，有的是暗红色或黄褐色。海白蜇是一种暖水性大型食用水母，生活在北温带海域，广泛分布于我国近海。山东省环渤海区域海蜇年产量如图 6.9 所示，在20 世纪六七十年代海蜇年产量较低，到1993 年山东省环渤海区域海蜇年产量达到历史最高值 4×10^4 t，之后海蜇年产量一直呈现逐年下降的趋势。

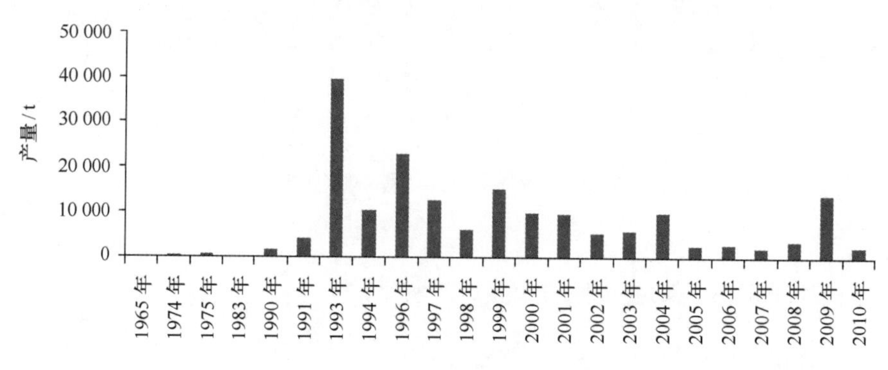

图 6.9 山东省环渤海区域海蜇年产量变化

6.3 集约用海对渔业资源影响评价

根据渤海湾生物资源现状，结合游泳动物生活史，确定指标经济游泳动物种类。搜集渤海湾海域渔业资源状况的相关资料，分析渔业生产的历史资料及发展现状，根据不同海域不同集约用海方式确定指标渔业资源种类，以指标渔业资源种类的区域范围、产量、个体密度、年龄组成等生物学参数及在特定海域渔业生产中的比重为基础，研究指标渔业资源种类对环境演变的响应，通过专家评判法所示初步分析山东省环渤海区域渔业资源变化情况。

6.3.1 评价指标体系的选取

根据集约用海对渔业资源影响评价的 PSR 模型分析框架，遵循指标选取的典型性、系统性和可量化性等原则，构建环渤海区域集约用海对渔业资源影响的评价体系，该指标体系分为目标层、准则层和指标层，包括压力指标体系、状态指标体系和响应指标体系 3 个子系统，共计 13 个指标（表 6.1）。

表 6.1　集约用海对渔业资源影响的评价指标

<table>
<tr><th>目标层</th><th>准则层</th><th colspan="2">指标层</th></tr>
<tr><td rowspan="13">集约用海对渔业资源的影响</td><td rowspan="3">压力系统</td><td>集约用海工程</td><td>占用海域空间面积</td></tr>
<tr><td rowspan="2">近海养殖</td><td>占用滩涂面积</td></tr>
<tr><td>占用养殖面积</td></tr>
<tr><td rowspan="7">状态系统</td><td rowspan="3">水生生物群落</td><td>浮游植物</td></tr>
<tr><td>鱼卵仔雉鱼</td></tr>
<tr><td>腔肠动物（海蜇）</td></tr>
<tr><td rowspan="4">重要渔业资源及游泳动物</td><td>经济鱼类</td></tr>
<tr><td>底栖贝类</td></tr>
<tr><td>甲壳类</td></tr>
<tr><td>大型海藻</td></tr>
<tr><td rowspan="3">响应系统</td><td rowspan="3">资源保护及修复</td><td>资源保护区</td></tr>
<tr><td>人工鱼礁</td></tr>
<tr><td>增殖放流</td></tr>
</table>

指标说明：

（1）占用海域空间面积：山东省渤海区域集约用海工程占用海域空间面积。

（2）占用滩涂面积：因集约用海工程的开展而占用的滩涂面积。

（3）占用养殖面积：因集约用海工程的开展而占用的育苗场、养殖场的面积。。

（4）浮游植物：山东省渤海区域浮游植物生物量以及群落数量的变化。

（5）鱼卵仔稚鱼：山东省渤海区域集约用海范围内鱼卵仔稚鱼数量的变化。

（6）腔肠动物（海蜇）：山东省渤海区域主要腔肠动物（海蜇）生物量变化以及种群数量的变化。

（7）经济鱼类资源量变化：山东省渤海区域主要游泳动物经济鱼类（大黄鱼、小黄鱼、鲅鱼、带鱼、鳀鱼）捕捞年产量的变化。

（8）底栖贝类资源量变化：山东省渤海区域内底栖贝类（菲律宾蛤仔、毛蚶、魁蚶等）年产量的变化。

（9）甲壳类资源量变化：山东省渤海区域主要甲壳类（对虾、鹰爪虾、三疣梭子蟹等）年产量变化。

（10）大型海藻资源量变化：山东省渤海区域主要养殖经济海藻类（海带、龙须菜等）年产量的变化。若评价海域大型海藻类资源较少，可用“其他渔业资源”指标代替“大型藻类资源”指标，其他渔业资源包括头足类等。

（11）资源保护区：山东省渤海区域主要渔业资源保护区面积变化。

（12）人工鱼礁：山东省渤海区域人工鱼礁投放面积变化。

（13）增殖放流：山东省渤海区域主要经济鱼类和贝类增殖放流数量。

6.3.2 专家评价数据分析及处理

对相对重要性指标的数据处理和表达，专家评价法主要应用于评价和预测。各专家对于这类问题的意见通常用数字（即评分——相对评分或绝对评分）来表达，这样就存在一个数据处理问题。经过数据处理以后，这类先后、优劣、主次的结果，都可以用评分数值（如十分制、百分制、名次等）来表示相对重要性，通常采用专家意见的集中程度和协调程度等指标来衡量。

专家意见的集中程度可以有下列几种常用的表示方法。

6.3.2.1 算术平均值

$$M_j = \frac{1}{m_j}\sum_{i=1}^{m_i} c_{ij}$$

式中，M_j 为全部专家对 j 对象评分的算术平均值；m_j 为参加对 j 对象评价的专家数；c_{ij} 为 i 专家对 j 对象的评分。

在评分采用十分制或百分制的情况下（当然也可以采用其他分制），算术平均值为 0 ~ 10 分，或 0 ~ 100 分，M_j 值越大，则该对象（方案、技术、产品）的相对重要性越大。

6.3.2.2 对象的满分频度

所谓对象的满分频度，就是对某对象满分的专家数与对该对象作出评价的专家总数之比。

对象的满分频度可按下式求得：

$$K_j^i = \frac{m_j^i}{m_j}$$

式中，K_j^i 为对象 j 的满分频度；m_j^i 为对 j 对象给满分的专家数；m_j 为给 j 对象作出评价的专家总数。

对象的满分频度 K_j^i 的值为 0 ~ 1。K_j^i 值越大，说明对该对象给满分的专家越多，因而该对象的重要性越大。满分频度 K_j^i 可作为评分算术平均值的补充指标。

6.3.2.3 变异系数

专家意见的协调程度可以用变异系数来表示。变异系数是衡量专家评价相对离散程度的重要指标，它反映的是专家对对象相对重要性评价的协调程度，亦即专家评价的一致程度。

已知全部专家对 j 对象评价的算术平均值与标准差，即可求出对 j 对象评价的变异系数，如下式所示。

$$V_j = \frac{\sigma_j}{M_j}$$

式中，V_j 为全部专家对 j 对象评价的变异系数；σ_j 为全部专家对 j 对象评价的标准差，代表了专家评价的变异程度；M_j 为全部专家对 j 对象评分的算术平均值。

全部专家对 j 评价的均方差可由下式求出：

$$\sigma_j = \sqrt{D_j} = \sqrt{\frac{1}{m_j}\sum_{i=1}^{m_i}(c_{ij} - m_j)^2}$$

式中，D_j 为全部专家对 j 对象评价的均方差，代表了专家评价的离散程度；c_{ij} 为 i 专家对 j 对象的评分；M_j 为全部专家对 j 对象评分的算术平均值；m_j 为参加对 j 对象评价的专家总数。

由上式可见，变异系数 V_j 是全部专家对 j 对象评价的标准差与算术平均值之比，值越小，说明专家意见的协调程度越高，即一致性越好。

集约用海对海洋资源影响评价指标均值 M_j 和变异系数 V_j 如表 6.2 所示。

表 6.2　集约用海对渔业资源影响评价指标专家打分表处理结果

渔业资源指标	M_j	渔业资源指标	V_j
占用海域空间面积	7.2	资源保护区建设	0.69
占用养殖面积	7.0	底栖贝类年产量变化	0.51
占用滩涂面积	7.0	增殖放流	0.46
鱼卵仔雉鱼	5.7	甲壳类年产量变化	0.41
底栖贝类年产量变化	5.7	腔肠动物（海蜇）	0.41
浮游植物	5.3	占用海域空间面积	0.40
经济鱼类年产量变化	5.3	占用养殖面积	0.39
甲壳类年产量变化	5.3	大型海藻年产量变化	0.39
大型海藻年产量变化	5.2	鱼卵仔雉鱼	0.35
腔肠动物（海蜇）	4.7	浮游植物	0.32
增殖放流	4.3	人工鱼礁投放	0.32
资源保护区建设	3.8	经济鱼类年产量变化	0.25
人工鱼礁投放	3.8	占用滩涂面积	0.19

6.3.3　可信度分析

可信度是指根据测验工具所得到的结果的一致性或稳定性，反映被测特征真实程度的指标。一般而言，两次或两个测验的结果愈是一致，则误差愈小，所得的信度愈高。

肯德尔 *W* 系数又称肯德尔和谐系数，是表示多列等级变量相关程度的一种方法，它适用于两列以上等级变量。

肯德尔和谐系数计算：

$$W = \frac{\sum R_i^2 - \frac{\left(\sum R_i^2\right)^2}{N}}{\frac{1}{12}K^2(N^3 - N)}$$

式中：W 为肯德尔和谐系数；K 为专家总人数；N 为调查表中评价指标个数；R_i 为第 i 个指标评分。

分析步骤：应用 SPSS 软件，Analyze ⟶Nonparametric Tests ⟶K Related Sample ⟶所有变量移入 Test Variables ⟶选择 Kendall's W。当专家人数在 3～20 之间，评价指标数大于 8 时，将 W 的值转换为 χ^2 值，再进行检验。

集约用海对渔业资源影响评价指标的肯德尔和谐系数：$W = 0.347$。$W = 0.323$，$\chi^2 = K(N-1)W = 54.12$，进行 χ^2 检验，用自由度 $df = 13$，查 χ^2 值表得：$\chi^2_{(13)0.01} = 27.69$，故 $\chi^2 > \chi^2_{(13)0.01}$，所以求得的 W 值达到极显著水平，说明该评价方法可信度较高。

6.3.4　评价指标体系权重的确定

评价指标权重 a_{ij} 的确定是评价关键环节之一。评价指标的权重集合 A_i 的恰当与否，直接影响评价的结果。A_i 的确定方法有多种，常用的方法有：专家调查法、判断矩阵分析法等。在构建集约用海对渔业资源影响的 PSR 模型中，利用 AHP 法、专家评判方法确定评估指标权重，利用多层次模糊综合评判法和 PSR 模型构建集约用海对渔业资源影响评价模型，并建立相应的评估标准体系。

以 A 表示目标，u_i 表示评价因素，$u_i \in U$ $(i = 1, 2, \cdots, m)$，u_{ij} 表示 u_i 对 u_j 的相对重要性程度即标度 $(j = 1, 2, \cdots, m)$。判断矩阵的标度值由专家打分法得出，标度值及其含义见表 6.3。

表 6.3　判断矩阵标度及其含义

标度 u_{ij}	含义
1	表示 u_i 与 u_j 比较，具有同等重要性
3	表示 u_i 与 u_j 比较，具有稍微重要性
5	表示 u_i 与 u_j 比较，具有明显重要性
7	表示 u_i 与 u_j 比较，具有强烈重要性
9	表示 u_i 与 u_j 比较，具有极端重要性
2，4，6，8	以上两相邻判断的中值
倒数	表示 u_i 与 u_j 比较，具有同等重要性 u_{ij}，则 u_j 与 u_i 比较得 $u_{ji} = 1/u_{ij}$

由上述标度值的意义得判断矩阵 P（也称之为 A－U 判断矩阵）：

$$P = \begin{bmatrix} u_{11} & u_{12} & \cdots & u_{1m} \\ u_{21} & u_{22} & \cdots & u_{2m} \\ \vdots & \vdots & & \vdots \\ u_{m1} & u_{m2} & \cdots & u_{mm} \end{bmatrix}$$

由 A－U 矩阵，求出最大特征值所对应的特征向量。所求单位特征向量即为各评价因素的权重，也就是所设定目标优先等级的权重。本文采用和积法计算：

（1）将判断矩阵每一列归一化：

$$\overline{u_{ij}} = \frac{u_{ij}}{\sum_{k=1}^{m} u_{kj}},(i,j = 1,2,\cdots,m)$$

（2）每一列经归一化后的判断矩阵按行相加：

$$\overline{w_i} = \sum_{j}^{m} \overline{u_{ij}},(i = 1,2,\cdots,m)$$

（3）对向量 $\overline{w} = (\overline{w_1},\overline{w_2},\cdots,\overline{w_m})$ 做归一化处理：

$$w_i = \frac{\overline{w_i}}{\sum_{j=1}^{m} \overline{w_j}},(i = 1,2,\cdots,m)$$

即得所求权向量：$w = (w_1,w_2,\cdots,w_m)$，则权重集合 $A_i = (w_1, w_2, \cdots, w_m)$。

（4）计算最大特征值：

$$\lambda_{\max} = \frac{1}{m}\sum_{i=1}^{m} \frac{(Pw^T)_i}{w_i}$$

（5）对判断矩阵进行一致性检验：

$$CR = \frac{CI}{RI},CI = \frac{1}{m-1}(\lambda_{\max} - m)$$

式中，CR 为判断矩阵的随机一致性比率；CI 为判断矩阵的一般一致性指标；RI 为判断矩阵的平均随机一致性指标，对于 1～11 阶判断矩阵，RI 的值列于表 6.4。

表 6.4 平均随机一致性指标

m	1	2	3	4	5	6	7	8	9	10	11
RI	0.00	0.00	0.58	0.90	1.12	1.24	1.32	1.41	1.45	1.49	1.51

检测准则：当 $CR<0.10$ 时，即认为判断矩阵具有满意的一致性，说明权数分配合理，否则，就需要重新调整判断矩阵，直到具有满意的一致性为止。即若人们的主观判断与客观实际发生了偏差，则 CR 的值便显示出这种差别，以便及时调整判断矩阵。

根据评价指标权重确定的原则和相应的计算公式，确定集约用海对渔业资源影响的评价指标体系的各个权重，结果如表 6.5 所示。

表 6.5 渔业资源评价指标体系的权重

评价指标类型	权重	评价指标体系	指标权重
集约用海工程	0.073	占海域空间面积	0.073
近海养殖	0.199	占滩涂空间面积	0.078
		占用养殖面积	0.121
水生生物群落	0.198	浮游植物	0.053
		鱼卵仔稚鱼	0.079
		腔肠动物（海蜇）	0.066
重要渔业资源及游泳动物	0.327	经济鱼类	0.063
		底栖贝类	0.116
		甲壳类	0.074
		大型海藻	0.074
资源保护及修复	0.203	资源保护区	0.073
		人工鱼礁	0.071
		增殖放流	0.059

6.3.5 评价指标的标准化处理

为了使评价指标之间具有可比性，需要将每个评价指标的原始数据进行归一化处理，采用极差标准化方法将各评价指标值转换成0～1之间的评价指数，使评价指标无量纲化。根据各个指标对海洋资源的影响效果，可分为效益型指标和成本型指标，其中效益型指标指有利于海洋资源利用的指标，数值越大越好，成本型指标指不利于海洋资源利用的指标，数值越小越好。根据两类影响，对各种指标采用不同的标准化方法。

效益型指标标准化方法：

$$Y = \frac{X - X_{min}}{X_{max} - X_{min}}$$

其中，Y 为标准化评价指标值；X 为原始评价指标值；X_{max} 为效益型评价指标的最大值；X_{min} 为效益型评价指标的最小值。

成本型指标标准化方法：

$$Y = 1 - \frac{X - X_{min}}{X_{max} - X_{min}}$$

其中，Y 为标准化评价指标值；X 为原始评价指标值；X_{max} 为成本型评价指标的最大值；X_{min} 为成本型评价指标的最小值。标准化后所有评价指标取值在0～1之间。

其中压力子系统的评价指标均正向反映渔业资源所受到的压力，其值越大反映所受压力越强，这些评价指标均属于成本型指标。状态子系统和响应子系统的评价指标均属于效益型指标。采用评价指标标准化方法，得到评价标准化指标值如表6.6所示。

表 6.6 集约用海对山东省环渤海区域渔业资源影响评价指标值

评价指标类型	评价指标体系	标准值
集约用海工程	占海域空间面积	0
近海养殖	占滩涂空间面积	0.156 9
	占用养殖面积	0.233 6
水生生物群落	浮游植物	0.821 6
	鱼卵仔雉鱼	0.765 2
	腔肠动物（海蜇）	0.789 9
重要渔业资源及游泳动物	经济鱼类	0.628 9
	底栖贝类	0.635 6
	甲壳类	0.505 1
	大型海藻	0.8726
资源保护及修复	资源保护区	0.986 2
	人工鱼礁	1
	增殖放流	1

6.3.6 评价得分计算与评价标准选取

评价得分计算公式为：

$$I = \sum_{i=1}^{n} A_i \times U_i$$

式中，I 为集约用海活动对渔业资源影响程度的定量化得分；A_i 为各大类评价指标的权重；U_i 为各大类评价指标标准值。

$$U_i = \sum_{j=1}^{n} A_j \times V_i$$

式中，A_j 为各小类评价指标的权重；V_i 为各小类评价指标标准值。

集约用海开发活动对海洋资源的影响评价比较理想的得分是 0.8 ~1 分，表示集约用海开发活动对海洋资源影响很小。当集约用海开发活动对海洋资源影响程度得分偏高或偏低时，很容易做出判断。但当得分在 0.5 分附近时就不易做出准确评价了，为了得到更加准确的评价，当处于这个分数段时需要进一步评价。根据张宗书、乌敦等人的研究成果，提出了集约用海开发活动对海洋资源影响评价标准，分为 3 个等级，评价标准分级如表 6.7 所示。

表 6.7 集约用海对海洋资源影响评价标准

I	0.1 ~0.33	0.34 ~0.66	0.67 ~1
影响程度	影响很大，应禁止集约用海开发活动	影响一般，应慎重进行集约用海开发活动，需进一步评价	影响较小，可以进行集约用海开发活动

6.3.7 评价结果及对策建议

经计算，山东省集约用海开发活动对渔业资源影响 I 分值为 0.61，表明山东省集约用海开发活动对渔业资源有一定影响，但该海域对集约用海开发活动的影响尚处于可承受范围，可以进行适度的集约用海开发活动。

虽然山东省海洋经济发展速度较快，但与发达国家和地区相比，海洋空间资源开发利用的深度和广度都有很大差距，集约用海开发过程中还存在一些问题。通过对国外集约用海现状的分析与研究，结合山东省的具体情况，提出如下建议。

（1）在满足海洋经济发展需要的同时，最大限度节约开发利用海洋资源。集约用海的海洋开发活动应该把海洋资源环境尤其是渔业资源保护放在首位，进一步改进和完善集约用海的海域使用论证的内容，努力做到开发与保护并重。

（2）在规划以及项目建设中应尽量减少对自然岸线的占用，同时海洋开发应尽量减少对现有滩涂的占用，保护经济贝类的主产区。

（3）在海洋开发建设中，应尽量避开海洋生态环境脆弱和敏感区域，避开主要经济鱼类的洄游、索饵及产卵区域，选择资源环境承载力高的地区作为重点开发区域，确保在海洋开发的同时海洋资源环境得到保护。

6.4 小结

本章遵循指标选取的典型性、系统性和可量化性等原则，构建环渤海区域集约用海对渔业资源影响的评价体系，评价指标包括占用海域空间面积、占用滩涂面积、占用养殖面积、浮游植物、鱼卵仔稚鱼、腔肠动物（海蜇）、经济鱼类资源量变化、底栖贝类资源量变化、甲壳类资源量变化、大型海藻资源量变化、资源保护区、人工鱼礁、增殖放流 13 个指标，利用 AHP 法、专家评判方法确定评估指标权重，利用多层次模糊综合评判法和 PSR 模型构建集约用海对渔业资源响评价模型，评价结果表明：山东环渤海区域集约用海开发活动对渔业资源有一定影响，该海域对集约用海开发活动的影响尚处于可承受范围。评价结果能够在一定程度上反映集约用海对渔业资源的影响程度。然而，在实践中，集约用海对渔业资源影响的评价中涉及的指标的选择、标准的确定和评价等级的划分是非常困难的。例如，如何区分渔业资源减少是由集约用海活动造成的还是捕捞强度过大或海洋污染压力造成的？即它们之间对渔业资源的影响贡献率如何确定需要探讨。今后需要根据具体情况进行适当调整，从不同的时间尺度和空间尺度来准确评价集约用海对渔业资源的影响是今后研究的重中之重。

参考文献

陈吉余 . 2000. 中国围海工程［M］. 北京：中国水利水电出版社 .

陈万灵，郭守前 . 2002. 海洋资源的特性及其管理方式［J］. 湛江海洋大学学报，22（2）：7－12.

陈伟琪，王萱 . 2009. 围填海造成的海岸生态系统服务损耗的货币化评估技术探讨 . 海洋环境科学，28（6）：749－754.

陈彬，王金坑，张玉生，等 . 2004. 泉州湾围海工程对海洋自然环境的影响［J］. 台湾海峡，23（2）：192－198.

陈斯婷 . 2008. 海洋环境影响评价的技术范式研究 . 厦门大学硕士论文 .

陈斯婷，耿安朝 . 2011. 海洋环境影响评价技术研究初探［J］. 海洋开发与管理，9：84－89.

曹伟，李涛 . 2009. 水运工程对海洋生态系统的影响［J］，中国资源综合利用，29（8）：119－125.

沧州渤海新区管委会 . 2010. 沧州渤海新区产业发展规划 .

邓小文，李小宁 . 2012. 天津市滨海新区围海新造地生态系统重建［J］. 水道港口，33（4）：310－314.

戴桂林，兰香 . 2009. 基于海洋产业角度对集约用海开发影响的理论分析［J］. 海洋开发与管理，26（7）：4－28.

费尊乐，毛兴华，朱明远，等 . 1988. 渤海生产力研究 II 初级生产力及其潜在渔获量的估算［J］. 海洋学报，10（4）：81－489.

范素英，徐雯佳，李纪娜 . 2010. 河北曹妃甸主要地表地质环境变化遥感分析［J］. 国土资源遥感，86（增刊）：159－162.

郭伟，朱大奎 . 2005. 深圳围填海造地对海洋环境影响的分析［J］. 南京大学学报，41（3）：286－296.

郭伟 . 2009. A 市电厂 2 期扩建项目环境影响评估研究 . 中国海洋大学硕士论文 .

高文斌，刘修泽，段有洋，等 . 2009. 围填海工程对辽宁省近海渔业资源的影响及对策［J］. 大连水产学院学报，34（5）：119－123.

龚文平，王道儒 . 1995. 海南省临高县调楼乡黄龙港北侧围海工程的自然条件可行性分析［J］. 海岸工程，14（3）：37－41.

国家旅游局 . 2004—2011. 中国旅游业统计公报［Z］. 北京：中国统计出版社 .

国家海洋局考察团 . 2007. 日本围填海管理的启示与思考［J］. 海洋开发与管理，（8）：3－8.

国家质量监督检验检疫总局 . 2002. 海洋沉积物质量（GB18668—2002）. 北京：中国标准出版社 .

国家环境保护局 . 1998. GB3097—1997 海水水质标准 . 北京：中国标准出版社 .

国家海洋局第一海洋研究所 . 2009. 河北省 908 专项曹妃甸周边重点海域调查研究报告 .

国家统计局河北调查总队 . 2009. 河北省 908 专项沿海地区社会经济基本情况调查报告 .

黄明健 . 2002. 环境影响评价制度现状及对策研究［J］. 福州大学学报（哲学社会科学版），（4）：37－39.

黄玉凯 . 2002. 福建省围海造地的环境影响分析及对策［J］. 中国环境管理，（4）：13－14.

黄楠雁 . 2006. 天津海岸线确定研究［D］. 中国海洋大学硕士学位论文 .

韩树宗，吴柳，朱君 . 2012. 中国海洋大学学报 . 围海建设对天津近海水动力环境的影响研究［J］. 42（1）：21－43.

韩雪双 . 2009. 海湾围填海规划评价体系研究 . 中国海洋大学硕士论文 .

胡斯亮 . 2010. 围填海造地及其管理制度研究 . 中国海洋大学博士论文 .

胡永宏，贺思辉. 2000. 综合评价方法［M］. 北京：科学出版社，167 - 188.
河北省海洋局. 2007. 河北省海洋资源调查与评价. 北京：海洋出版社.
河北省海洋局. 2002—2010. 河北省海域使用公报.
河北省人民政府. 1996. 河北省国民经济和社会发展“九五”计划和2010年远景目标纲要.
河北省人民政府. 2000. 河北省人民政府印发关于深入实施“两环开放带动”战略意见的通知.（冀政〔2000〕24号）.
河北省人民政府. 2004. 河北省海洋经济发展规划.
河北省人民政府. 2010. 关于加快沿海经济发展促进工业向沿海转移的实施意见.
河北省海洋环境监测中心. 2010—2011. 河北省海洋环境监测评价报告.
河北师范大学. 2005. 河北省908专项滨海陆源污染源调查与评价报告.
河北师范大学. 2009. 河北省908专项海岸带地貌与岸滩冲淤动态调查研究报告.
交通部. 2011. 中国港口统计年鉴［Z］. 北京：中国港口杂志社.
寇苗. 2011. 基于GIS的海上石油平台溢油应急管理信息系统的开发研究. 中国海洋大学硕士论文.
刘红卫，贺世杰，王传远. 2010. 渤海海洋渔业资源科持续利用［J］. 安徽农业科学，38（26）：14579 - 14581.
刘育. 2004. 关注填海造陆的生态危害［J］. 环境科学动态，（4）：25 - 27.
刘述锡，马玉艳，卞正和. 2010. 填海生态环境效应评价方法研究［J］. 海洋通报. 29（6）：707 - 711.
刘伟，刘柏桥. 2008. 我国围填海现状、问题及调控对策［J］. 广州环境科学，13（10）：32 - 36.
刘仲军，刘爱珍，于可忱. 2012. 填海工程对天津海域水动力环境影响的数值分析［J］. 水道港口，33（4）：310 - 314.
刘保良. 2011. 廉州湾入海排污口沉积物重金属污染与生态评价. 中国海洋大学硕士论文.
李显森，牛明香，戴芳群. 2008. 渤海渔业生物生殖群体结构及其分布特种［J］. 海洋水产研究，29（4）：15 - 21.
李建国，韩春花，康慧，等. 2010. 滨海新区海岸线时空变化特征及成因分析［J］. 地质调查与研究，33（1）：65 - 69.
李荣军. 2006. 荷兰围海造地的启示［J］. 海洋管理，（3）：31 - 34.
李加林，杨晓平，童亿勤. 2007. 滩涂围垦对海岸环境的影响研究进展［J］. 地理科学，26（2）：43 - 51.
李杨帆，朱晓东，王向华. 2009. 填海造地对港湾湿地环境影响研究的新视角［J］. 海洋自然环境科学，28（5）：573 - 577.
李京梅，刘铁鹰. 2010. 填海造地外部生态成本补偿的关键点及实证分析［J］. 生态环境，5：143 - 146.
李扬帆，朱晓东，王向华. 2009. 填海造地对港湾湿地环境影响研究的新视角［J］. 海洋环境科学，28（5）：573 - 577.
李静. 2008. 河北省围填海演进过程分析与综合效益评价. 河北师范大学硕士论文.
李晓涛. 2006. 辽东湾低密度冰区溢油的风险评价与风险控制研究. 大连海事大学硕士论文.
李向辉，笪可宁. 2005. 基于PSR框架的小城镇可持续发展相关策略［J］. 沈阳建筑大学学报（社会科学版），7（1）：48 - 51.
吕培定，费尊乐，毛兴华，等. 1984. 渤海水域叶绿素a的分布及初级生产力的估算［J］. 海洋学报，6（1）：90 - 98.
罗艳，谢健，王平. 2010. 国内外围填海工程对广东省的启示［J］. 海洋开发与管理，27（3）：23 - 26.

罗先香，朱永贵，张龙军，等.2014. 集约用海对海洋生态环境影响的评价方法．生态学报，34（1）：182－189.

罗章仁.1997. 香港填海造地及其影响分析［J］．地理学报，52（3）：220－227.

陆永军，左利钦，季荣耀，等.2007. 渤海湾曹妃甸港区开发对水动力泥沙环境的影响［J］．水科学进展，18（6）：793－800.

陆永军.2002. 强潮河口围海工程对水动力环境的影响［J］．海洋工程，20（4）：17－25.

乐亭临港产业聚集区管委会.2010. 乐亭临港产业聚集区发展规划.

孟昭彬.2008. 环渤海地区海洋资源环境对经济发展的承载能力研究．辽宁师范大学硕士论文.

孟海涛，陈伟琪，赵晟，等.2007. 生态足迹方法在填海评价中的应用初探——以厦门西海域为例［J］．厦门大学学报（自然科学版），46（1）：203－208.

孟伟庆，王秀明，李洪远，等.2012. 天津滨海新区围海造地的生态环境影响分析．海洋环境科学，32（1）：83－87.

麦少芝，徐颂军，潘颖君. 2005. PSR 模型在湿地生态系统健康评价中的应用［J］．热带地理，25（4）：317－321.

苗丰民.2007. 海域使用论证技术研究与实践［M］．北京：海洋出版社.

苗丽娟.2007. 围填海造成的生态环境损失评估方法初探［J］．环境与可持续发，3：47－49.

倪晋仁，秦华鹏.2003. 填海工程对潮间带湿地生境损失的影响评估［J］．环境科学学报，23（3）：344－349.

彭本荣，洪华生，陈伟琪，等.2005. 填海造地生态损害评估：理论、方法及应用研究［J］．自然资源学报，20（5）：714－726.

彭世银.2002. 深圳河河口围垦对防洪和河床冲淤影响研究［J］．海洋工程，20（3）：103－108.

邱惠燕.2009. 厦门市填海造地进程的初步研究．厦门大学硕士论文.

孙东辉，陈登平，孟娟.2010. 集中集约用海——山东构筑蓝色经济发展新高地．中国经济时报.

孙书贤.2004. 关于围海造地管理对策的探讨［J］．海洋开发与管理，6：21－23.

孙俪，刘洪滨，杨义菊，等.2010. 中外围填海管理的比较研究［J］．中国海洋大学学报，5（11）：43－49.

孙连成.2003. 塘沽围海造陆工程对周边泥沙环境影响的研究［J］．水运工程，350（3）：1－5.

孙文心，冯士筰，秦曾灏.1979. 超浅海风暴潮的数值模拟（一）［J］．海洋学报，1（2）：193－211.

孙文心，秦曾灏，冯士筰.1980. 超浅海风暴潮的数值模拟（二）［J］．山东海洋学院学报，10（2）：7－9.

索安宁，等.2012. 曹妃甸围填海工程的海洋生态服务功能损失估算［J］．海洋科学，36（3）.

索安宁，张明慧，于永海，等.2012. 曹妃甸围填海工程的环境影响回顾性评价［J］，中国环境监测，28（2）：105－110.

天津地质调查中心，同济大学，河北省发改委宏观经济研究所.2009. 河北省 908 专项曹妃甸海域开发利用评价.

天津市政府.2004. 天津滨海新区总体规划（2005—2020）［Z］.

唐山市统计局.2004—2012. 唐山市统计年鉴．北京：中国统计出版社.

汤立君.2009. 辽滨临海工业区区域用海规划编制设计及应用．大连海事大学硕士论文.

王秀芹，钱成春，王伟.2011. 计算域的选取对风暴潮数值模拟的影响［J］．青岛海洋大学学报，31

(3): 319－324.
王静，徐敏，陈可锋.2010. 基于多目标决策模型的如东近岸浅滩适宜围填规模研究［J］. 海洋工程，28（1）: 76－82.
王伟伟，王鹏，吴英超，等.2010. 海岸带开发活动对大连湾环境影响分析［J］. 海洋科学，34（9）: 94－96.
王学昌，孙长青，孙英兰，等.2003. 填海造地对胶州湾水动力环境影响的数值研究［J］. 城市环境与城市生态，16（6）: 34－35.
王斌.2007. 曹妃甸围海造地二维潮流数值计算及滩槽稳定性研究［D］. 河海大学硕士学位论文.
王江涛，张潇娴，徐伟. 2010. 在围填用海总量控制指标确定方法——以天津市为例［J］. 海洋技术，29（2）: 98－103.
王萱，陈伟琪，张珞平，等.2010. 同安湾围（填）海生态系统服务损害的货币化预测评估［J］. 生态学报，17（19）: 26－29.
王学昌，孙长青，孙英兰，等.2000. 填海造地对胶州湾水动力环境影响的数值研究［J］. 海洋环境科学，19（3）: 54－59.
王伟伟，王鹏，郑倩，等.2010. 辽宁省围填海海洋开发活动对海岸带生态环境的影响［J］. 海洋环境科学，29（6）: 927－929.
王余.2007. 海洋功能区评价指标与方法研究. 大连海事大学硕士论文.
吴云凯.2011. 莱州湾海洋环境变化趋势及管理措施研究［J］. 海洋开发与管理，31（18）: 109－115.
吴越，杨文波，王琳，等.2013. 曹妃甸填海造地时空分布遥感监测及其影响初步研究［J］. 海洋湖沼通报，1: 153－157.
吴瑞贞，蔡伟叙，邱戈冰，等.2007. 填海造地开发区环境影响评价问题的探讨［J］. 海洋开发与管理，24（5）: 62－66.
肖艳玲，刘晓晶，刘剑波. 2005. 基于熵值法的员工绩效指标权重确定方法［J］. 大庆石油学院学报，29（1）: 107－109.
肖佳媚，杨圣云.2007. PSR 模型在海岛生态系统评价中的应用［J］. 厦门大学学报（自然科学版），46（1）: 191－196.
徐绍斌.1989. 河北省海岸带资源［M］. 石家庄: 河北科学技术出版社.
邢建芬，陈尚.2010. 韩国围填海的历史、现状与政策演变［J］. 中国海洋报，12（1）: 15－17.
谢挺，胡益峰，郭鹏军.2009. 舟山海域集约用海工程对海洋环境的影响及防治措施与对策［J］，海洋环境科学，28（1）: 105－108.
阎新兴，霍吉亮. 2007. 河北曹妃甸近海区地貌与沉积特征分析［J］. 水道港口，28（3）: 164－168.
杨凡.2011. 航道工程疏浚物倾倒对湛江临时性海洋倾倒区海洋环境的影响研究. 中国海洋大学硕士论文.
杨志，赵冬至，林元烧. 2011. 基于 PSR 模型的河口生态安全评价指标体系研究［J］. 海洋环境科学，30（1）: 138－141.
尹鸿延.2007. 对河北唐山曹妃甸浅滩大面积填海的思考［J］. 海洋地质动态，23（3）: 1－10.
姚炎明，沈益锋，周大成，等.2005. 山溪性强潮河口围垦工程对潮流的影响［J］. 水力发电学报，24（2）: 25－29.
于定勇，王昌海，刘洪超. 2011. 基于 PSR 模型的集约用海对海洋资源影响评价方法研究［J］. 中国海洋大学学报，41（7/8）：170－175.
张耀光，关伟，李春平，等.2002. 渤海海洋资源的开发与持续利用［J］. 自然资源学报，17（6）：768－775.
张继权，李宁. 2007. 主要气象灾害风险评价与管理的数量化方法及其应用［M］. 北京：北京师范大学出版社.
张珞平.1997. 港湾围垦或填海工程环境影响评价存在的问题探讨［J］. 福建环境，14（3）：8－9.
张珞平，江毓武，陈伟琪，等.2008. 福建省海湾数模与环境研究［M］. 北京：海洋出版社.
张义龙.2007. 基于生态系统的渔业管理研究. 中国海洋大学硕士论文.
张军岩，于格.2008. 世界各国（地区）围海造地发展现状及其对我国的借鉴意义. 国土资源，8：60－62.
朱高儒，许学工.2011. 填海造陆的环境影响效应研究进展［J］. 生态环境学报，20（4）：761－766.
朱凌，刘百桥.2009. 围海造地的综合效益评价方法研究［J］. 海洋信息，（2）：18－20.
中华人民共和国质量监督检验检疫总局. 中国国家标准化管理委员会，GB/T 19485－2004.
中国科学院院刊.2011. 我国围填海工程中的若干科学问题及对策建议.26（2）：171－173.
中国海洋年鉴编纂委员会.2005. 中国海洋年鉴 2005. 北京：海洋出版社.
中国国家标准化管理委员会，2005. HY/T 087－005，近岸海洋生态健康评价指南. 北京：中国标准出版社.
中国海洋年鉴编纂委员会.2001. 中国海洋年鉴 2001. 北京：海洋出版社.
周文仓，赫孝良.1999. 数学建模试验［M］. 西安：西安交通大学出版社，247－258.
周炳中，杨浩，包浩生，等.2002. PSR 模型及在土地可持续利用评价中的应用［J］. 自然资源学报，17（5）：541－548.
赵章元，孔令辉.2000. 渤海海域环境现状及保护对策［J］. 环境科学研究，13（2）：23－27.
赵桂红，田纱纱.2008. 基于德尔菲法的机场停机坪安全指标筛选研究［J］. 中国民航大学学报，26（6）：61－64.
郑华伟，刘友兆. 2001. 基于 PSR 模型的耕地集约利用空间差异分析——以四川省为例［J］. 农业系统科学与综合研究，27（3）：257－262.
Angel Borja, Suzanne B, Daniel M, et al. 2008. Overview of integrative tools and methods in assessing ecological integrity in estuarine and coastal systems worldwide . Marine Pollution Bulletin, 56: 1519－1537.
Beaumont N. J. , Austen M. C. , Mangi S. C. , et al. 2008. Economic valuation for the conservation of marine biodiversity. Marine Pollution Bulletin, 56, 386－396.
Benyi S. J. , Hollister J. W. , Kiddon J. A. , et al. 2009. A process for comparing and interpreting differences in two benthic indices in New York harbor. Marine Pollution Bulletin, 59: 65－71.
Chen C, G. Cowles and R. C. Beardsley. 2004. An unstructured grid, finite-volume coastalocean model: FVCOM User Manual. SMAST/UMASSD Technical Report－04－0601.
Chen C, H. Liu, R. C. Beardsley. 2003. An unstructured, finite－volume, three－dimensional, primitive equation ocean model: application to coastal ocean and estuaries. J. Atm. & Oceanic Tech. , 20: 159－186.
Chen C. , H. Huang, R. C. Beardsley, H. Liu, Q. Xu, et al. 2006. A finite－volume numerical approach for coastal ocean circulationstudies: Comparisons with finite－difference models, J. Geophys. Res. , 112, C03018, doi: 10. 1029/2006JC003485.
Costanza R, d'Arge R, de Groot R, et al. 1997. The value of the world's ecosystem services and natural cap-

ital. Nature, 387: 253 - 260.

Chen C., R. C. Beardsley, G. Cowles. 2006. An unstructured grid, finite - volume coastal ocean model (FVCOM) system, Oceanography, 19 (1): 78 - 89.

Chen C., Robert C, Beardsley. 2005. An unstructured grid, Finite - Volume Coastal Ocean Model FVCOM user manual. http://fvcom.smast.umassd.edu/FVCOM/index.html.

D. V. Chalikov, M. Y. Belevich. 1993. One - dimensional theory of the wave boundary layer, Boundary - Layer Meteorol. 63: 65 - 96.

E. Bouws, G. J. Komen. 1983. On the balance between growth and dissipation in an extreme depth - limited wind - sea in the southern North Sea, J. Phys. Oceanogr, 13: 1653 - 1658.

Ezer T, Arango H G, Shchepetkin A F. 2002. Developments in terrain - following ocean models: Intercomparisons of numerical aspects. Ocean Model, 4: 249 - 267.

Ferreira J. G., Bricker, S. B., Simas, T. C. 2007. Application and sensitivity testing of an eutrophication assessment method on coastal systems in the United States and European Union. Journal of Environmental Management, 82, 433 - 445.

Galperin B., L. H. Kantha, S. Hassid, A. Rosati. 1988. A quasiequilibriumturbulent energy model for geophysical flows, J. Atmos. Sci., 45, 55 - 62.

Guo H P, Jiao J J. 2007. Impact of coastal land reclamation on groundwater level and the sea water interface. Ground Water, 45 (3): 362 - 367.

Haidvogel D B, Arango H G, Hedstrom K, et al. 2000. Model evaluation experiments in the North Atlantic Basin: Simulations in nonlinear terrain - following coordinates. Dyn Atmos Oceans, 32: 239 - 281.

H. Dalkmann, R. J. Herrera. 2004. Analytical strategic environmental assessment (ANSEA) developing a new approach to SEA [J]. Environmental Impact Assessment Review, 24: 385 - 402.

HeuvelHillen R H. 1995. Coastline management with GIS in the Netherlands [J]. Advance in Remote Sensing, 4 (1): 27 - 34.

Healym G, Mckeykr. 2002. Historic land reclamation in the intertidal wetlands of the Shannon estuary, western Ireland [J]. Journal of Costal Research, 36: 365 - 373.

H. L. Tolman. 1989. The numerical model WAVEWATCH: a third generation model for hindcasting of wind waves on tides in shelf seas, Tech. Rep. 89 - 92, Faculty of civil engineering, Delft University of Technology, ISSN 0169 - 6548.

H. L. Tolman. 1991. A third generation model for wind on slowly varying, unsteady and inhomogeneous depth and currents, J. Phys. Oceanogr., 21: 766 - 781.

H. L. Tolman, D. Chalikov. 1996. Source terms in a third - generation wind wave wodel, J. Phys. Oceanogr, 26: 2497 - 2518.

Huo W. Y., Yu Z. M., Zou J. Z., et al. 2001. Outbreak of Skeletonema cost at umred tide and its relations to environmental factors in Jiaozhou Bay. Oceanologia et Limnologia Sinica, 32: 311 - 318.

Johns B. 1982. The Simulation of a continuously deforming lateral boundary in problems involving the shallow water equations, Computer and Fluid, 10 (2): 105 - 116.

Kang J W. 1999. Changes in tidal characteristics as a result of the construction of sea - dike/sea - walls in the Mokpo Coastal Zone in Korea. Estuarine [J]. Coastal and Shelf Science, 48: 429 - 438.

K. Hasselmann, T. P. Barnett, E. Bouws, et al. 1973. Measurements of wind – wave growth and swell decay during the Joint North SeaWave Project, Deut. Hydrogr. Z., 8 (12): 1 – 95.

Kondo. 1995. Technological advances in Japan coastal development – land reclamation and artificial islands [J]. Marine Technology Society Journal, 29 (3): 42 – 49.

L. Cavaleri, P. Malanotte – Rizzoli. 1981. Wind wave prediction in shallow water: theory and applications, J. Geophys. Res., 86: 10961 – 10975.

Lee H J, Chu Y S, Park Y A. 1999. Sedimentary processes of fine grained material an d the effect of seawall construction in the Daehomacrotidal flat – nearshore area, northern west coast of Korea [J]. Marine Geology, 157: 171 – 184.

Lindhjem H., Hu T., Ma Z., et al. 2007. Environmental economic impact assessment in China: problems and prospects. Environmental Impact Assessment Review, 27 (1): 1 – 25.

Mackay D, Paterson S, Nadeau S. 1980. Calculation of the evaporation rate of volatile liquids. Louisville Ky: Proceedings of National Conference on Control of Hazardous Material Spills.

Mellor G. L., T. Yamada. 1982. Development of a turbulence closuremodel for geophysical fluid problem, Rev. Geophys, 20: 851 – 875.

Park JW, Park SS. 1998. Hydrodynamic modeling of tidal changes due to land reclamation in an open – ended harbor, Pusan, Korea [J]. Journal of Environmental Science and Health Part a – Toxic/Hazardous Substances, Environmental Engineering, 33 (5): 877 – 890.

P. Baake, A. Boom. 2001. Vertical Product Differentiation, Network Externalities, and Compatibility Decisions [J]. International Journal of Industrial Organization, 19: 267 – 284.

Peng B., Hong H., Xue X., Jin D. 2006. On the measurement of socioeconomic benets of integrated coastal management (ICM): application to Xiamen, China. Ocean and Coastal Management, 49 (3): 93 – 109.

Peng B R, Hong H S, Hong J M, et al. 2005. Ecological damage appraisal of sea reclamation and its application to the establishment of usage charge standard for tilled seas: Case study of Xia men, China [J]. Environmental Informatics, Proceedings, 153 – 165.

Reid R. O., Bodine B. R. 1968. Numerical model for storm surges in Galveston Bay, Proc. Am. S. Civil Eng., J. Waterways Harbors Div., 94: 33 – 57.

Shchepetkin A F, Mcwilliams J C. 2003. A method for computing horizontal pressure – gradient force in an oceanic model with a non – aligned vertical coordinate. J Geophys Res, 108: 3090.

Shchepetkin A F, Mcwilliams J C. 2005. The regional oceanic modeling system (ROMS): A split – explicit, free – surface, topography – followingcoordinate oceanic model. Ocean Model, 9: 347 – 404.

S. Hasselmann, K. Hasselmann. 1985. Computation and parameterizations of the nonlinear energy transfer in a gravity – wave spectrum. part I: a new method for efficient computations of the exact nonlinear transfer, J. Phys. Oceanogr, 15: 1369 – 1377.

Sagert S., Krause Jensen D., Henriksen P., et al. 2005. Integrated ecological assessment of Danish Baltic sea coastal areas by means of phytoplankton and macrophytobenthos. Estuarine, Coastal and Shelf Science, 63: 109 – 118.

Shin'ichi Sato, Mikio Azuma. 2002. Ecological and pal eoecological implications of the rapid increase and decrease of an introduced bivalve Potamocorbulasp. after the construction of a reclamation dike in Isahaya Bay, western Kyushu [J] . Japan Palaeogeography, Palaeoclimatology, Palaeoecology, 185: 369 - 378.

WAMDI Group. 1988. The WAM model - a third generation ocean wave prediction model, Phys. Oceanogr. , 18: 1775 - 1810.

Wangfei Qiu, Bin Wang, Peter J. S. Jones, et al. 2009. Challenges in developing China's marine protected area system. Marine Policy, (33): 599 - 605.

Webb E. K. 1970. Profile relationships: The log - linear range, and extension to strong stability, Quart. J. Roy. Meteor. Soc. , 96: 67 - 90.

Wu Jihua, Fu Cuizhang, Fan Lu, et al. 2005. Changes in free—living nematode community structure in relation to progressive land reclamation at an intertidal marsh [J] . Applied Soil Ecology, 29 (1): 47 - 58.

Yamauchi M, Yokemoto M, Kagawa Y. 2006. Fisheries and sea reclamation: A case in Kawasaki - city, Japan. Japanese Journal of Fisheries Economics (Japan), 50 (3): 53 - 73.

Y. Yuan, F. Hua, Z. Pan, et al. 1991. LAGDF - WAM numerical wave model - I. basic physical model, Acta Oceanologica Sinica, 10: 483 - 488.